SCHMIEDEHÄMMER

EIN LEITFADEN
FÜR DIE KONSTRUKTION UND DEN BETRIEB

VON

DR. TECHN. **OTTO FUCHS**
PRIVATDOZENT FÜR MECHANISCHE TECHNOLOGIE AN DER DEUTSCHEN
TECHNISCHEN HOCHSCHULE IN BRÜNN

MIT 253 TEXTABBILDUNGEN

Springer-Verlag Berlin Heidelberg GmbH
1922

ISBN 978-3-662-23097-8 ISBN 978-3-662-25065-5 (eBook)
DOI 10.1007/978-3-662-25065-5

Ursprünglich erschienen bei Julius Springer in Berlin 1922.
Softcover reprint of the hardcover 1st edition 1922

MEINER LIEBEN MUTTER GEWIDMET

Vorwort.

Ein Werk über Schmiedehämmer hat bisher gefehlt, einzelne Besprechungen von Schmiedemaschinen mußten in Werken über Werkzeug- oder Hüttenwesensmaschinen, in technologischen Büchern oder in Zeitschriften gesucht werden. Daher glaubt der Verfasser, daß sein Buch nicht unerwünscht kommen dürfte, umsomehr, als seine vor Jahren erschienene kleine Schrift „Theoretische und kinematographische Untersuchung von Dampfhämmern" ein freundliches Interesse gefunden hat.

Die Absicht dieses Buch zu schreiben entstand vor etwa 10 Jahren, als der Verfasser sich von seiner Tätigkeit in Maschinenfabriken, in welcher er sich eingehend mit Schmiedehämmern zu befassen hatte, der Lehrtätigkeit zuwandte. Damals bereits wurde manches Material, das hier nun verarbeitet vorliegt, gesammelt. Daher erklärt es sich, daß ausländische Konstruktionen in ziemlich reichem Maße Besprechung finden konnten; während des Krieges und nachher wären wohl der Beschaffung solcher Unterlagen Schwierigkeiten im Wege gestanden.

Die Kriegsdienstpflicht des Verfassers und andere Pflichten behinderten dann lange die Fertigstellung des Buches.

Das Werk ist in gleicher Weise für den Studierenden, den Konstrukteur von Schmiedehämmern und den Betriebsbeamten geschrieben; trotzdem wurde getrachtet, den Umfang durch weitgehende Erörterungen nicht zu groß zu gestalten und lieber durch reiches Abbildungsmaterial die Darstellung zu unterstützen.

Das Buch erhebt selbstverständlich keinen Anspruch auf Vollständigkeit, gute und bewährte Erzeugnisse sind vielleicht in dem einen oder dem anderen Falle unbesprochen geblieben, wenn der Verfasser glaubte, den der Konstruktion innewohnenden Gedanken an anderer Stelle zum Ausdruck gebracht zu haben.

Der Verfasser hat sich bei den Konstruktionen nicht mit der Besprechung begnügt, sondern glaubte sich verpflichtet, seine Ansicht, auch manchmal recht rückhaltlos, auszusprechen, trotzdem er sich dessen bewußt ist, daß diese Erörterungen nicht ohne Widerspruch seitens jener bleiben dürften, die glauben, ihre Interessen dadurch geschädigt zu sehen. Der Verfasser stützte sich bei seiner Beurteilung auf reiche Erfahrungen, die er bei Konstruktion, Wartung und Untersuchung von Schmiedehämmern zu sammeln Gelegenheit hatte.

Für die Wissenschaft ist manches auf dem Gebiete der Schmiedemaschinen noch Neuland; die Forschung auf dem Prüffelde für Werkzeugmaschinen, die namentlich in Deutschland, ganz besonders durch Schlesinger in großartiger Weise betrieben wird, hat hier noch ein weites und dankbares Schaffensfeld, dessen rege Bearbeitung der Technik und Wirtschaft in gleicher Weise zu gute käme.

Manche Abbildungen des vorliegenden Buches wurden Zeitschriften, Druckschriften von Firmen und auch anderen Werken entnommen und gebührt für die Erlaubnis hierzu, bzw. für die Überlassung der Druckstöcke den Beteiligten der besondere Dank des Verfassers, ebenso der Verlagsanstalt für das in reichem Maße gezeigte Entgegenkommen.

Besonderen Dank möchte ich schließlich meiner lieben Frau sagen, die mich bei der Anfertigung von Namen- und Sachverzeichnis und beim Lesen der Korrekturen unterstützt hat.

Brünn, Deutsche Technische Hochschule,
im Februar 1922.

Otto Fuchs.

Inhaltsverzeichnis.

Einleitung.

Die Formänderung beim Schmieden.

Das Schmieden eines Metalls fußt auf seiner Bildsamkeit. Gleichzeitig verlangt das Wort nach dem Sprachgebrauch und seiner Verwendung in der Lehre der mechanischen Technologie, daß das zu bearbeitende Metall sich im angewärmten Zustand befinde, im Gegensatz zum Hammern, das bei gewöhnlicher Temperatur vor sich geht.

Die Gesetze der Bildsamkeit sind noch wenig erforscht; noch wissen wir nicht genau, welchen Einfluß die Temperatur des geschmiedeten Materiales auf den zur Formveränderung nötigen Kraftbedarf nimmt und wie die Qualität des geschmiedeten Materiales von der Arbeitstemperatur abhängt[1]). Beim Schmieden kommen in erster Reihe Druckwirkungen auf das Material in Frage; daher ist es wichtig die Druckfestigkeiten zu kennen. Es kommen natürlich nur solche Metalle in Betracht, die bei der Formänderung nicht brechen, in erster Reihe Schmiedeisen und Stahl, sowie besondere Bronzen, für die also als Gütemaßstab nicht die Bruchgrenze, sondern die Quetschgrenze gilt, jene Beanspruchung, bei der das Material unter dem Drucke erheblich zurückzuweichen beginnt. Die Quetschgrenze sollte

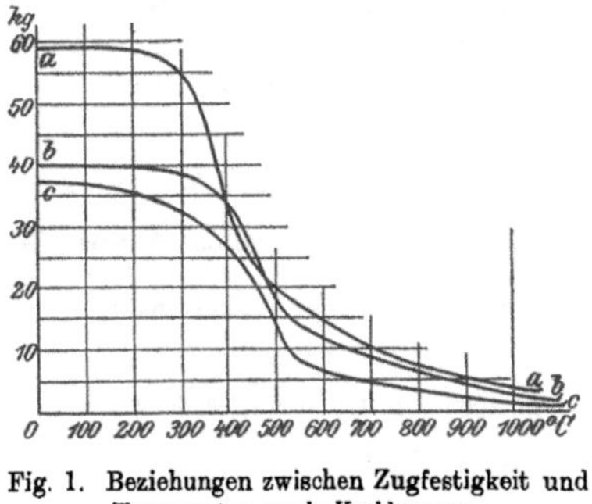

Fig. 1. Beziehungen zwischen Zugfestigkeit und Temperatur nach Kollmann.

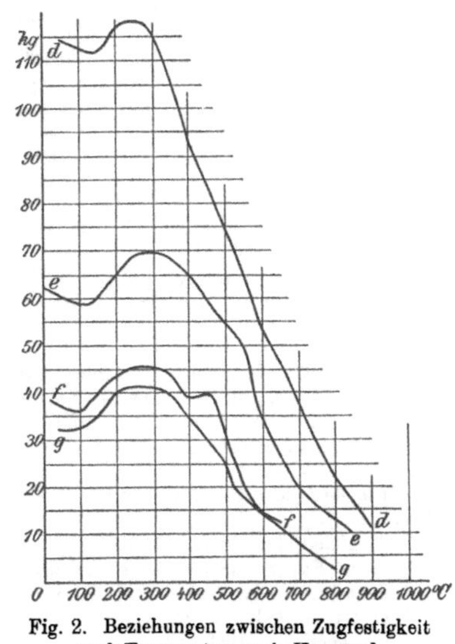

Fig. 2. Beziehungen zwischen Zugfestigkeit und Temperatur nach Howard.

auch die Bezugsgröße sein, mit der die für eine Schmiedearbeit aufzuwendende Kraftäußerung zu vergleichen ist. Fischer bezieht sich in seinem Werke über Werk-

[1]) Nach Howe, Metallurgy of Steel 1918, 249 und Charpy, Engineering 1918, 310 und Stahl und Eisen 1919, 913, ist der Einfluß des Schmiedens auf die Materialeigenschaften unbedeutend. Diesbezüglich sind auch die Hinweise von Siebel in Werkstattstechnik 1920, 492, beachtenswert.

zeugmaschinen[1]) in Ermanglung geeigneterer Ziffern auf die Zugfestigkeit und stützt sich hierbei auf die Versuche von Kollmann[2]) und Howard[3]), die mit verschiedenen Eisenmaterialien Zugversuche bei erhöhter Temperatur vorgenommen haben[4]). Die bezüglichen Resultate Kollmanns sind in Fig. 1, jene Howards in Fig. 2 in der Weise aufgetragen, daß die Abszissen die Temperaturen, die Ordinaten die Zugfestigkeiten bezogen auf den qmm Querschnitt bedeuten. Die ziffermäßigen Werte sind in der nachstehenden Tabelle zusammengestellt.

Nach Versuchen von	Kurve	Qualität und Gehalt des Eisens (Stahls) an C und Mn	0°	700°	800°	900°	1000°	1100°
Kollmann	*a a*	Bessemereisen m. 0,23 vH. C	59	10,5	7,9	5,4	4	3,2 kg
„	*b b*	Feinkorneisen[5]) m. 0,12 vH. C . . .	40	9,2	6,9	4,75	2,9	2,4 „
„	*c c*	Schweißeisen m. 0,1 vH. C	37,5	6,2	4,0	2,2	1,5	1,2 „
Howard	*d d*	Stahl m. 0,97 vH. C u. 0,8 vH. Mn .	109	39	23	12	—	—
„	*e e*	Stahl[5]) m. 0,37 vH. C u. 0,7 vH. Mn .	62	20	13	—	—	—
„	*f f*	Stahl m. 0,09 vH. C u. 0,11 vH. Mn .	39	11	—	—	—	—
„	*g g*	Schweißeisen	33	9	4	—	—	—

Die Kurven nach Kollmann zeigen bei geringen Temperaturerhöhungen nur eine geringe Abnahme der Zugfestigkeit und erst über 200° tritt eine merkliche andauernde Verminderung ein. Die Kurven nach Howard hingegen zeigen zuerst bis etwa 150° eine kräftige Abnahme, späterhin jedoch eine ebensolche Zunahme der Festigkeit, die erst bei 300° deutlich wieder abnimmt.

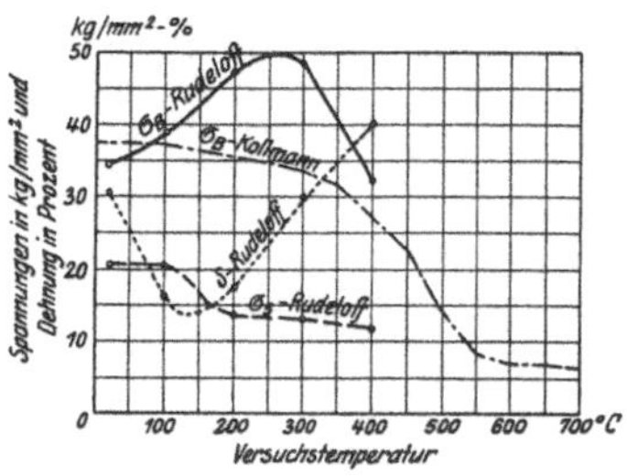

Fig. 3. Zugfestigkeit, Streckgrenze und Dehnung nach Rudeloff.

Das gleiche ergaben für Schweißeisen die Untersuchungen des Franklin-Institutes[6]), sowie die Arbeiten von Knut Styffe[7]), Huston[8]), Rudeloff[9]) und Carpentier[10]). In Fig. 3 ist der Verlauf von Zugfestigkeit, Streckgrenze und Dehnung nach Rudeloff eingetragen. Auch für Flußeisen stellten Huston[11]), Martens[12]), Rudeloff[13]), Charpy[14]), Carpentier[15]), Le Chatelier[16]) und Bach[17]) im Gegensatze zu Kollmann (s. Fig. 1) und in Übereinstimmung mit Howard (s. Fig. 2) fest, daß die Zugfestigkeit bei etwa 250° C einen Höchstwert besitze, der weit über der Festigkeit bei Zimmertemperatur liegt.

[1]) Berlin 1905, Verlag Jul. Springer, II. Aufl.
[2]) Verhandlungen des Beirates zur Beförderung des Gewerbefleißes, 1880.
[3]) Zeitschr. d. Ver. deutsch. Ing. 1891, 388.
[4]) Andere Untersuchungen liegen von Martens und Rudeloff vor. Mitteil. d. Versuchsanstalten Berlins, 1890 und 1891.
[5]) Die Bezeichnungen „Feinkorneisen“ und „Stahl“ sollen hier offenbar Flußmaterialien kennzeichnen.
[6]) Dinglers polyt. Journ. 71, 257.
[7]) Knut Styffe, 1863. Die Festigkeitseigenschaften von Eisen und Stahl, Weimar.
[8]) Zeitschr. d. Ver. deutsch. Ing. 1886, 572.
[9]) Mitteil. a. d. kgl. techn. Versuchsanstalten zu Berlin 1893, 292.
[10]) Engineering 1, 1896, 240.
[11]) Zeitschr. d. Ver. deutsch. Ing. 1886, 572.
[12]) Mitteil. a. d. kgl. techn. Versuchsanstalten zu Berlin 1890.
[13]) Desgl. 1893, 292.
[14]) Bull. de la Soc. d'encouragement 1896.
[15]) Engineering 1, 1896, 240.
[16]) Baumaterialkunde 1901, 157.
[17]) Zeitschr. d. Ver. deutsch. Ing. 1904, 385.

Die Streckgrenze nimmt mit steigender Temperatur **stetig** ab. Hingegen nimmt die Bruchdehnung mit steigender Temperatur zunächst beträchtlich ab, dann schnell zu; die geringsten Werte liegen bei etwa 150° C.

Bei **Druckversuchen**, die der Verfasser vornahm[1]), zeigte sich, daß im Gebiete der allotropen Umwandlungen des Eisens[2]) die Formänderungsarbeit größer ist, als die für die gleiche Formänderung unter- und oberhalb dieses Temperaturgebietes erforderliche Arbeit (s. Fig. 4), was auch von anderer Seite für **Zug**beanspruchungen festgestellt wurde. Das im genannten Temperaturbereiche geschmiedete Material ist weicher als das bei höherer oder niederer Temperatur geschmiedete.

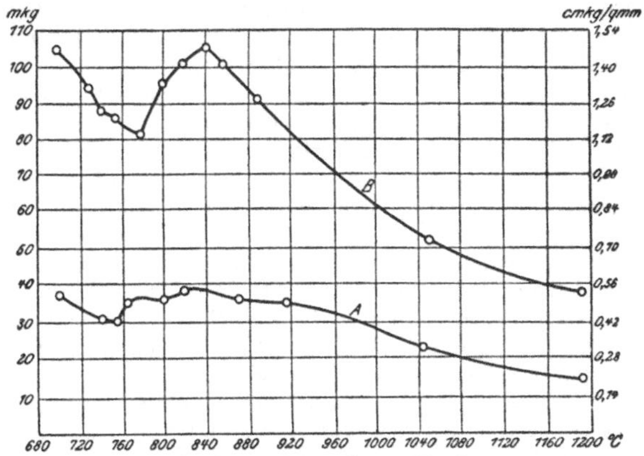

Fig. 4. Druckversuche von Fuchs.

Nach **Fischer**[3]) sind die Widerstände beim Schmieden größer als die Festigkeit, weil sich das geschmiedete Material unter dem Einflusse der kalten Werkzeuge (Stöckel, Stempel, Gesenke) abkühlt und durch die mechanische Bearbeitung eine Verdichtung des Schmiedestückes eintritt. Dies kann sich wohl nur auf einen Vergleich mit der **Zug**festigkeit beziehen, bei Ermittlung der **Druck**festigkeit im glühenden Zustand, bzw bei einer Druckbeanspruchung in der Materialprüfmaschine, werden im allgemeinen keine anderen Verhältnisse herrschen als bei der Vornahme von Schmiedeversuchen, da sowohl die Abkühlung als auch die Verdichtung beim Druckversuch nicht zu verhindern ist, wenn nicht etwa eine Heizung des Schmiedestückes vorgenommen wird. Würde keine Abkühlung und keine Verdichtung eintreten, so hätte die Spannung bei der Formveränderung mit dem Erreichen der Quetschgrenze ihren Höchstwert erreicht und bliebe weiterhin unverändert, so daß

[1]) Zeitschr. d. Ver. deutsch. Ing. 1915, 915.

[2]) Reines (also auch kohlenstofffreies) Eisen befindet sich oberhalb etwa 910° C im Zustand der γ-Modifikation. Bei etwa 910° C kristallisiert aus dem abkühlenden γ-Eisen unter Freiwerden von Wärme β-Eisen aus. Bei etwa 780° C wandelt sich das vorher unmagnetische β-Eisen in die magnetische Modifikation des α-Eisens um. Diese Umwandlungen heißen allotrope Umwandlungen. Tritt zum Eisen Kohlenstoff hinzu, so erfährt die Umwandlungstemperatur von γ-Eisen in β-Eisen eine Verschiebung nach unten, während sich die Umwandlung von β- in α-Eisen bis zu einem Gehalt an Kohlenstoff von 0,5 vH. bei gleichbleibender Temperatur vollzieht. Erst bei höheren Gehalten an Kohlenstoff sinkt auch hier die Umwandlungstemperatur und geht hierbei das γ-Eisen unmittelbar in das α-Eisen über. Die Umwandlungstemperatur des „eutektischen" Eisens (etwa 1 vH. Kohlenstoffgehalt liegt bei 700° C. Näheres hierüber kann irgendeinem Lehrbuche der Metallographie entnommen werden.

[3]) Berlin 1905, II. Aufl., Verlag Jul. Springer.

ihre Größe den Widerstand darstellen würde, der beim Schmieden unter ruhigem Druck zu überwinden ist. Infolge der Abkühlung und Verdichtung nimmt jedoch die Spannung weiterhin zu; man erhält dann die spezifische Arbeit a, welche die Raumeinheit der Formänderung entgegensetzt: $a = \sum \sigma \cdot - \varepsilon$, wobei σ die jeweilige Spannung, ε die Dehnung, $-\varepsilon$ also die Verkürzung bedeutet. Diese Arbeit kann dann aus dem von der Materialprüfmaschine aufgezeichneten Spannungs-Dehnungs-Diagramm entnommen werden. Wesentlich ist jedoch, daß die Geschwindigkeit beim Schmieden die gleiche sei wie beim Druckversuch. Daher müssen wir streng die beiden grundsätzlich verschiedenen Arten des Schmiedens unterscheiden, das Hammerschmieden und das Preßschmieden.

Beim Hammerschmieden wird kinetische Energie dadurch erzeugt, daß eine Masse angehoben wird und dann auf das Werkstück herabfällt, entweder mit der Geschwindigkeit, welche die Schwerkraft allein ihr erteilt, oder mit einer durch physische oder motorische Kraft erhöhten. Die Arbeit, die in der herabfallenden Masse im Augenblicke des Auftreffens aufgespeichert ist (allgemein durch G, das Gewicht, $\times H$, der ideellen Fallhöhe, ausgedrückt) wird sich unter Voraussetzung der vollständigen Bildsamkeit des geschmiedeten Materiales in $G' \cdot H'$ ohne Verlust umsetzen, wobei G' den auf das Werkstück ausgeübten Druck, H' die Eindringtiefe des Werkzeugs bedeutet. Diese Tiefe ist bei den Metallen auch im hocherhitzten Zustande verhältnismäßig gering; daher ist die Kraft groß, worin auch die energische Wirkung der Hammerarbeit ihre Begründung hat.

Die Metalle sind aber auch im hocherhitzten Zustande nicht vollkommen plastisch (unelastisch), daher wird der Stoß stets so erfolgen, daß ein Teil der dem Hammer vor dem Aufschlagen innewohnenden Energie ihm wieder zurückgegeben wird und er sich von dem Arbeitsstück rasch wieder entfernt (Rückprall). Die Berührung von Hammer und Werkstück dauert also bloß den geringen Teil einer Sekunde und da der vom Hammer hierbei zurückgelegte Weg verhältnismäßig groß ist, beträgt die mittlere Einddringgeschwindigkeit oft mehrere m/sek. Dagegen ist die beim Festigkeitsversuch angewendete Formänderungsgeschwindigkeit sehr gering, so daß beim Hammerschmieden völlig andere Verhältnisse vorliegen und es offensichtlich ist, daß der Widerstand gegenüber dem Eindringen des Hammers die Festigkeit wesentlich übertreffen muß.

Clarinval[1]) hat hierüber Versuche angestellt. Er ließ ein angehobenes Gewicht auf ein Werkstück aufschlagen und berechnete aus der in das Werkstück geschickten Arbeit und der Eindringtiefe des Hammers den Widerstand für 1 qmm bei sehr heißem Schweißeisen mit rd. 16 kg, bei kirschrot heißem Schweißeisen mit rd. 30 kg. Diese Ziffern betragen rd. das 10fache der aus den Zugfestigkeitsversuchen Howards, s. S. 2, für Kurve gg hervorgehenden Werte. Diesen Untersuchungen Clarinvals, welchen wohl mit Rücksicht auf die damals zur Verfügung stehenden unzulänglichen Mittel heute keine besondere Bedeutung mehr beizumessen sind, folgten wertvolle Arbeiten von Kick[2]). Er stauchte Kupferzylinder bei Lufttemperatur einerseits in einer Festigkeitsmaschine, andererseits unter einem „ballistischen Fallwerk“[3]) um ein gleiches Maß und stellte fest, daß die aufzuwendende Arbeit bei der dynamischen Formänderung $1\frac{1}{2}$ bis 2mal größer sei als bei der statischen. Beckmann[4]) hat eingehende Untersuchungen mit Stahlzylindern bei verschiedenen Schmiedetemperaturen angestellt. Er fand, daß sich Preßarbeit zur Hammerarbeit nachstehend verhalte:

---

[1]) Anales des Mines **18**, 1860 und Zivilingenieur 1861.

[2]) Dinglers polytechn. Journ. 1885, 264 u. ff.

[3]) s. a. Martens, Materialienkunde I, 165, Berlin 1898.

[4]) Hammer und Presse, Doktor-Dissertation, Techn. Hochschule Aachen 1912.

bei 1200° C wie 1:2,85,
„ 1100° C „ 1:2,87,
„ 1000° C „ 1:2,54,
„ 900° C „ 1:2,25,
„ 800° C „ 1:2,03.

Aus diesen Ziffern ersehen wir, daß die durch die geringe Formänderungsarbeit gegebene Überlegenheit der statischen Beanspruchung namentlich bei den hohen Schmiedetemperaturen in Erscheinung tritt[1]). Für Zimmertemperatur fand Seehase[2]) einen noch geringeren Unterschied; im Mittel ergab sich zwischen Preßarbeit und Hammerarbeit ein Verhältnis von 1:1,2.

Für das Preßschmieden kommen die Ziffern für die Druckfestigkeit bei der entsprechenden Temperatur unmittelbar in Betracht, wenn die Arbeitsgeschwindigkeit dieselbe wie beim Druckversuch ist[3]). Die Quetschgrenze müßte dann gleichbedeutend sein mit der für das Schmieden erforderlichen Kraft, vorausgesetzt, daß sich während des Pressens das Schmiedestück frei gestalten kann, es sich also nicht etwa um eine Gesenkarbeit handelt. R. M. Daelen hat diesbezügliche, wenn auch mangelhafte, Versuche mit einer Schmiedepresse von 1200 t Preßdruck angestellt[4]). Geschmiedet wurde Flußeisen von 50 bis 60 kg/qmm Zugfestigkeit. Die für das Schmieden pro qmm Druckfläche aufgewendeten Kräfte sind aus der nachstehenden Tabelle ersichtlich; sie wurden von Fischer nach den von Daelen aufgenommenen Indikatordiagrammen ermittelt.

Sehr warm, gelb	Weniger kälter, dunkelgelb	Rot	Dunkelrot	Braun	Beinahe schwarz
5,5	6,4	6,7 u. 5,1	16	17,6	22,3 kg

Fischer vergleicht diese Werte mit den Festigkeitsziffern, die in Fig. 1 durch Linie *aa* aufgetragen sind, woraus sich ergibt, daß der Widerstand etwa 1,4- bis 1,7 mal so groß wäre als die Zugfestigkeit. Beim Vergleich dieser Ziffern muß darauf hingewiesen werden, daß viel persönliches Empfinden in der Bezeichnung der Glühfarben liegt. Neuzeitliche Forschungen bedienen sich natürlich einer Temperaturmeßeinrichtung, etwa eines optischen oder elektrischen Pyrometers[5]).

Aus den vorerwähnten, nunmehr überholten Versuchen von Clarinval und Daelen käme man zu dem Ergebnis, daß das Hammerschmieden 6mal so ungünstig wirke als das Preßschmieden, während Beckmann, dessen Untersuchungen an Gründlichkeit wohl nichts zu wünschen übrig lassen, diese Ergebnisse, wie vorstehend angeführt wird, wesentlich zugunsten der Hammerarbeit richtigstellt. Trotzdem steht auf jeden Fall fest, daß vom Standpunkte der rein theoretisch mechanischen Überlegung das Preßschmieden dem Hammerschmieden wirtschaftlich überlegen ist. Bezüglich der Wirtschaftlichkeit sei hier nur bemerkt, daß nach Untersuchungen von Rossek[6]) bei einem Dampfhammer 1,7 v. H., bei einer dampfhydraulischen Schmiedepresse 2,43 v. H. des Wärmeinhaltes des Dampfes zur Formänderung verwendet werden.

---

[1]) Beckmann begründet dies damit, daß die von Sobbe in der „Werkstattechnik“ 1908 hervorgehobene „Periode des intensiven Fließens“ nur bei ruhigem Druck auftritt.

[2]) Forschungsarbeiten auf dem Gebiete des Ingenieurwesens, Heft 182.

[3]) Für die sogenannten „Schnellpressen“ gelten also diese Ziffern nicht.

[4]) Stahl und Eisen 1898, 314.

[5]) Versuche, das schwierige Gebiet des Arbeitsaufwandes beim Preßschmieden zu klären, sind in neuerer Zeit von Sobbe (Werkstattechnik 1908, 430), Riedel (Mitteilungen über Forschungsarbeiten, Heft 141), Hofmann (Die hydraulischen Schmiedepressen, Berlin, Jul. Springer, 1912) und anderen unternommen worden.

[6]) Werkstattstechnik 1916, 443.

Hammer oder Schmiedepresse?

Nach vorstehendem erscheint es verwunderlich, daß der Schmiedehammer sich neben der Schmiedepresse behaupten kann. Tatsächlich wurde dem Schmiedehammer seit dem Bekanntwerden der Schmiedepresse wiederholt kein langes Dasein voraussagt. Trotzdem behauptet er sich nach wie vor und hat an die Schmiedepresse bloß das Arbeitsgebiet der schwersten Schmiedemaschinen gänzlich abtreten müssen.

Ein großer Vorteil des Hammers gegenüber der Schmiedepresse liegt darin, daß bei der Hammerarbeit der Zunder (Hammerschlag) von selbst abspringt. Unzweifelhaft ist wohl auch die größere Anpassungsfähigkeit des Hammers an die verschiedensten Arbeitsanforderungen, wodurch er für die wechselvolle Fassonarbeit in Maschinenfabriken und Werkstätten besonders geeignet erscheint.

Für manche Sonderarbeiten ist die Schmiedepresse überhaupt nicht recht verwendbar, so etwa für das Auspressen der Schlacke aus der Schweißeisenluppe; auf anderen Gebieten, so etwa in der Kleineisenindustrie, wird die Überlegenheit des Hammers allgemein anerkannt.

Für Gesenkarbeiten, besonders für verwickelte Formteile, wird der Hammer vielfach der Presse vorgezogen, namentlich der Fallhammer (s. S. 28). Besonders in Amerika ist diese Art von Schmiederei so verbreitet, daß die Gesenkschmiedestücke (drop forgings) ihren Namen nach den Fallhämmern (drop hammer) führen. Nur zum Abgraten, der Entfernung der sogenannten Finne, dient dort eine Kurbelpresse[1]).

Die Überlegenheit des Hammers für Gesenkarbeiten wird auch dadurch erklärt[2]), daß das glühende Material unter der Wirkung des Hammers gezwungen ist schneller zu fließen als unter der Presse. Es überwindet dabei die Widerstände leichter und zwängt sich in Hohlräume ein, die es auch unter hohen Preßdrücken nicht ausfüllen würde. Ferner ist bei der Hammerarbeit die Abkühlung des Werkstückes durch Wärmeableitung während der kurzen Berührung mit dem Bär unbedeutend, was namentlich bei Stücken von Belang ist, deren Oberfläche im Verhältnis zum Volumen groß ist.

Nachteile der Hämmer sind die Verluste an Arbeitsvermögen infolge der auf das Fundament übertragenen Stöße, die Kürze der Einwirkungsdauer zwischen Hammer und Werkstück, wodurch nur verhältnismäßig oberflächliche Wirkungen erzielt werden und die Belästigung der Umgebung durch Erschütterungen und Lärm. Endlich kommen bei großen Hämmern die Schwierigkeiten in Betracht, welche eine entsprechende Gründung des Hammers und der Schabotte verursachen (s. S. 141).

Den Pressen kommt vor allem eine größere Tiefenwirkung beim Durcharbeiten des Materiales zu und sind sie daher für ganz große Leistungen mehr am Platze als die Hämmer. Diese Überlegenheit kommt durch folgende Gegenüberstellung deutlich zutage. Um ein 15-cm-Kanonenrohr aus einem 36500 kg schweren Block unter einem 50-t-Dampfhammer herzustellen, brauchte man in Sheffield 3 Wochen und 33 Hitzen; ein solcher Block von 37500 kg lieferte ein gleiches Rohr in 4 Tagen und 15 Hitzen, als eine Presse von 4000 t in Anwendung kam[3]).

---

[1]) Zeitschr. d. Ver. deutsch. Ing. 1903, 1403; Zeitschr. f. prakt. Maschinenbau 1912, 309.
[2]) Beckmann, Hammer und Presse, Doktor-Dissertation, Techn. Hochschule Aachen 1912.
[3]) Stahl und Eisen 1890, 50.

Chaumienne untersuchte einen Dampfhammer von 3500 kg Fallgewicht und eine Presse von 100 t[1]). Als Probestücke dienten zwei Stahlzylinder von gleicher Härte, deren Durchmesser 100 mm bei gleicher Höhe betrug, Sie wurden beide gleichmäßig auf 1000° C erwärmt. Der eine Zylinder wurde durch einen Schlag des (vermutlich, frei) von 1500 mm Höhe fallenden Bärs zusammengedrückt, während die Presse 80 t Druck brauchte, um die gleiche Wirkung beim anderen Zylinder zu erreichen.

Für ganz schwere Arbeiten zeigt Fig. 5 die Arbeitsgrenzen zwischen Hammer und Presse[2]).

Die in majestätischer Ruhe arbeitenden Schmiedepressen haben also zur Verdrängung der ganz großen Schmiedehämmer geführt; für mittlere und kleinere

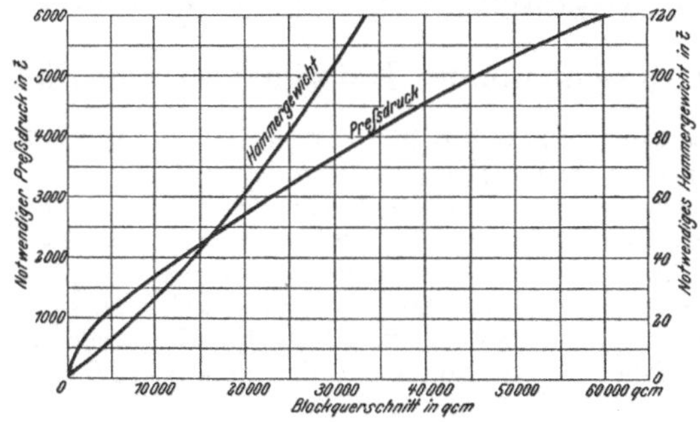

Fig. 5. Arbeitsgrenzen zwischen Hammer und Presse.

Schmiedearbeiten werden sich Hämmer aber wohl dauernd, teilweise neben den Pressen, behaupten, und dies um so mehr, als gewisse Materialien, etwa harte Werkzeugstähle, eine starke Durcharbeitung nicht vertragen, ohne später Härterisse zu bekommen. Solche Materialien verlangen leichte Schmiedehämmer, die eine hohe Schlagzahl erhalten, damit die in der Zeiteinheit zur Formänderung zur Verfügung stehende Energie trotz der leichten Schläge ausreiche, die Abkühlung durch die zugeführte Arbeitsenergie auszugleichen.

Schneider gibt in der Zeitschrift „Der praktische Werkzeugmaschinenbau"[3]) für Hämmer von 500 bis 10000 kg Fallgewicht eine graphische Darstellung, mit Hilfe derer es möglich ist festzustellen, welche Hammergröße benötigt wird, um Schläge zu erhalten, die einer bestimmten Pressenarbeit bei gegebenem Deformationsweg in der Wirkung gleichkommen. Auch sind dort Diagramme entworfen, die wirtschaftliche Gegenüberstellungen zwischen Dampfhammer, dampfhydraulischer und reinhydraulischer Schmiedepresse bieten.

[1]) Stahl und Eisen 1892, 59.

[2]) Stahl und Eisen 1914, 1607; für kleinere Einheiten gibt Rossek in Werkstattstechnik 1916, 415, eine solche Gegenüberstellung von Hammer und Presse.

[3]) Uhlands technischer Verlag, Leipzig 1920, 13.

I. Allgemeines über die Hämmer.

A. Die geschichtliche Entwicklung der Hämmer.

Die Geschichte des Schmiedens ist so alt als die sagenhaften Überlieferungen, die aus ältesten Tagen zu uns gedrungen sind.

Um die wilden Tiere abzuwehren und gegen den Feind gerüstet zu sein, formten die Menschen das Eisen, das sie fanden, zu Waffen. Frühzeitig hatten sie erkannt, daß das Feuer ihnen dabei zu Hilfe komme, indem es das Metall weich und bildsam macht. Homer kannte bereits das Eisen; der Gott Hephästos war nach Diodors Angaben der erste, der Eisen und Stahl verarbeitet hat. Die Werkzeuge der Schmiede waren nach den Schilderungen Homers in den Werkstätten Hephästos bereits sehr mannigfache[1]).

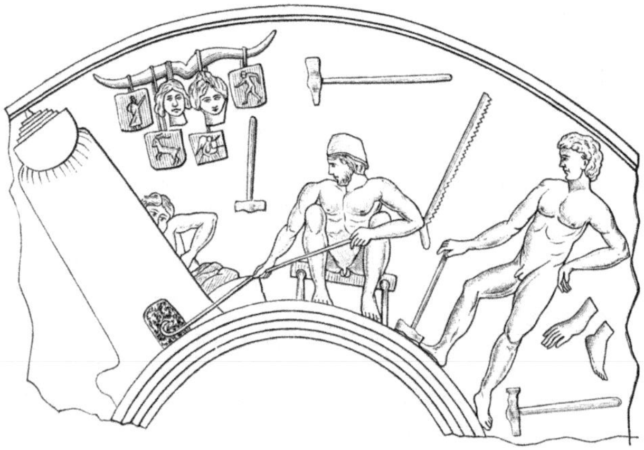

Fig. 6. Werkstätte eines Eisenschmelzers.

[1]) . . . . Er eilt in die Esse,
Wandt in das Feuer die Bälge und ließ sie mit Macht arbeiten.
Zwanzig bliesen zugleich der Blasebälg in die Öfen,
Allerlei Hauch aussendend des glutanfachenden Windes,
Bald des Eilenden Werk zu beschleunigen, bald sich erholend,
Je nachdem es Hephästos befahl zur Vollendung der Arbeit.
Jener stellt auf die Glut unbändiges Erz in den Tiegeln,
Auch gepriesenes Gold und Zinn und leuchtendes Silber,
Richtete dann auf dem Block den Amboß, nahm mit der Rechten
Drauf den gewaltigen Hammer und nahm mit der Linken die Zange.
(Ilias XVIII, 468—477.)

Die dort geschilderten Schmiedehämmer sehen wir auf dem Bilde einer griechischen Vase im Museum zu Berlin, auf der die Werkstätte eines Eisenschmelzers dargestellt ist, in Fig. 6[1]). Auf anderen griechischen Vasenbildern findet man die verschiedensten Formen von Hämmern und Ambossen. Auch auf römischen Kunstwerken finden wir reichlich Darstellungen aus Schmiedewerkstätten. So stellt das Flachrelief eines römischen Sarkophags die Arbeit eines Grobschmiedes dar, s. Fig. 7. Der Meister hält das Eisen in der Zange und schwingt den Handhammer, während die zwei Gesellen mit den Zuschlaghämmern ausholen. Im Hintergrunde zieht der Lehrbub den Balg und facht die Glut des Schmiedefeuers an. Das Bild zeigt, daß der Schmiedebetrieb der alten Römer sich wenig von jenem unserer heutigen Kleinschmieden unterschieden hat. Die Ambosse wurden zum Teil in die Erde versenkt, ihre Bahnen gehärtet, denn auch diese Kunst war schon den Römern bekannt, die Hämmer hatten Formen, wie sie heute noch für Handhämmer üblich sind.

Fig. 7. Grobschmied.

Im Altertum und Mittelalter war nur der Handhammer bekannt. Der deutsche Mönch Rodger des Benediktinerklosters Helmershausen bei Paderborn, mit seinem

Fig. 8. Wasserhammer (Aufwerfhammer).

Schriftstellernamen Theophilus Presbyter, der in der ersten Hälfte des 11. Jahrhunderts lebte, berichtet in seinem Werke Schedula Diversarum Artium von den Hämmern: „Es gibt viele Gattungen Hämmer, größere, kleinere und kleine, breit auf der einen Seite, schmal auf der anderen. Desgleichen lange und dünne Hämmer,

[1]) Beck, Geschichte des Eisens 1, 462.

oben gerundet, größer und kleiner. Desgleichen oben hornförmige, unten breite Hämmer.“ Und da der Mann eine Abhandlung über die Gewerbe verfaßte und sonst alle bekannten Werkzeuge genau beschrieb, ist anzunehmen, daß bis dahin keinerlei mechanische Hämmer bekannt waren.

Die immer fortschreitende Entwicklung der Erzeugung schmiedbaren Eisens mittels direkten Verfahrens durch reduzierendes Schmelzen der Erze in den Rennherden oder Luppenfeuern ließ eine kräftige mechanische Durcharbeitung der Luppe wünschenswert erscheinen und führte zur Erfindung der Wasserhämmer, deren Verwendung zu Beginn des 16. Jahrhunderts erwiesen ist. Fig. 8 zeigt einen solchen Hammer, dessen Bild der Metallurgie des Agricola[1]) entnommen ist. Der Hammerstiel wird durch einen einarmigen Hebel gebildet und heißen solche Hämmer jetzt Aufwerfhämmer.

Die Achse des Wasserrades liegt parallel zum Hammerstiel (Hammerhelm). An der Welle des Rades sind Daumen, „Frösche“, befestigt, die den Helm zwischen seinem Drehpunkt, der sogenannten Hülse und dem Hammer erfassen und in die Höhe werfen. Das Hammergerüst besteht in der Hauptsache aus vier Säulen, die gut verspannt sind. Der Hammer hat eine rechteckige Bahn, deren längere Kante senkrecht zum Hammerhelm steht. Der Amboß hat eine breite, flache rechteckige Bahn, er ruht auf einem kräftigen Holzklotz, der mit eisernen Ringen umschnürt ist. Zur Linken des Schmiedes befindet sich ein Hebel zum Abstellen und Regulieren des Wasserrades mittels Schütze. Durch Vergleich mit der Größe des Schmiedes auf dem Bilde sind die Abmessungen des Hammers nach Beck[2]) etwa folgende: Gerüsthöhe 2 m, Helmlänge 1 m, Hammerbahn $0{,}1 \times 0{,}15$ m, Amboßbahn 0,4 m Seitenlänge, Amboßstock (Holzklotz) 1,2 m ϕ; Hammergewicht 30 kg. Es waren also nach unserem Begriffe kleine Hämmer, die bei den Rennfeuern in Verwendung kamen; ihr Fallgewicht entspricht etwa jenem der kleinsten Ausführungen unserer heutigen maschinell angetriebenen Hämmer, das der damaligen schwersten Handschmiedehämmer (Possekel) nur um die Hälfte. Nach Agricolas Angaben schmiedete man auf diesen Hämmern Pflugeisen, Radschienen, vornehmlich aber Stäbe, von denen 4, 6 oder 8 den fünften Teil eines Zentners wogen, und die zu allerhand Werkzeug weiterverarbeitet wurden. Nach der Zeichnung würde die Schiene, die der Schmied in der Hand hält, etwa 80 cm lang, 7,5 cm breit und 2,5 cm stark sein.

Neben den Rennherden kamen anfangs des 16. Jahrhunderts die Stücköfen für die Gewinnung schmiedbaren Eisens aus den Erzen zur Anwendung, namentlich dort, wo schwer schmelzbare Erze vorhanden waren. Es waren dies Schachtöfen, in denen sich das fertige Eisen am Boden in Klumpen ansammelte, die mit Brechstangen aufgebrochen und aus dem Ofen geschafft wurden. Diese Eisenklumpen waren meist beträchtlich größer als die Luppen der Rennfeuer. Zu ihrer Verarbeitung mußten daher auch stärkere Hämmer verwendet werden; es waren zumeist auch Aufwerfhämmer, die durch ein Wasserrad betrieben wurden, sie zeigten jedoch schon eine interessante Verbesserung.

Wie aus Fig. 9 ersichtlich ist, befindet sich über dem Helm ein elastischer Holzbalken, der Reitel *R*, gegen den das Ende des Helmes beim Aufwärtsgange geworfen wird. (Im Bilde ist noch ein Setzeisen *B* zu sehen, das zum Zerteilen der Stücke dient.) Durch den Reitel wird die Zeit eines Hammerspieles abgekürzt, die minutliche Schlagzahl also vergrößert. H. Haedicke[3]) hat eine Tabelle zusammen-

---

[1]) Georgius Agricola, eigentlich Georg Bauer, geb. 1494, schrieb ein zwölfbändiges Werk: „De re metallica“.

[2]) Beck, Die Geschichte des Eisens, Braunschweig 1884, Vieweg & Sohn.

[3]) Zeitschr. d. Ver. deutsch. Ing. 1887, 465.

gestellt, aus der die Verkürzung der für ein Hammerspiel benötigten Zeit bei Verwendung eines federndes Anschlages unter Annahme vollkommen elastischer Stoßwirkung zu ersehen ist. In derselben bezeichnet h die Höhe, die der Hammerklotz (Bär) beim ungehinderten Aufwärtsgange durch Erteilung einer gewissen Anfangsgeschwindigkeit erreichen würde, t die für ein solches Hammerspiel erforderliche Zeit, h' die Höhe, in der der Bär beim Aufwärtsgange abgefangen wird, t' die zu einem solchen Spiele erforderliche Zeit.

$$\frac{h'}{h} = 0{,}1,\ 0{,}2,\ 0{,}3,\ 0{,}4,\ 0{,}5,\ 0{,}6,\ 0{,}7,\ 0{,}8,\ 0{,}9,\ 1.$$

$$\frac{t'}{t} = 0{,}05,\ 0{,}11,\ 0{,}16,\ 0{,}23,\ 0{,}29,\ 0{,}37,\ 0{,}45,\ 0{,}55,\ 0{,}67,\ 1.$$

Wird der Bär daher etwa in $^1/_5$ seiner Aufwerfhöhe abgefangen, so kehrt er $\frac{100}{11}$, also rd. 9mal so schnell zurück, als wie wenn er ungestört seinen Weg vollendet hätte. Eine eigentliche Verstärkung des Schlages tritt nicht ein und es ist ein Irrtum, wenn Beck in seiner Geschichte des Eisens 2, 480 das Gegenteil behauptet, da der Bär durch den Anschlag an das Hindernis im theoretisch günstigsten Falle, das ist bei Annahme eines vollkommen elastischen Stoßes, eine Geschwindigkeit zu Anfang der Abwärtsbewegung erhält, die gleich ist der Auftreffgeschwindigkeit auf den Reitel. Diese Geschwindigkeit hätte er aber auch besessen, wenn er den Weg ungestört und diese Niveaufläche bei der Abwärtsbewegung erreicht hätte. Der Bär trifft daher im theoretisch günstigsten Falle mit derselben Geschwindigkeit auf das Werkstück auf; praktisch

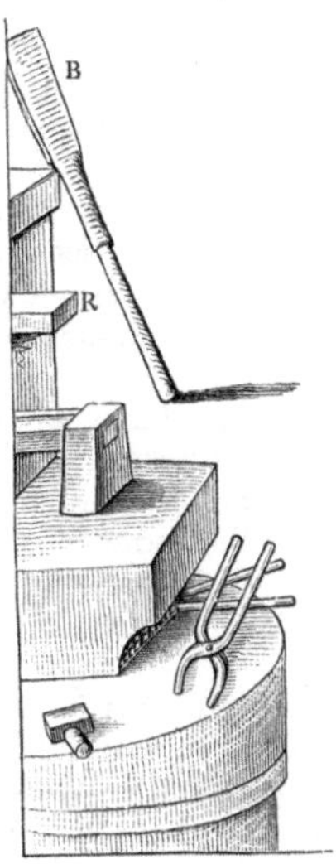

Fig. 9. Wasserhammer mit Reitel.

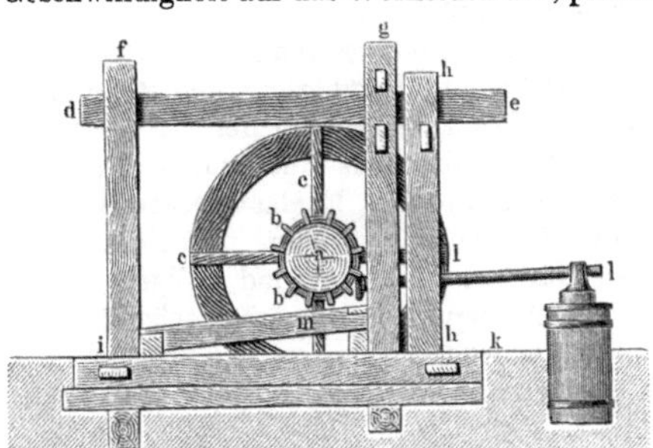

Fig. 10. Wasserhammer (Schwanzhammer).

wird die zur Verfügung stehende Schlagarbeit durch den Reitel noch verringert, da der Stoß nie vollkommen elastisch ist. Der Wert des Reitels liegt daher nur in der Erhöhung der minutlichen Schlagzahl und der dadurch gebotenen Möglichkeit in einer Hitze eine bedeutendere Schmiedearbeit zu leisten.

Fig. 9 ist den Schriften Agricolas entnommen; er spricht hierbei vom großen Hammer. Nach den ersichtlichen Abmessungen zu schließen, dürfte sein Fallgewicht nicht mehr als 70 kg betragen.

Während die Aufwerfhämmer in den Eisenhütten Deutschlands allgemein waren, wurden in Österreich, Frankreich, Spanien, überhaupt im Süden Europas, zu allen Schmiedearbeiten die Schwanzhämmer verwendet, die in Deutschland bloß zur weiteren, feineren Verarbeitung, in den Reck- und Zainschmieden Verwendung fanden.

Bei den Schwanzhämmern, s. Fig. 10, ist der Helm über den Drehpunkt hinaus verlängert. Diese Verlängerung heißt Schwanz und wird von Daumen niedergedrückt, die in der Wasserradwelle befestigt sind. Lassen die Daumen den Schwanz aus, so fällt der Hammer nieder. In ähnlicher Weise wie bei den Aufwerfhämmern wird durch federnden Anschlag die minutliche Schlagzahl dadurch erhöht, daß am Schwanz ein Ring, der Prellhammer, befestigt ist, der gegen ein elastisches Holz, den Prellhammerstock, beim Abwärtsgange schlägt.

Ganz ähnlich gebaut waren die Osemundhämmer der Grafschaft Mark, deren Hauptabweichung darin bestand, daß die Hammerbahn (Egge genannt) im rechten Winkel gegen den Helm gestellt war. Der hölzerne Amboßstock erhielt häufig eine eiserne Auflagplatte. Diese Platte hieß Chavotte oder Amboßschale; aus ihr ist später unsere Schabotte entstanden. Das Osemundfrischen, bei dem diese Hämmer in Verwendung kamen, lieferte dünne Stäbe, die ausschließlich zu Draht verarbeitet wurden. Die Schwanzhämmer machten 200 Schläge und mehr in der Minute; hierdurch wurden sie für die leichte Arbeit des Reckens und Zainens geeigneter als die langsamer gehenden Aufwerfhämmer.

Besondere Anforderungen an die Schmiedetechnik stellte die Erzeugung von Schiffsankern, und dies begreiflicherweise in immer höherem Maße, je größere Schiffe allmählich gebaut wurden. Zu Anfang des 18. Jahrhunderts galt als Regel, auf 20 Tonnen Schiffsgehalt einen Zentner zu 110 Pfund Ankergewicht zu rechnen, so daß etwa ein Schiff von 1500 Tonnen Gehalt einen Anker von 8250 Pfund verlangte. Bis Ende des 17. Jahrhunderts wurden die Anker von Hand geschmiedet, später begann man mit Wasserhämmern zu arbeiten. Immerhin bildete jedoch die Herstellung großer haltbarer Anker noch eine ungelöste Aufgabe, über die unter anderem Réaumur 1723 eine Abhandlung der Akademie der Wissenschaften zu Paris vorlegte.

Die Wasserhämmer fanden naturgemäß weitere Ausgestaltung durch sorgfältigere Gründung (Fundierung) und Herstellung der Hammergerüste, zweckmäßigere Bauart der Wasserräder und der Hebedaumen und endlich dadurch, daß einzelne Teile statt aus Holz aus Gußeisen hergestellt wurden. Selbst die Wasserräder und die Wellen wurden in England gegossen. Sonst jedoch blieben die Wasserräder in ihrer Bauart unverändert, nur ihre Größe nahm zu; für die größten Anker kamen Hämmer bis 800 Pfund Fallgewicht in Anwendung.

In den Seeplätzen, wo entsprechende Wasserkräfte meist nicht zur Verfügung standen, verwendete man meist Rammen, die von 7 bis 8 Männern an einem Seil, das über eine Rolle ging, in die Höhe gezogen wurden. Auch keulenartige Werkzeuge von einem Gewichte bis zu 300 kg, Herkules genannt, kamen in Verwendung; sie wurden am Ende ihres Stieles vom Meister erfaßt, während Gesellen mittels einer Winde den klobigen Teil hoben und ihn dann auf das Werkstück fallen ließen.

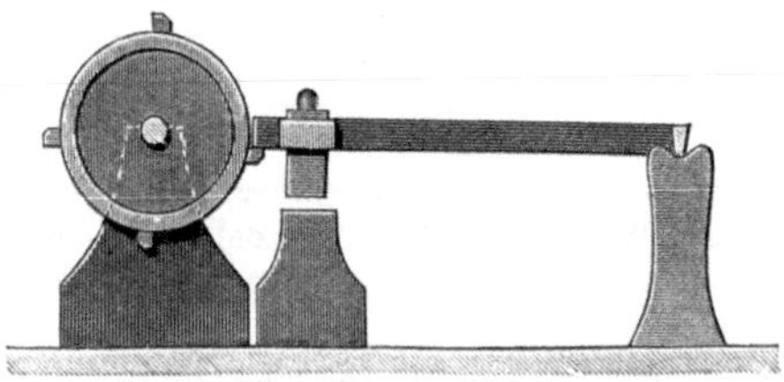
Fig. 11. Wasserhammer (Stirnhammer).

In England kamen die Stirnhämmer auf, deren einer in Fig. 11 dargestellt ist. Sie unterscheiden sich bloß durch den Angriffspunkt der Kraft von den Aufwerf- und Schwanzhämmern.

Nebst unterschlächtigen Wasserrädern kamen auch oberschlächtige vor. Mit der Erfindung der Dampfmaschine kamen auch Hämmer auf, die — sonst in völlig gleicher Weise wie die Wasserhämmer gebaut — Dampfantrieb der Daumenwelle erhielten.

Peter Onions ließ sich 1783 eine Erfindung patentieren, die die federnde Kraft gepreßter Luft oder die Saugkraft eines luftverdünnten Raumes zur Verstärkung des Schlages bei Aufwerfhämmern verwendete, was natürlich im selben Sinne wie beim Reitel oder Prellhammerstock aufzufassen ist. Onions baute einen Zylinder, in dem sich ein Kolben bewegte, dessen Stange, senkrecht zum Helm stehend, mit diesem verbunden war. Den Zylinder ließ er entweder unten oder oben offen; im ersteren Falle befand er sich über dem Helm und bewirkte beim Aufwärtsgange desselben eine Kompression der Luft im Inneren des Zylinders, im zweiten Falle befand er sich unter dem Helm und bewirkte eine Luftverdünnung dieses Raumes.

All diese Abänderungen und teilweisen Verbesserungen hielten jedoch nicht Schritt mit den Fortschritten in der Erzeugung des schmiedbaren Eisens. Der Puddelprozeß, der 1785 durch Henry Cort eingeführt worden war, erforderte schwerere und wirksamere Hämmer zum Zängen der Luppen, die fortschreitende Industrie brauchte eine Maschine zur Herstellung großer Schmiedestücke.

James Watt hatte sich bereits mit dem Gedanken eines durch Dampfkraft unmittelbar getriebenen Hammers (Stempelhammer, stamp-hammer) beschäftigt und am 28. April 1784 ein Patent auf eine solche Maschine genommen, nachdem er bereits 10 Jahre vorher in einem Briefe dem Gedanken Form gegeben hatte.

William Deverell[1]) nahm am 6. Juni 1806 ein Patent auf einen Stempelhammer, der unmittelbar mit einem Dampfkolben verbunden war, über dem ein Luftbehälter durch Prellung den Schlag verstärken sollte; über eine allfällige Ausführung ist jedoch nichts bekannt.

Der Maschinenfabrikant Caré in Paris griff den Gedanken dann im Jahre 1833 in anderer Form auf, indem er eine unmittelbar wirkende Dampflochmaschine konstruierte.

Im Jahre 1839 erhielt die Great Western Steamship Company den Auftrag zur Lieferung eines großen Dampfschiffes. Die Schaufelräder sollten eine für damalige Verhältnisse ungewöhnlich kräftige Welle erhalten, und kein englisches Werk traute sich, sie zu schmieden, da alle Hämmer hierfür zu schwach waren. Oberingenieur Humphries der Werfte wandte sich daher brieflich am James Nasmyth, der als Werkzeugmaschinen-Konstrukteur rühmlich bekannt war, um Rat. Eine halbe Stunde nach Empfang des Briefes, am 24. November 1839, hatte Nasmyth die in Fig. 12 dargestellte Skizze angefertigt, die als die formgebende Erfindung der Idee eines Dampfhammers anzusehen ist. Nasmyth war seiner Sache so sicher, daß er am unteren Ende des Blattes sich bereits über die Schwerfälligkeit der Stielhämmer lustig machte. Die Skizze ging an Humphries, fand jedoch trotz des lebhaftesten Beifalls keine Ausführung, da sich die Werfte entschloß, dem Schiffe statt der Schaufelräder eine gegossene Schraube zu geben.

Nasmyth nahm mangels an Mitteln kein Patent auf seine Erfindung, die eine Umwälzung für das ganze Hüttenwesen bringen sollte, sondern bot sie einer Reihe von Eisenhütten an, die sie jedoch wegen der damaligen schlechten Geschäftslage nicht zur Ausführung brachten. Er machte auch kein Geheimnis aus seiner Erfindung und so kam es, wie Beck in seinem mehrfach genannten Geschichtswerk auf Grund der Mitteilungen von Smyles[2]) berichtet, daß Fremde sich dieselbe zunutze machten. Nasmyth besaß im Vereine mit einem Gesellschafter in Patricroft bei Manchester eine Gießerei und Maschinenwerkstätte, die auf dem Gebiete des Werkzeugmaschinenbaues einen solchen Ruf hatte, daß ausländische Ingenieure kamen, um Bestellungen zu machen, sowie um Fortschritte und Ver-

---

[1]) Armengaud ainé, Publication industrielle 4.

[2]) S. Smyles, James Nasmyth 332.

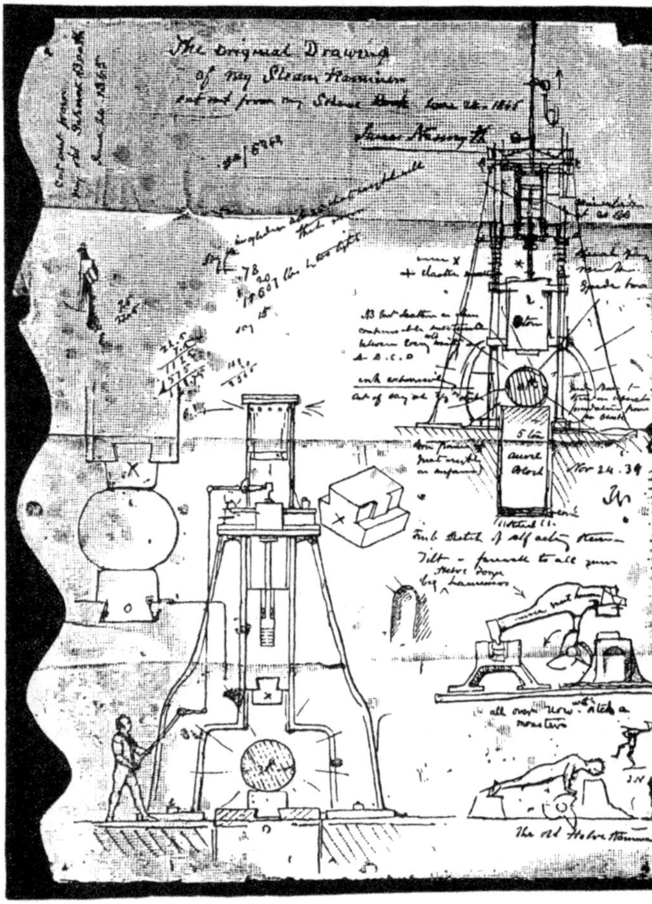

Fig. 12. Dampfhammer von Nasmyth.

besserungen kennenzulernen. Da Nasmyth aus seinen Entwürfen kein Geheimnis machte, lag auch sein Skizzenbuch in seinem Büro offen aus. Eines Tages kam Schneider aus Creusot mit seinem Ingenieur Bourdon, um Bestellungen zu machen. Sie blätterten als alte Geschäftsfreunde in Abwesenheit Nasmyths in dem Buch und fanden die Skizze des Dampfhammers, die man ihnen bereitwilligst erklärte. Die Franzosen zeigten ungewöhnliches Interesse und zeichneten sich die Skizze ab. Nach seiner Rückkehr erfuhr Nasmyth wohl von dem Besuche, doch wurde nicht erwähnt, daß seine Skizze kopiert worden war, da dies als nichts Außergewöhnliches angesehen wurde. Im April 1842 kam Nasmyth nach Creusot und sah hier schön gearbeitete große Schmiedeteile, die ihn zu der Frage nach der Art ihrer Herstellung veranlaßten. Da erfuhr er denn, daß die Firma Schneider auf Grund seiner Skizze einen Dampfhammer gebaut hatte, und konnte sich sofort von dessen vorzüglichem Gange überzeugen. Die Gebrüder Schneider hatten schon 1841 ein französisches Patent auf ihren Dampfhammer erworben; dies veranlaßte nunmehr auch Nasmyth, an die Patentierung seiner Idee in England zu denken. Am 9. Juni 1842 nahm er sein erstes Patent, 1843 sein zweites. Er baute einen Hammer mit 30 Zentner (1500 kg) Fallgewicht für das eigene Werk, der sich vortrefflich bewährte und großes Aufsehen im Lande erregte.

Die Amerikaner berichten über die Entstehung des ersten Dampfhammers anders[1]); sie lassen Nasmyth nicht bloß den Ruhm, ihn ersonnen, sondern auch 1842 in Patricroft für die eigene Schmiede zuerst ausgeführt zu haben, nachdem er bereits vorher einen Versuch mit einem alten umgekehrt auf einem Holzgerüst montierten Dampfmaschinenzylinder gemacht hatte, an dessen Stange ein 2000 Pfund schweres Gewicht hing.

Der Dampfhammer stand sofort mit einem hohen Grade an Vollkommenheit der Industrie zu Gebote, um so mehr, als bereits 1843 Wilson, der Cheftechniker von Patricroft, eine selbsttätige Dampfhammersteuerung erfand. Da andererseits damals ein Schmiedewerkzeug für hohe Arbeitsleistungen und mit vollkommener Regulierarbeit ein lebhaftes Bedürfnis war, so fand der Dampfhammer sofort eine ungewöhnlich große Verbreitung und übte auf die Technologie des Eisens einen umwälzenden, ins Mächtige strebenden Einfluß. In der zweiten Hälfte des 19. Jahrhunderts wurde der Dampfhammer vielfach konstruktiv ausgestaltet und verbessert, jedoch erst in letzter Zeit beginnt man auch an seiner Wirtschaftlichkeit verbessernd zu arbeiten. Drucklufthämmer sind ebenfalls im Betriebe, die Transmissionshämmer fanden sorgfältigste Ausgestaltung und große Verbreitung, nur die Gashämmer und die elektrischen Hämmer, die immer wieder auftauchen, vermochten sich bisher nicht durchzusetzen.

B. Die Wirkungsweise der Hämmer.

Eine Aufklärung über die Wirkungsweise der Hämmer gibt die Lehre vom Stoß. Die Stoßwirkung ist bekanntlich im allgemeinen eine Wechselwirkung zweier Körper, die bestrebt sind denselben Raum einzunehmen. Die Wechselwirkung ist eine 2fache; einerseits eine Änderung des Bewegungszustandes, anderseits eine Formänderung. Bedingung für die letztere ist, daß mindestens einer der beiden Körper als unstarr anzusehen ist. Im allgemeinen kommt ein gerader, zentraler Stoß (die Richtung der Stoßkraft geht durch die Schwerpunkte der beiden Körper) unvollkommen elastischer Körper für den Schmiedebetrieb in Betracht. Einer der beiden Körper (Amboß, Schabotte) ist hierbei stets als in Ruhe befindlich anzusehen.

Stoßen zwei Körper zusammen, so ist der durch den Stoß verursachte Arbeitsverlust $A_1 = \frac{1}{2}\frac{M_1 M_2}{M_1 + M_2}(c_1 - c_2)^2$, wenn M_1, M_2 die Massen, c_1, c_2 die Geschwindigkeiten der beiden Körper bedeuten.

Dies gilt jedoch nur für den Fall, als beide Körper vollkommen unelastisch sind, in jedem anderen Falle wird im weiteren Verlaufe der Stoßwirkung die Arbeit A_2 wieder zurückgewonnen. $A_2 = k A_1$, wobei $k \leqq 1$ ist. k wird als Elastizitäts- oder Stoßkoeffizient bezeichnet.

Die tatsächlich verlorengegangene Arbeit ist dann

$$A = A_1 - A_2 = \frac{1}{2}(1-k)\frac{M_1 M_2}{M_1 + M_2}(c_1 - c_2)^2.$$

[1]) Aufsätze von Fred White im „Outlook“ 1910, Grover Mc Namara der Bethlehem Steel Co. in „Munseys Magazine“ 1910, und Dr. Mansch in „Die Welt der Technik“ 1911, 86.

Die Mechanik bezeichnet diese Arbeit als verlorene; für die Technologie des Schmiedens ist es jedoch gerade jene Arbeit, die als nutzbar anzusehen ist, d. h. jene Arbeit, die in Deformationsarbeit übergeht.

Wir sehen das auf dem Amboß ruhende Werkstück in Gemeinschaft mit diesem als M_2 an, c_2 ist dann die Geschwindigkeit von Werkstück und Amboß, also gleich Null und die Gleichung für A nimmt die Form an

$$A = (1-k)\frac{M_1 M_2}{M_1 + M_2}\cdot\frac{c_1^2}{2}$$

oder, wenn die Massen durch die Gewichte ausgedrückt werden,

$$A = (1-k)\frac{G_1 G_2}{G_1 + G_2}\cdot\frac{c_1^2}{2g}.$$

$\frac{c_1^2}{2g}$ sei als h_1 (Geschwindigkeitshöhe) bezeichnet und der Ausdruck in der Form geschrieben

$$A = (1-k)\frac{G_2}{G_1 + G_2}\cdot G_1 h_1.$$

$G_1 h_1$ bedeutet nun die kinetische Energie des herunterfallenden Hammers, oder das Schlagarbeitsvermögen. Um die vom technologischen Standpunkte bestmöglichsten Verhältnisse beim Stoß zu erkennen, ist dieses Produkt unveränderlich festzuhalten; es zeigt sich dann, daß die Formänderungsarbeit wächst, wenn der Ausdruck $\frac{G_2}{G_1 + G_2}$ größer wird, die Wirkung ist also um so günstiger, je größer das Gewicht des geschlagenen Teiles gegenüber dem Hammer wird. Ferner erhöht sich die Wirkung mit der Verkleinerung des Stoßkoeffizienten k. Dieser Stoßkoeffizient ist einzig und allein von der Beschaffenheit der zum Stoße gelangenden Materialien abhängig, und zwar von deren Elastizität. Die Wahl des Materials des schlagenden Teiles und der Unterlage (Amboß) ist, insbesonders durch Festigkeitsrücksichten, eingeschränkt und für einen und denselben Hammer als feststehend anzusehen.

Daher kommt in erster Reihe die Materialbeschaffenheit des Werkstückes für die Beurteilung der nutzbaren Stoßwirkung in Betracht.

Der Stoßkoeffizient eines Materials wird in der Weise bestimmt, daß man eine Kugel aus diesem Material von einer bestimmten Höhe h auf eine fest unterstützte gleichartige Masse (Platte) fallen läßt und die Höhe h' mißt, zu welcher die Kugel nach dem Stoße ansteigt; $\frac{h'}{h}$ gibt dann den Koeffizienten k[1]. Newton fand so

für Elfenbein . . . . . . $k = \left(\frac{8}{9}\right)^2 = 0{,}79$,

„ Glas . . . . $k = \left(\frac{15}{16}\right)^2 = 0{,}879$,

„ Kork, Stahl und Wolle $k = \left(\frac{5}{9}\right)^2 = 0{,}309$.

General Morin[2]) ließ Geschützkugeln auf Ton, Holz und Gußeisen fallen und gibt auf Grund seiner Versuche für Ton und Holz k nahe an Null, für Gußeisen

[1]) Die „Hütte“ bezeichnet mit dem Ausdrucke „Stoßkoeffizient“ den Wert $\sqrt{\frac{h'}{h}}$, also die Wurzel aus der hier auf Grund mehrfacher Quellen mit diesem Ausdrucke bezeichneten Größe.

[2]) Morin, Notions fondamentales de Mécanique.

nahe an 1 an. Diese Werte bedürfen allerdings wohl noch einer Bestätigung, besagen sie doch, daß Ton und Holz nahezu vollkommen unelastisch, Gußeisen nahezu vollkommen elastisch sei. Eingehende diesbezügliche Versuche wären daher lebhaft zu begrüßen.

Da mit erhöhter Temperatur Schmiedeisen infolge der Abnahme der inneren Reibung bildsamer wird, also seine Elastizität abnimmt, wird ein größerer Teil des Schlagarbeitsvermögens in nutzbare Formänderungsarbeit umgesetzt, was natürlich nichts anderes als die bekannte Tatsache zum Ausdrucke bringt, daß sich das Eisen, fehlerfreie Zusammensetzung natürlich vorausgesetzt, bei höheren Temperaturen leichter schmieden läßt[1]).

In der Praxis weichen die Verhältnisse von dem hier betrachteten Falle insofern ab, als dort das Werkstück nicht als frei zu betrachten ist, sondern, je nach seiner Beschaffenheit mehr oder weniger, durch den Amboß unterstützt ist und dieser wiederum auf dem Boden der Schmiede oder auf seinem Fundamente aufsteht. Bei dieser losen Zusammengehörigkeit der einzelnen Teile des geschlagenen Körpers wird stets eine gewisse Zeit zur Fortpflanzung der Stoßwirkung erforderlich sein. Für die Wirkung des Schlages wird in hervorragender Weise der zuletzt betroffene Teil des geschlagenen Systems, das Fundament, maßgebend sein, da von diesem die Rückwirkung wesentlich abhängig ist.

Die Gründung (Fundament) des Ambosses übernimmt nebst der Aufgabe der Stabilisierung noch jene, dem Amboß zu gestatten, unter dem Einflusse des Stoßes in der Stoßrichtung schwach federnd nachzugeben, um Brüche zu vermeiden; endlich sollen Erschütterungen von der Gründung möglichst vollkommen aufgenommen werden.

Während der Aufgabe der Stabilisierung ein möglichst massiges starres Fundament am besten entspricht und so auch das Schlagarbeitsvermögen am günstigsten ausgenutzt wird, erfordern die beiden anderen Gesichtspunkte elastische Gründungen, welche die Wirtschaftlichkeit der Arbeit beeinträchtigen.

Diese verschiedenen Gesichtspunkte führen zu einem Kompromiß bei der Durchführung der Fundamente, das in dem Abschnitt „Gründung der Hämmer" näher behandelt werden soll[2]).

C. Allgemeine Richtlinien für die Konstruktion von Hämmern.

Der Aufbau eines Maschinenhammers ist in erster Reihe durch den Ständer gekennzeichnet, der je nach Art und Verwendung des Hammers gestaltet ist und zur Aufnahme der übrigen Konstruktion dient. Es gibt entweder bloß einen Ständer (einständriger Hammer), oder deren zwei (doppelständriger Hammer).

Die Hebelhämmer (s. S. 43) besitzen meist einen Ständer, an welchem sich der Hebeldrehpunkt befindet. Dieser ist durch die Lagerdrücke meist fast nur auf Druck und Zug, also minder gefährlich beansprucht.

Die Parallelhämmer haben ebenfalls vielfach nur einen Ständer. Um den Bär zu heben, ist eine Kraft nötig, die größer ist als das Fallgewicht (s. S. 29). Die Reaktion dieser Kraft wirkt auf den Ständer in der Achse des Bärs nach abwärts

[1]) Nur im Temperaturgebiete der allotropen Umwandlungen des Eisens ist, wie ich in der Zeitschr. d. Ver. deutsch. Ing. 1915, 915 u. ff. nachgewiesen habe, die Formänderungsarbeit größer als die für die gleiche Formänderung unter- und oberhalb dieses Temperaturgebietes erforderliche Arbeit.

[2]) Siehe auch Schryver, Étude sur les Marteaux-Pilons. Extrait des Annales de l'Association des Ingénieurs sortis des Écoles spéciales de Gand; Brüssel, Félix Callevaert Père.

und beansprucht den Ständer infolge seiner seitlichen Ausladung auf Biegung. Wird nicht nur das Heben des Bärs von der treibenden Kraft besorgt, sondern auch der Schlag durch sie verstärkt, so wirkt beim Abwärtsgange des Bärs eine Kraft auf den Ständer, die nach aufwärts gerichtet ist. Durch diese unaufhörlichen, in wechselnder Richtung wirkenden Biegungsbeanspruchungen werden Schwingungen des Ständers hervorgerufen, die auch zu Brüchen führen können. Eine rechnerische Verfolgung dieser Vorgänge würde wohl zu keinem voll befriedigenden Ziele führen; immerhin geht aber aus der hier angestellten Überlegung hervor, daß die Ständer durch Rippen möglichst kräftig zu versteifen sind und ist einzusehen, daß ein zweiständriger Hammer weniger schwingen wird als ein einständriger, da dort zum größten Teil nur Druck- und Zugbeanspruchungen auftreten.

Die einständrigen Hämmer, s. Fig. 13, dienen daher für kleinere Arbeiten; für Hämmer mit einem Fallgewicht von über 1000 kg und einem Hub über 800 mm sollte die einständrige Form nicht mehr Verwendung finden. Schon bei diesen Größenverhältnissen ist die Konstruktion mit einem Ständer wenig solid und treten leicht unangenehme Vibrationen auf. Ist der Bär (Fallgewicht) am Ständer geführt, so kann es leicht bei Schlägen, die auf eine schiefe Fläche des Werkstückes geführt werden, durch Ecken des Fallgewichtes zu übergroßen Beanspruchungen und zu Brüchen in der Führung kommen, für genaue Gesenkarbeiten empfiehlt sich der einständrige Hammer nicht. Im übrigen ist es durchaus nicht sicher, daß ein einständriger Hammer billiger kommt als ein doppelständriger. Ist nämlich bloß ein Ständer da, so wird er wohl meist als Hohlgußkörper hergestellt werden, um ihm größere Festigkeit zu geben, bei Doppelständern (s. Fig. 14) begnügt man sich mit dem billigeren Rippenguß, so daß nicht selten die beiden Ständer zusammen leichter sind als der Ständer des einständrigen Hammers gleicher Größe.

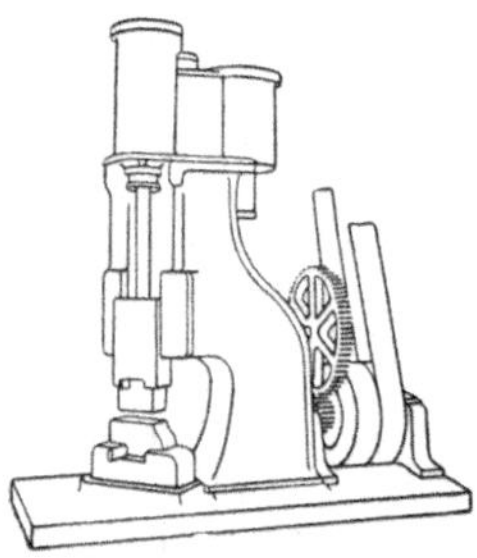

Fig. 13. Einständriger Hammer mit Hohlgußständer.

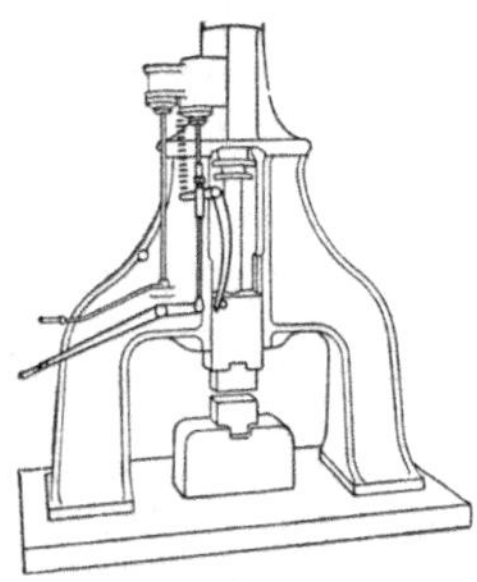

Fig. 14. Zweiständriger Hammer mit Rippengußständern.

Im Gebrauch ist der einständrige Hammer, das sogenannte überhängende Modell, überaus angenehm, da der Amboß von drei Seiten vollkommen zugänglich ist; für allgemeine Schmiedearbeit ist er daher von diesem Standpunkte vorzuziehen.

Für mittlere und größere Einheiten ist es erwünscht Hohlgußkörper vermeiden zu können, da bei dieser Art von Guß gefährliche Gußspannungen leichter auftreten. Eine schöne Bauart ist daher jene, die den Ständer teilt und aus Rippenguß herstellt (s. Fig. 15).

Es entsteht hierbei außerdem zwischen den Ständerhälften ein freier Raum, durch den lange Werkstücke mit Vorteil gesteckt werden können.

Für den Überseetransport eignen sich besonders die genieteten schmiedeisernen Ständer, da sie ein geringes Gewicht haben.

In den meisten Fällen erhält der Bär am Ständer eine Führung. Für die gewöhnliche Schmiedearbeit ist dies sehr zu empfehlen, einerseits wegen der Genauigkeit der Schläge, andererseits wegen der Schonung der Bärstange, in die weniger exzentrische Beanspruchungen kommen.

Soll im Gesenke geschmiedet werden und ist das Obergesenke am Bär angebracht, so ist die Führung unerläßlich.

Soll jedoch gewöhnliche Fassonschmiedearbeit geleistet werden und sind die Werkstücke so hoch und sperrig, daß Führungen bei der Arbeit stören würden, so kann der Hammer auch ohne Führungen gebaut werden. Ein solcher Hammer ist in Fig. 17 dargestellt; er zeigt gleichzeitig eine besondere Form der Ständer, die als Hufeisenmodell bekannt ist und besonders viel Platz um den Amboß, hauptsächlich aber über ihm, freiläßt. Die starke Kolbenstange erhält eine Fläche angearbeitet, um ein Drehen des Bärs zu verhindern, was sonst von der Führung mit besorgt wird. Die Hufeisentype ist für Hämmer von 1000 bis 10000 kg Fallgewicht und hohe Werkstücke beliebt; der Ständer wird manchmal auch aus Stahlplatten zusammengenietet[1]).

Wird weniger Wert darauf gelegt, daß der Raum über dem Amboß frei bleibe als jener um ihn herum, so verwendet man für schwere Arbeiten Brücken- oder Balkenhämmer, s. Fig. 16.

Der Balken wird aus Stahlplatten und Winkeln genietet, er wird dadurch leicht und doch steif. Die Säulen sind entweder aus Gußeisen oder auch genietet. Die Führungen, die durch die Brücke durchgreifen, sind aus Gußeisen.

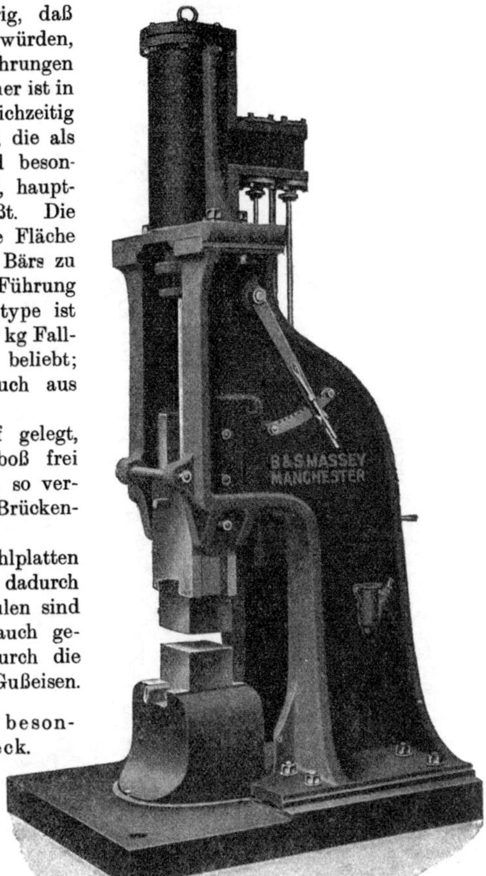

Fig. 15. Einständriger Hammer mit geteiltem Rippengußständer. Von Massey in Manchester.

Formen von Hämmern mit besonderem Verwendungszweck.

Für das Aufhämmern von Eisenbahnradreifen (Tyres) muß der Bär in schiefer Richtung Schläge führen; daher ist der Ständer mit den Führungen schräg gebaut, s. Fig. 128 und 129.

Um Röhren zu schweißen, muß der Raum über dem Werkstück frei sein; der Hammer erhält daher keine Führungen. Der Amboß muß derart ausgebildet sein, daß das Rohr über ihn gehängt werden kann; es ist daher neben dem Hammer ein Lager aufgestellt, in welches ein vorstehendes Stahlhorn eingesetzt wird, über dem die Schweißung erfolgt. Die Ständer erhalten für diesen Zweck die Form eines Tores; s. Fig. 17.

Hämmer ohne eigentliche Ständer, als hängende Modelle, werden dann verwendet, wenn wegen besonders ausgedehnter Werkstückformen jeder Ständer

[1]) Der in Fig. 16 dargestellte Hammer dient einem ganz besonderen Zweck (Röhrenschweißen), doch wird die Hufeisentype auch für allgemeine Schmiedearbeiten ausgeführt. Andere Hammerformen ohne besondere Bärführungen sind durch die Figuren 100, 115/116, 169, 170, 171 und 185 dargestellt.

hindern würde. Solche Hämmer (Dampf- oder Drucklufthämmer) sind derart, daß der Zylinder Pratzen erhält, mit welchen er an Trägern, am Gebälke der Schmiede, an Mauerkonsolen usw. befestigt werden kann, während ein Amboß je nach den örtlichen Verhältnissen untergestellt und am Fußboden oder an der Mauer befestigt wird, s. Fig. 18 und 19.

Diese Hämmer, die in Kupferschmieden, zum Rohrschweißen usw. Verwendung finden, erhalten natürlich nur kleine Ausführungen.

Fig. 16. Brücken- oder Balkenhammer. (Von etwa 1000 kg Fallgew aufwärts.) Von Massey in Manchester.

Die Bärführungen erhalten leicht durch einen eckenden Schlag hohe Beanspruchungen, so daß Brüche nicht zu den Seltenheiten gehören, besonders wenn der Bär zu viel Luft in der Führung hat. Es empfiehlt sich daher die Führungen kräftig zu halten und namentlich in ihrem unteren Teil durch Rippen zu versteifen. Bei zweiständrigen Hämmern werden vielfach die beiden Ständer in der Höhe der Führung durch Strebestangen miteinander verbunden, um der ganzen Konstruktion eine größere Steifigkeit zu geben und eine gute Führung des Bärs zu sichern. Es ist recht praktisch, die Führungsteile nicht mit dem Ständer aus einem Stück herzustellen, sondern mit Schrumpfringen zu verbinden, wodurch Auswechselungen leicht und billig möglich sind.

Fig. 17. Hämmer zum Schweißen von Röhren. Bogenform ohne Führungen. Von **Massey** in Manchester.

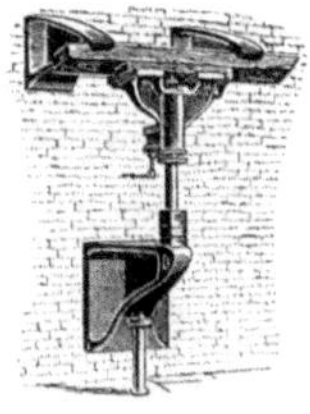

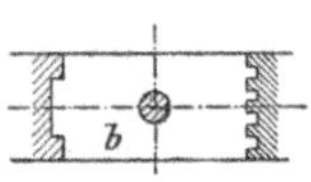

Fig. 20. Bärführungen.

Fig. 18 u. 19. Hämmer in hängender Ausführung.
(Mit etwa 25 bis 75 kg Fallgewicht.) Von **Massey** in Manchester.

Im Querschnitt können die Führungen verschieden ausgebildet sein. In Fig. 20 sind zwei einfache Führungsarten dargestellt, auf der linken Seite der Figur erhält der Bär bloß einen Zahn zur Führung, auf der rechten Seite mehrere Zähne. Die Nachstellbarkeit wird hierbei durch Anbringung von Langlöchern ermöglicht.

Eine gute Führung ist die auch sonst im Werkzeugmaschinenbau bekannte *V*-Führung, Fig. 21. Dieselbe gestattet eine Nachstellung in beiden Richtungen des Querschnittes durch Unterlegungen von Blech oder dergl. zwischen Ständer und Führungsleiste.

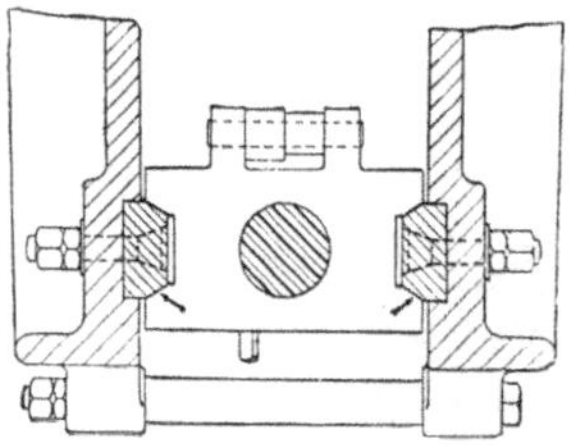

Fig. 21. Bärführung in *V*-Form von einem einständrigen Massey-Dampfhammer.

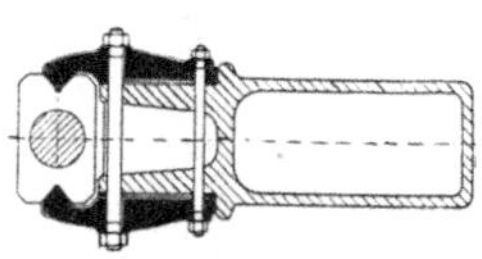

Fig. 22. Bärführung von Hartmann mit Stahlgußbacken.

Fig. 23. Bärführung von Hartmann mit Stahlgußbacken.

Die Sächsische Maschinenfabrik vorm. R. Hartmann in Chemnitz bringt bei ihren einständrigen Dampfhämmern Stahlgußbacken mit *V*-Führungen zur Ausführung und verschraubt die Backen mit dem Ständer (s. Fig. 22 und 23). Die doppelständrigen Dampfhämmer dieser Firma (s. Fig. 190) werden mit Doppel-*V*-Führungen ausgestattet, die gleichfalls durch Unterlegen von Blechen nachgestellt werden können (Fig. 24).

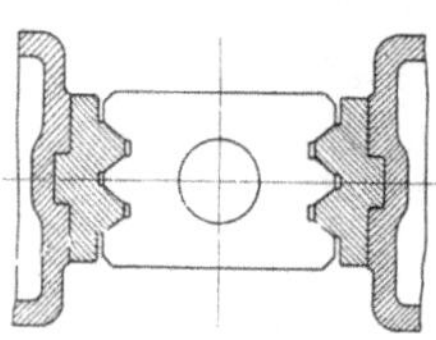

Fig. 24. Bärführung in Doppel-*V*-Form von einem zweiständrigen Hartmann-Dampfhammer.

Bei den kleinen Hämmern wird der Ständer unmittelbar auf das Fundament aufgeschraubt (s. z. B. Fig. 72). Bei größeren wird eine eigene Grundplatte zur Ausführung gebracht (s. Fig. 13), bei doppelständrigen und Brückenhämmern zwei Fußplatten (s. Fig. 16), die mittels Strebestangen untereinander fest verbunden sind. Die Grundplatte umfaßt den Amboß und verleiht dem auf ihr befestigten Ständer die nötige Standfestigkeit. Die Verbindung mit dem Ständer erfolgt am besten mit Schrumpfringen und Schrauben. Es ist beliebt, die Grundplatte so weit unter Hüttensohle zu setzen, daß die Ankerschrauben nicht vorstehen. Auch die Fußplatten der doppelständrigen Hämmer samt Strebestangen werden versenkt.

Sämtliche Schrauben an Hämmern müssen wegen der Erschütterungen versichert werden; gewöhnliche Splinte aus Rund- oder Halbrundeisen sind minder verläßlich als Flachsplinte, die aus zusammengelegtem Blech in Keilform hergestellt werden. Ist eine Flanschenverbindung abzudichten, können Splinte natürlich nicht verwendet werden und sind in diesem Falle Gegenmuttern vorzusehen.

Das Fallgewicht kann auf die verschiedenste Art ausgebildet werden. Ist ein Kolben mit dem Bär verbunden, so kann Kolben, Stange und Bär aus einem Stück Stahl geschmiedet sein, was häufig bei Dampfhämmern bis etwa 1000 kg Fallgewicht geschieht. Ein Stauchen ist bei der Herstellung zu vermeiden, da gestauchte

Fasern erfahrungsgemäß die andauernden Stoßbeanspruchungen minder gut vertragen. Die Kolbenringe werden oft wegen der größeren Widerstandsfähigkeit aus Stahl geschmiedet.

Bei größeren Hämmern pflegt man den Bär aus Stahlguß herzustellen. Eine schwierige Einzelheit bildet dann die Verbindung mit der Stange samt Kolben. Häufig ist der Bär aufgeschrumpft; der Austausch einer Stange bedeutet dann immer einen längeren Betriebsstillstand. Etwas besser ist die Querkeilkupplung (s. Fig. 25), bei der das Stangenende eine leichte Verstärkung nach unten zu erhalten soll.

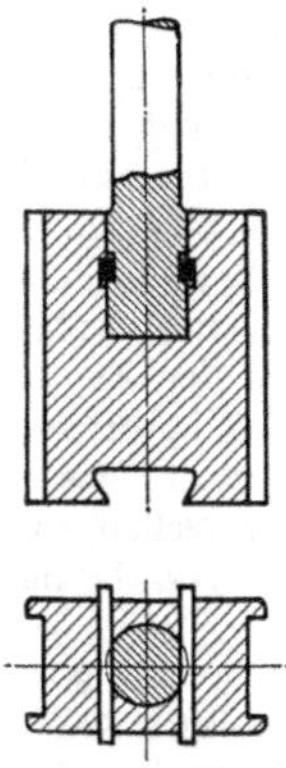

Fig. 25. Verbindung von Kolbenstange und Bär mit Querkeilen.

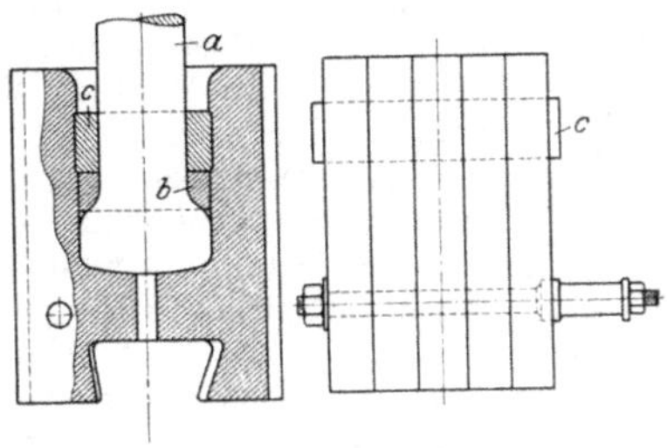

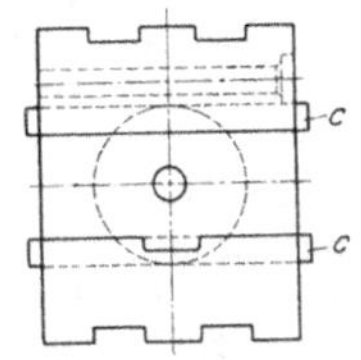

Fig. 26a. Verbindung von Kolbenstange und Bär nach Ringhoffer.

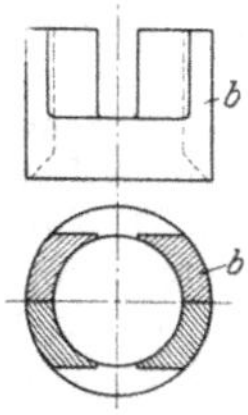

Fig. 26b. Beilagstück.

Eine gute Verbindung hat F. Ringhoffer in Smichow-Prag, jetzt Vereinigte Maschinenfabriken A.-G. vorm. Skoda, Ruston, Bromovský und Ringhoffer, ausgebildet; sie ist in Fig. 26a zur Darstellung gebracht.

Die Kolbenstange a ist unten verdickt und paßt in eine entsprechende Bohrung des aus Stahlguß hergestellten Bärs. Die Verbindung von Bär und Stange vermittelt ein zweiteiliges stählernes Beilagstück b, das durch zwei Keile c niedergehalten wird, die sich einerseits im Bär, andererseits an gehobelten Flächen des Beilagstückes b führen. Die eigenartige Form des Beilagstückes ist in vergrößertem Maßstabe durch Fig. 26b dargestellt.

Eine ähnliche Konstruktion wird von der Sächsischen Maschinenfabrik vorm. R. Hartmann in Chemnitz zur Ausführung gebracht (s. Fig. 27).

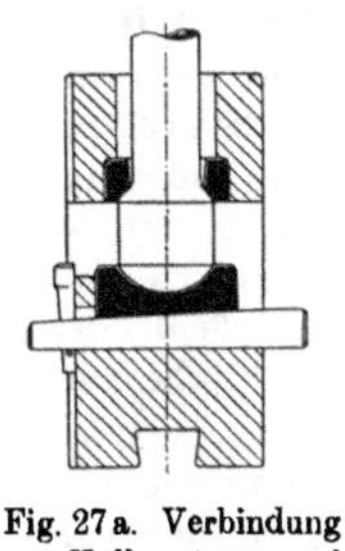

Fig. 27a. Verbindung von Kolbenstange und Bär nach Hartmann.

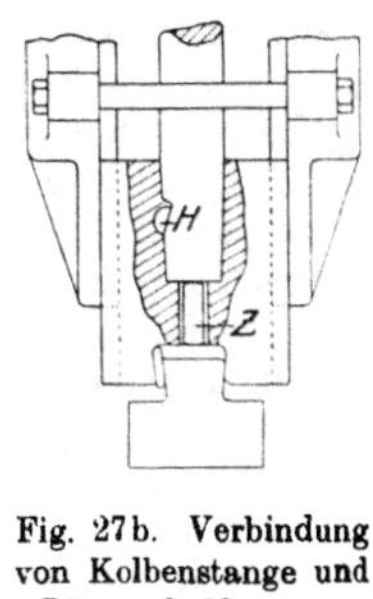

Fig. 27b. Verbindung von Kolbenstange und Bär nach Massey.

Die Firma Massey in Manchester besitzt eine Konstruktion, welche die Zweiteilung des unteren Zylinderdeckels samt Stopfbüchse überflüssig macht (Fig. 28). Die Stange ist unten leicht konisch und besitzt eine Einkerbung, in welche der Keil H eingetrieben wird. Zur Lösung der Verbindung dient ein Beilagstück Z, das in den Bär eingelegt wird. Hierauf werden mit dem Hammer so lange Prellschläge gegeben, bis sich die Stange löst.

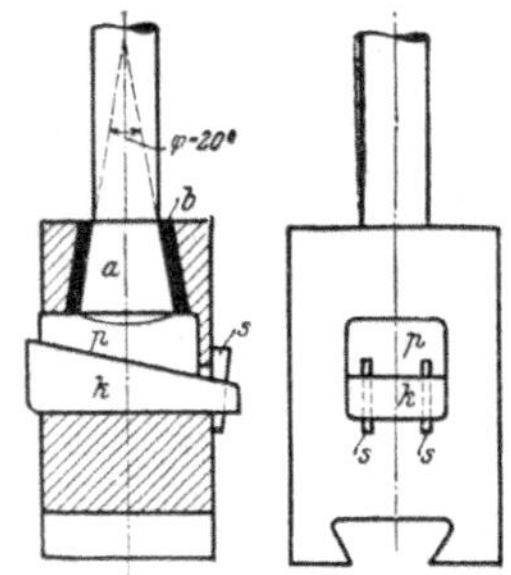

Fig. 29. Verbindung von Kolbenstange und Bär nach Banning.

Bei der Kupplung von Banning (s. Fig. 29) bildet die Stange unten einen Kegel *a*, der von einer Kugelkalotte begrenzt ist. Die Verbindung von Stange und Bär erfolgt durch eine zweiteilige Büchse *b*. Stange und Büchse werden durch die Beilage *p*, die durch den Keil *k* nach oben getrieben wird, in die kegelige Ausdrehung des Bärs gepreßt[1]).

Besitzt der Hammer eine Bärführung, ist keinerlei Maßnahme nötig, um ein Verdrehen des Bärs zu verhindern. Ist keine Führung vorhanden, wie etwa in Fig. 171, so wird meist die Stange und die Stopfbüchse abgeflacht. Beim Yeakley-Hammer (s. Fig. 100) ist der Kolben viereckig, Wilson in Patricoft verwendete bei kleinen Dampfhämmern sogar ovale Stangen.

Die Hammerstöckel (Einsätze, Oberambosse) sind bei den ganz großen Hämmern aus Gußeisen, sonst meist aus Stahlguß, in vereinzelten Fällen auch aus Hartguß hergestellt und werden durch Schwalbenschwanz und Keil in den Bär bzw. in die Schabotte eingesetzt. Die für Streckarbeiten üblichen Stöckel haben rechteckige Hammerbahn, welche schief gelegt ist. Blickt man von oben auf das eingesetzte Hammerstöckel und steht vor dem Hammer (Führerstand rechts), so ist die Längsseite von links oben nach rechts unten zu richten, damit der Hammerführer beim Schmieden nicht durch den Schmied behindert werde.

Die Schabotte oder der Unteramboß. Im vorigen Kapitel wurde gezeigt, daß die Wirkung des Schlages um so günstiger ist, je größer das Gewicht des geschlagenen Teiles gegenüber jenem des Hammers wird. Die Schabotte übernimmt nun einzig allein die Aufgabe, möglichst viel Masse dem auftreffenden Hammer darzubieten. Die Größe der Schabotte ist daher nur durch wirtschaftliche Rücksichten nach oben begrenzt und es ist durchaus verfehlt, an Gewicht engherzig zu sparen. Es wäre richtig, das Gewicht der Schabotte in ein Verhältnis zum Schlagarbeitsvermögen zu bringen. Dies geschieht jedoch nicht, vielmehr wird das Gewicht als Vielfaches des Fallgewichtes angegeben. Die „Hütte“ empfiehlt für reine Fallhämmer, also auch Unterdampfhämmer,

zum Eisenschmieden $Q = 6\,HG$, mindestens $8\,G$,
zum Stahlschmieden $Q = 10\,HG$, mindestens $12\,G$,

für Hämmer mit Oberdampfwirkung, also wohl auch für Transmissionshämmer, das 1,3 fache dieser Werte. Hierbei bedeutet Q und G das Gewicht der Schabotte, bzw. das Fallgewicht in kg und H den Hub des Hammers in m. Nach den Erfahrungen des Verfassers, die auch von anderen geteilt werden[2]), sind diese Werte für Hämmer mit verstärkter Schwerkraftswirkung nicht unter dem 10- bis 12fachen des Fallgewichtes für Eisen und dem 15- bis 20fachen für Stahl zu halten. Die Schabotte soll möglichst breit auf ihrer Unterlage aufstehen, um die Auflagerbeanspruchung möglichst gering zu halten. Diesbezüglich gibt die „Hütte“ in der Weise Aufschluß, daß sie empfiehlt, den Druck Q_1, den der Unteramboß (Schabotte) auf die ihn unterstützende Fläche ausübt, wie folgt anzunehmen:

für Luppenhämmer . . . . zu $Q_1 = (30 \text{ bis } 60)\,h\,G + Q$,
für Hämmer zum Schmieden von Paketen zu $Q_1 = (60 \text{ bis } 95)\,h\,G + Q$,
für Hämmer zum Schmieden von Stahl . . zu $Q_1 = (95 \text{ bis } 125)\,h\,G + Q$.

Folgerichtig wird dann der Druck der Gründung auf den Untergrund erhalten, wenn man zu den Werten für Q_1 noch das Gewicht der Gründung zuschlägt. Gegen

[1]) Schweißguth erklärt diese Kupplung in der Z. d. V. d. I. 1919, 1109, als unzweckmäßig.
[2]) Stahl und Eisen 1911, 1206.

die Angaben der „Hütte“ tritt Barth[1]) auf und zeigt an einem Beispiel, daß die vorstehenden Formeln zu geringe Werte ergeben. Sicher ist, daß man gut tut, an Auflagerfläche nicht zu sparen, da Senkungen der Gründung zu den unliebsamsten Vorkommnissen im Schmiedebetrieb gehören (s. auch Kapitel IV E.)

Die Schabotte sei grundsätzlich vom Hammer getrennt. Bei den kleinsten Hämmern findet man manchmal eine Vereinigung mit dem Ständer, doch führen die auf die Maschine übertragenen Erschütterungen leicht zu Brüchen.

In neuester Zeit wird ein Verschrauben von Hammer und Schabotte, sogar bei Hämmern bis zu 1500 kg Fallgewicht, von jenen Firmen wieder durchgeführt, die elastische Schraubenverbindungen bei Hämmern zur Ausführung bringen (s. Abb. 208). Das Verbinden von Hammer und Amboß (Schabotte) gewährleistet eine gleichbleibende Entfernung von Hammer und Schabotte, mit der bei getrennter Aufstellung wegen des Setzens der Gründung nicht zu rechnen ist. Ein Hammer mit elastischer Verbindung zwischen Ständer und Amboß ist daher für Gesenkarbeiten besonders geeignet.

Die Schabotte wird stets aus Gußeisen hergestellt; bezüglich der Wahl des Eisens (Gattierung) braucht man nicht wählerisch zu sein, doch forme man sie umgekehrt ein, um den oberen Teil möglichst dicht zu bekommen. Für den Transport und die Montierung ist es nötig, Zapfen anzubringen; diese können mit der Schabotte aus einem Stück sein, oder aus Schmiedeisen hergestellt und eingegossen werden. Das letztere ist verläßlicher. Manchmal werden bloß seitliche Öffnungen angebracht, in welche Zapfen zu stecken sind. Die üblichen Formen sind aus den mannigfaltigen Abbildungen zu ersehen. Um sperrige Stücke, z. B. Eisenbahnpuffer zu schmieden, erhalten die Schabotten Ausnehmungen oder kommen ausfahrbare Stöckel zur Ausführung.

II. Hämmer mit Hand- und Fußbetrieb.

Die gewöhnlichen Handhämmer gehören wohl nur dann in das in diesem Buche behandelte Gebiet der Schmiedemaschinen, wenn man den Begriff der Maschine im Sinne der Mechanik als Kraftübersetzer auffaßt. Sie seien jedoch hier kurz behandelt, weil eine Gruppe von mechanisch betätigten Hämmern die Hebelwirkung, welche bei den Handhämmern in Frage kommt, unmittelbar maschinell durchführt.

Ein Gesetz, das die Lehre von den Werkzeugen durchzieht, herrscht hier in besonderem Maße: das Gesetz vom Gebrauchswechsel, das Hartig zuerst hervorhob, das Gesetz, nach welchem der Mensch jedes Werkzeug instinktiv versuchsweise zu verschiedenem Gebrauche heranzieht und auf Grund der hierbei gemachten Erfahrungen für den bestimmten Zweck nach Größe und Form verschieden gestaltet.

Wie aber auch immer der Hammer gestaltet sein mag und wie er auch immer betätigt wird, kommt es doch stets darauf an, den Hammerkopf anzuheben und ihn mit möglichst großer Geschwindigkeit auf das Werkstück auftreffen zu lassen. Menschliche Kraft ist hierbei bald an der Grenze des Möglichen; ein Hammer, der viel mehr als 10 kg wiegt, kann auf die Dauer von einem Manne nicht mehr geschwungen werden.

Über das bei der Handarbeit erzeugbare Schlagarbeitsvermögen geben die hochinteressanten Versuche von Frémont[2]) Aufschluß.

[1]) Monatsblätter des Berliner Bezirksvereines deutscher Ingenieure 1920, Heft 1 und „Technische Blätter“ 1920, Heft 7.

[2]) Ch. Frémont, Étude expérimentale du rivetage, Paris 1906.

Derselbe fand, daß sich die Arbeit A in mkg durch die Formel $A = 4P$ ausdrücken lasse, wenn P das Gewicht des Hammers in kg bedeutet. Diese Formel besitzt nach Frémont für Hämmer von 1 bis 7 kg Gültigkeit. Es läßt sich daher bei Annahme eines Hammers von 12 kg angeben, daß das von Hand aus erzeugbare Schlagarbeitsvermögen 50 mkg nicht überschreiten wird. Da jedoch der Arbeitsbedarf für das Hammerschmieden, wie in der Einleitung ausgeführt wurde, ein hoher ist, geht das Bedürfnis nach maschinell betätigten Hämmern klar hervor.

A. Hebelhämmer (Helmhämmer) mit Hand- oder Fußbetrieb.

Die menschliche Antriebskraft schlägt den Bär nieder.

Die Helmhämmer lehnen sich in ihrer Form an die Handhämmer an. Der Stiel der Handhämmer heißt hier Helm und gibt ihnen den Namen. Ein solches Mittelding zwischen Handhammer und Maschine bilden die Wipphämmer oder Feder-Spannhämmer, welche durch eine Feder gehoben und durch die Hand

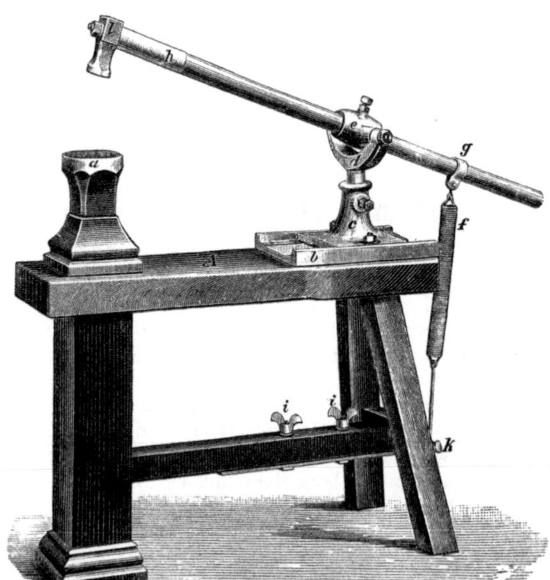

Fig. 30. Wipphammer von Erdmann Kircheis in Aue in Sachsen.

oder den Fuß niedergeschlagen werden. Ein derartiger für Handantrieb eingerichteter Hammer ist in Fig. 30 dargestellt; er dient zur Herstellung kleiner Werkstücke, meist jedoch weniger zum Schmieden als zum Planieren (Ebnen) und Ausschlichten von Blechen. Für Fußbetrieb eingerichtet, haben diese Hämmer den Vorteil, daß die Hände zur Führung des Werkstückes frei bleiben.

B. Parallelhämmer (Fallwerke) mit Hand- oder Fußbetrieb.

Die menschliche Antriebskraft hebt den Bär oder schlägt ihn nieder.

Die Parallelhämmer haben mit den Handhämmern keinerlei Ähnlichkeit; das Fallgewicht wird durch die menschliche Kraft senkrecht gehoben und dann auf das Werkstück fallen gelassen.

Das denkbar einfachste Fallwerk ist in China gebräuchlich. Eine federnde Stange, welche an der Decke des Arbeitsraumes angebracht ist, trägt an einem Seil den kugelförmigen Bär. Durch Herunterbiegen des Stangenendes von Hand aus fällt der Bär, durch die Federwirkung der Stange wird er gehoben (s. Fig. 31).

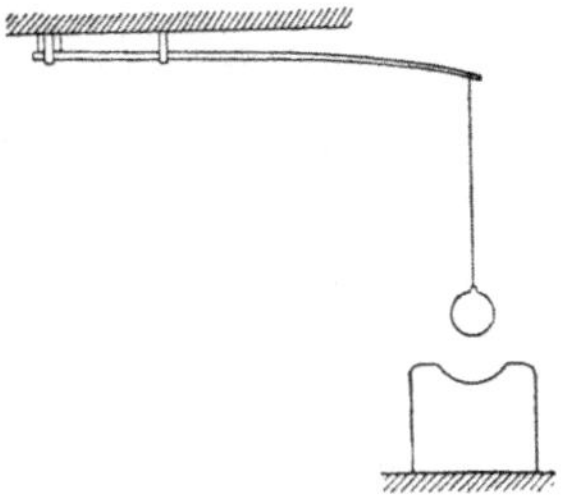

Fig. 31. Parallelhammer chinesischer Bauart.

Hämmer mit unmittelbarem Zug.

a) Der Bär hängt an einem Seil,

das über eine Rolle geht und von Hand oder durch den Fuß gezogen wird (s. Fig. 32).

b) Wipphämmer mit Rollenzug.

Der Unterschied gegenüber dem früheren Hammer liegt darin, daß hier (s. Fig. 33a) der Bär an einer Feder aufgehängt ist, so daß er im Ruhezustand über dem Amboß schwebt. Durch Ziehen an dem Seil wird er hochgehoben, nach Aufhören der Kraft fällt er herab und spannt dabei die Feder, die ihn dann wieder in die Gleichgewichtslage hebt. Das Kennzeichnende dieses Hammers ist, daß die Hammerbahn sofort nach dem Schlage frei ist sowie der kurze wippende Schlag.

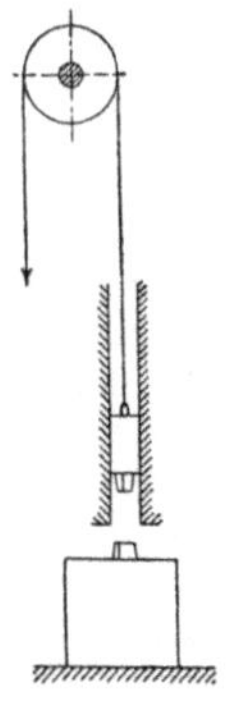

Fig. 32. Parallelhammer mit unmittelbarem Zug.

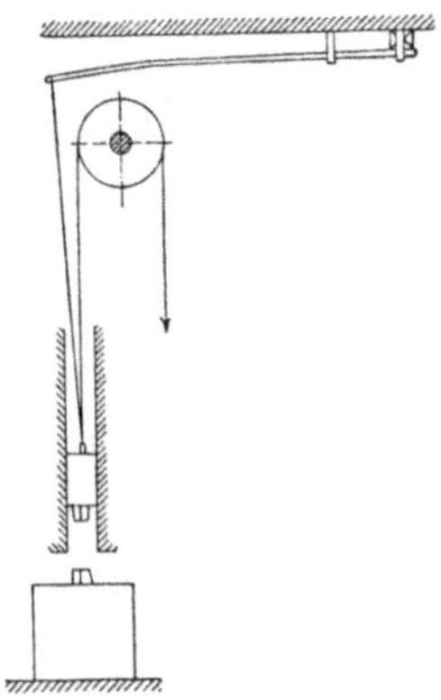

Fig. 33a. Wipphammer mit Rollenzug.

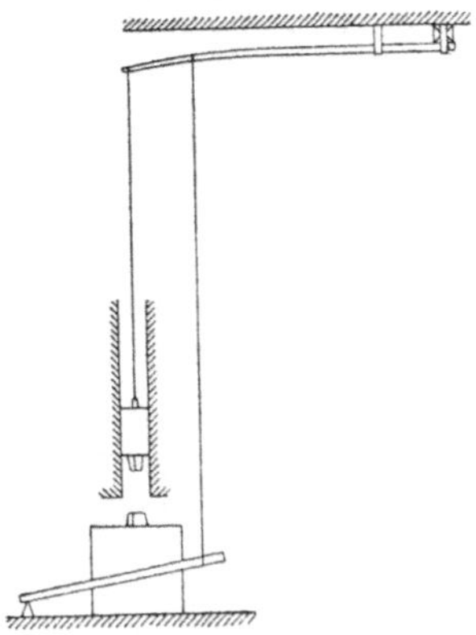

Fig. 33b. Wipphammer mit unmittelbarem Zug.

c) Wipphämmer mit unmittelbarem Zug.

Bei diesem Hammer (s. Fig. 33b) ist die Rolle ganz weggelassen. Der Bär wird nicht erst von Hand aus gehoben, sondern durch Fußtritt sofort niedergeschlagen. Naturgemäß werden mit diesem Hammer bedeutendere Schlagwirkungen erzielt als mit den früher besprochenen Hämmern, und auch die minutliche Schlagzahl läßt sich wesentlich erhöhen.

III. Transmissionshämmer.

A. Besprechung der Transmissionshämmer.

1. Fallhämmer (Fallwerke).[1]

Die maschinell betriebenen Fallhämmer sind ebenso wie die durch menschliche Kraft betätigten Parallelhämmer dadurch gekennzeichnet, daß bloß das Anheben des Fallgewichtes durch die Antriebskraft des Hammers erfolgt und der Abwärtsgang lediglich unter dem Einfluß der Schwere stattfindet. Daher ist die Verbindung zwischen dem andauernd durch den Antrieb in Tätigkeit gesetzten Teil des Hammers mit dem Bär im höchsten Punkte zu lösen und nach erfolgtem Schlage zwecks neuerlichen Anhebens wieder herzustellen. Je nach der Art, durch welche diese Aufgabe gelöst wird, unterscheidet man: Daumenhämmer, Wickelhämmer und Reibhämmer. Während die Daumen- und Wickelhämmer kaum praktische Anwendung finden und daher hier nicht näher behandelt werden, kommt den Reibhämmern eine große Bedeutung zu.

a) Daumenhämmer.

Auf der umlaufenden, oder auch nur von Hand gedrehten Welle sitzt ein sichelförmig gekrümmter Daumen, der an einem mit dem Bär festverbundenen Teil einmal bei jeder Umdrehung der Welle in der Weise angreift, daß der Bär gehoben wird. Bei der weiteren Drehung läßt der Daumen den Bär aus. Dieser bewegt sich vorerst zufolge der ihm erteilten Geschwindigkeit weiter und fällt dann herab; häufig wird er jedoch noch vor der erreichbaren Höchstlage durch Puffer, Federn od. dgl. abgefangen, ebenso wie dies bei den Wasserhämmern durch den Reitel erfolgt.

b) Wickelhämmer.

Der Bär ist an einem Band oder Seil befestigt, das vermittels einer Transmission oder auch nur durch Hand- oder Fußbetrieb auf einer Scheibe aufgewickelt wird und dadurch den Bär hebt[2]). Der Schlag erfolgt dadurch, daß die Kraftwirkung abgestellt wird, worauf sich das Band von der Scheibe abwickelt. Bei Transmissionshämmern erfolgt dies meist durch Lösen einer Kupplung, am besten einer Reibungskupplung, um Stöße beim Beginn des Anhebens zu vermeiden. Ein Schwebendhalten ist laut der in der Fußnote angegebenen Quelle durch eine besondere Konstruktion möglich. Die Wickelhämmer sind in neuerer Zeit fast vollständig gegen die im folgenden zu besprechenden Reibhämmer zurückgetreten.

c) Reibhämmer.

Je nachdem das Heben des Bärs bei den Reibhämmern vermittels eines Riemens oder einer Hebeschiene erfolgt, bezeichnet man sie als Riemenfallhämmer (Riemenfriktionshämmer) und als Friktionsfallhämmer mit Hebeschiene (Stangen-Reibhämmer).

---

[1]) Bezüglich der Bemessung des für eine bestimmte Schmiedearbeit nötigen Fallwerkes finden sich Hinweise im Aufsatze von Siebel in Werkstattstechnik 1920, 568.

[2]) Dinglers polytechn. Journ. 1887, 468.

α) Rechnerische Betrachtung der Reibhämmer.

Ob nun der Reibhammer vermittels eines Riemens oder einer Schiene arbeitet, handelt es sich stets darum, das Fallgewicht durch die am Umfang einer oder, zweier Rollen erzeugte Reibung zu heben und dann frei herabfallen zu lassen.

Es genügt jedoch nicht, daß die erzeugte Reibungskraft P so groß sei wie das Fallgewicht G, da einerseits für das Heben noch Reibungswiderstände zu überwinden sind, anderseits der zu hebenden Masse eine Anfangsbeschleunigung erteilt werden muß. Vorderhand sei von den Reibungswiderständen abgesehen. Für die Anlaufperiode gilt also $P = n\,G$, wobei $n > 1$ ist. Die Kraft $P - G = (n-1)G$ wird also zur Beschleunigung der Masse $\frac{G}{g}$ verwendet.

Soll dem Fallgewicht die Geschwindigkeit c erteilt werden und ist t_1 die Zeit, welche hierzu gebraucht wird, so ist diese Geschwindigkeit

$$c = \frac{(n-1)\,G}{\frac{G}{g}} \cdot t_1 = (n-1)\,g\,t_1$$

und

$$t_1 = \frac{c}{(n-1)\,g}$$

sowie

$$n = \frac{c}{g\,t_1} + 1.$$

Die Bewegung während der Anlaufperiode sei als gleichförmig beschleunigt, die Kraft P also als konstant angenommen; daher der während dieser Periode zurückgelegte Weg

$$h_1 = \frac{c}{2}\,t_1.$$

Auf die Periode des Anlaufes folgt der Beharrungszustand, während welches die Kraft so groß ist wie das Fallgewicht. Erhalten in dieser zweiten Periode die einzelnen Größen den Index 2, so ergibt sich:

$$h_2 = c\,t_2.$$

Die dritte Periode, welche mit dem Aufhören der Kraftwirkung beginnt, ist der Auslauf. Der Bär steigt während derselben noch um

$$h_3 = \frac{c^2}{2g}$$

in der Zeit

$$t_3 = \frac{c}{g}.$$

Wir können nun die für das Heben erforderliche Zeit t_h durch Addition von t_1, t_2 und t_3 berechnen:

$$t_h = \frac{c}{(n-1)\,g} + \frac{h_2}{c} + \frac{c}{g}.$$

Da in diesem Ausdruck jedoch h_2 unbekannt ist, drücken wir diese Größe durch den uns bekannten ganzen Hub h aus

$$h = h_1 + h_2 + h_3 = \frac{c}{2}\,t_1 + h_2 + \frac{c^2}{2g}$$

$$h_2 = h - \frac{c}{2}\,t_1 - \frac{c^2}{2g} = h - \frac{c}{2} \cdot \frac{c}{(n-1)\,g} - \frac{c^2}{2g} = h - \frac{c^2}{2g} \cdot \frac{n}{n-1}$$

$$t_h = \frac{c}{(n-1)g} + \frac{h - \frac{c^2}{2g}\cdot\frac{n}{n-1}}{c} + \frac{c}{g}$$

$$t_h = \frac{c}{2g}\left(\frac{c}{n-1} - \frac{n}{n-1} + 2\right) + \frac{h}{c} = \frac{c}{2g}\frac{n}{n-1} + \frac{h}{c}.$$

Nunmehr ist die für das Heben erforderliche Zeit durch den Hammerhub, die Hubgeschwindigkeit und den Koeffizienten n ausgedrückt und läßt sich daher, wenn diese Größen bekannt sind oder angenommen werden, berechnen. Die Zeit, welche für den Fall des Bärs erforderlich ist, kann bei Vernachlässigung der Reibungen aus $t_f = \sqrt{\frac{2h}{g}}$ berechnet werden.

Es ergibt sich, daß die für das Heben erforderliche Zeit ziemlich bedeutend ist, so daß die minutliche Schlagzahl bei den Reibhämmern meist gering ist.

Beachtet man den Ausdruck für t_h, so erkennt man, daß die Hebezeit abnimmt, wenn n und c wächst, und zunimmt, wenn h wächst.

Nach der Gleichung für t_1 hingegen verlängert sich die Anlaufperiode mit wachsender Geschwindigkeit.

In der ersten Periode wird ein Teil der verbrauchten Arbeit dadurch verloren gehen, daß die Rollen auf dem Brett oder dem Riemen reiben. Die Reibrollen drehen sich mit der Umfangsgeschwindigkeit c und leisten daher in dieser Periode die Arbeit $c \cdot t_1 \cdot n \cdot G$, die auf den Bär übertragene Arbeit ist $G \cdot h_1$; daher ist die Differenz $(c \cdot t_1 \cdot n - h_1)G$ als Reibungsverlust anzusehen.

Setzt man die Werte für t_1 und h_1 ein, so ergibt sich dieser Verlust mit

$$\frac{c^2}{(n-1)g}\left(n - \frac{1}{2}\right)G,$$

er wächst also mit dem Quadrat der Hubgeschwindigkeit und nimmt mit der Zunahme von n ab. Es ist daher günstiger, mit der Hubgeschwindigkeit nicht zu sehr in die Höhe zu gehen. Nach Fischer[1]) soll $c = 0{,}8$ bis $1{,}2$ m/sek gewählt werden, wobei die kleineren Geschwindigkeiten für die kleineren Hübe zu gelten haben. n soll 1,2 bis 2 betragen, wobei für ein kleineres c auch ein kleineres n gilt. Fischer äußert sich hierüber wörtlich: „Die Wertziffer n drückt bekanntlich aus, wievielmal die Zugkraft bis zu dem Augenblicke, in dem die Bärgeschwindigkeit gleich c geworden ist, größer sein muß als G. Wählt man n groß, so fallen die Beanspruchungen der Maschinenteile groß aus und die Rückwirkung des Hammerbetriebes ist weit fühlbarer, als wenn n klein genommen wird." Diese Bemerkung scheint mir nicht völlig klar zu sein; der Koeffizient n will wohl nur sagen, daß der Antrieb des Hammers eine für den Beginn des Hebens erforderliche Mehrbelastung vertragen muß und wird dies dadurch berücksichtigt werden, daß dem Antrieb eine genügende Schwungmasse gegeben wird, um die Belastungsstöße aufnehmen zu können. Einen unmittelbaren Einfluß auf die Größe n zu nehmen, ist uns nicht gegeben, da sich der Hammer bei normal regulierter Energiequelle natürlich soviel Energie nimmt, als er braucht und wir nur dafür zu sorgen haben, daß genügend vorhanden ist.

β) Riemenfallhämmer (Riemenfriktionshämmer).

Am Amboß sind meist zwei Stangen befestigt, an denen der Bär Führung erhält; dieser hängt an einem Riemen (s. Fig. 34), der über eine Scheibe geht, die

[1]) Fischer, Werkzeugmaschinen, Berlin, Jul. Springer, 2. Aufl., I. 617.

auf der angetriebenen Welle sitzt. Ist die Reibung zwischen Rolle und Riemen größer als das Bärgewicht, so wird dieses nach aufwärts mitgenommen.

Wenn ein Riemen eine Scheibe auf einem Bogen umfaßt, dessen Zentriwinkel α ist und wird der Reibungskoeffizient zwischen Scheibe und Riemen mit f bezeichnet, so besteht zwischen der Spannkraft G im auflaufenden und der Spannkraft P im ablaufenden Trum die Beziehung:

$$G = P e^{f\alpha},$$

wobei e die Basis der natürlichen Logarithmen $= 2{,}718..$ ist.

Nimmt man den umspannten Bogen mit π an, also einen Zentriwinkel von 180^0 und den Reibungskoeffizienten von Leder auf Gußeisen (trocken) nach der „Hütte" mit 0,56, so entspricht dieser Annahme $e^{f\alpha} = 5{,}8$, das heißt $P = \frac{G}{5{,}8}$. Also ist eine Kraft von rund $^1/_6$ des Bärgewichtes nötig, um den Riemen derart zu spannen, daß ein Heben desselben durch die Umfangskraft der Rolle erfolgt.

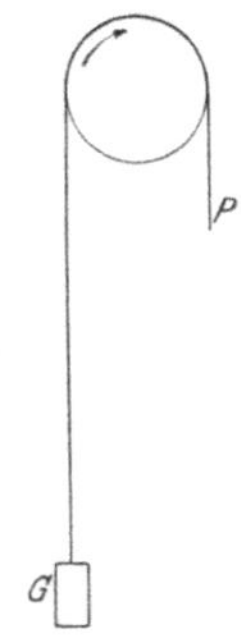

Fig. 34. Schema eines Riemenfallhammers.

Nach einem Prospekte der Firma Koch & Co. in Remscheid-Vieringhausen genügt jedoch ein Zug von 2 bis 3 vH. des Fallgewichtes, um die für das Heben nötige Reibung zu erzeugen. Nehmen wir den ungünstigeren Fall von 3 vH., so ergibt dies

$$e^{f\alpha} = \frac{100}{3} = \text{rd. } 33,$$

$$f\alpha \log e = \log 33,$$

$$f \cdot 3{,}14 \cdot 0{,}43425 = 1{,}51851,$$

$$\boldsymbol{f = \text{rd. } 1{,}12},$$

was die große Reibung eines gut eingelaufenen geschmeidigen Riemens an der gußeisernen Hubscheibe erkennen läßt.

Um nun, wenn der Hammer nicht im Betrieb ist, unnötigen Verschleiß durch zu hohe Reibung zu verhindern und auch das Fallen des Bärs ungehinderter vor sich gehen zu lassen, sind Riemenabheber gebräuchlich. Eine solche Ausführung der Firma Koch & Co. ist in Fig. 35 ersichtlich. An dem Riemen R ist eine Gurte S an zwei Stellen befestigt; dieselbe geht über zwei Rollen, von denen die eine T am Gebälke über dem Hammer befestigt ist. Die andere hängt an einem einarmigen Hebel W, der mittels einer Feder Z die Rolle U im Stillstande so stark anhebt, daß der Heberiemen R von der Hubscheibe abgehoben ist. Erst durch Ziehen an einem Handgriff A wird die Federkraft überwunden, der Riemen an die Hubscheibe angedrückt und das Anheben des Bärs verursacht. Um den Hammerbär im Stillstand angehoben zu halten, ist hier sowie bei den meisten anderen Fallhämmern eine Klinke an einer der Führungssäulen vorhanden, die unter den Bär geklappt wird.

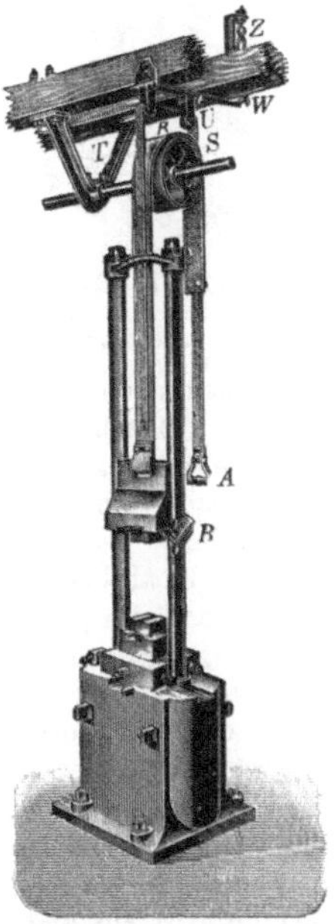

Fig. 35. Riemenfallhammer mit Handbetrieb von Koch & Co.

Der Kraftbedarf dieser Hämmer wird von Koch & Co. mit 1 PS für je 50 kg Fallgewicht angegeben, ein Wert, dessen Glaubwürdigkeit aus der beiläufigen Rechnung bei Einsetzung des Fallgewichts als Umfangskraft hervorgeht.

Zur Vermeidung zu starker Riemenerhitzung soll die minutliche Umlaufszahl der Transmission bei Hämmern bis zu 150 kg Fallgewicht nicht über 100, zwischen 150 und 400 kg Fallgewicht nicht über 70, über 400 kg nicht über 50 betragen.

Die Riemenfallhämmer für Handbetrieb erfordern im allgemeinen zwei Mann, den Schmied und einen Mann für das Anspannen des Riemens. Daher sind für Dauerbetrieb und große Fallgewichte Fallhämmer vorzuziehen, die eine Hebevorrichtung besitzen, die vom Schmied selbst ohne Kraftanstrengung betätigt werden kann.

Ein solcher Hammer ist in Fig. 36 ersichtlich. Am freien Ende des Riemens hängt ein Gewicht, das die nötige Spannung für die Erzeugung der Reibung hervorruft. Das für den Ruhezustand nötige Abheben des Riemens von der Hubscheibe erfolgt in nachstehender Weise. Die Hubscheibe ist 1- bis 2mal in der Breite unterteilt und sind zwischen den Scheiben Rollen angebracht, die im Ruhezustand über den Scheibenumfang vorstehen und auf diese Weise den Riemen abheben. Mittels eines Gestänges und eines Fußtrittes können die Riemenabheber zurückgezogen werden, worauf der Riemen zur Auflage auf die Hubscheibe kommt. Es ist daher eine wesentliche Kraftäußerung für die Einleitung des Hebens nicht erforderlich. Es ist auch möglich, durch nicht vollständiges Nachlassen des Druckes auf den Tritthebel eine geringe Reibung beim Fallen des Bärs zu erzeugen und auf diese Weise die Schlagkraft des Hammers abzuändern. Das für die Riemenspannung verwendete Gewicht ist an zwei Stangen geführt; dieselben tragen verstellbare Anschläge, die es ermöglichen, den Weg des Gewichtes zu begrenzen und durch dieses Aufsetzen des Gewichtes die Reibung zwangläufig aufzuheben. Diese Einrichtung ist jedoch nicht etwa so aufzufassen, daß sie eine Veränderung des Hubes ermöglicht, weil das Nachlassen der Riemenspannung nur so lange wirkt, bis der Bär ein Stück gesunken ist, da nunmehr das Gewicht wieder vom Anschlag abgehoben wird. Der Anschlag gibt daher dem Hammerführer bloß ein Zeichen, den Fußtritt auszulassen, wodurch erst der Fall des Hammers erfolgt. Die Einrichtung wurde früher von der Firma Koch & Co. gebaut, während jetzt die Anordnung nach Fig. 38 zur Ausführung gelangt.

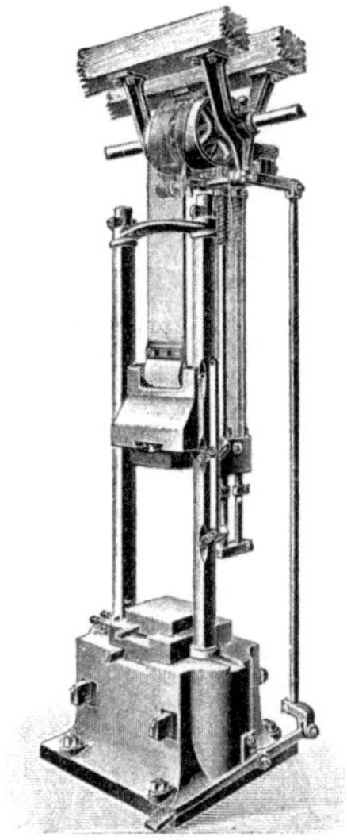

Fig. 36. Riemenfallhammer mit Hebevorrichtung.

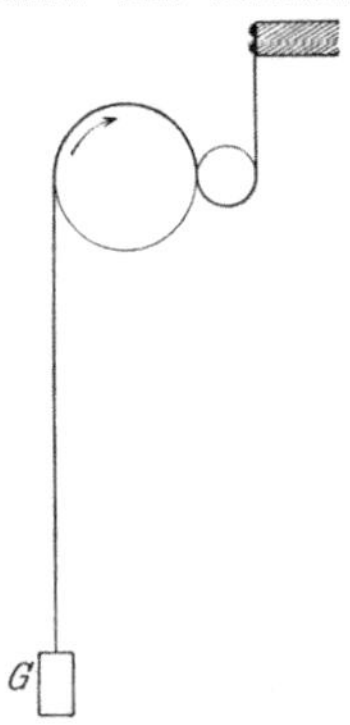

Fig. 37. Schema eines Riemenfallhammers mit befestigtem Riemenende.

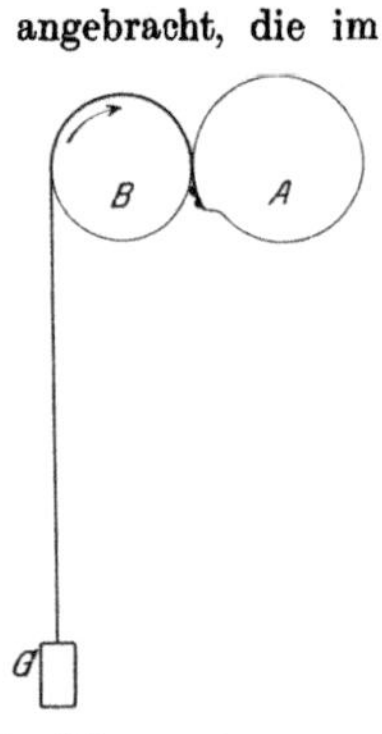

Fig. 38. Schema eines Riemenfallhammers mit Patentanordnung „Adko" von Koch & Co.

Ein anderes Mittel, die für die Erzeugung der nötigen Reibung erforderliche Kraft zu ermäßigen, ist dadurch möglich, daß der Riemen auf der freien Seite der Rolle nicht herunterhängt, sondern am Gebälke über dem Hammer befestigt wird und eine lose Rolle gegen die Hubscheibe drückt (s. Fig. 37).

Die Handhabung solcher Hämmer erfordert jedoch Geschicklichkeit und Aufmerksamkeit, da die Gefahr besteht, daß die Rolle zu lange angedrückt bleibt. In dieser Hinsicht verdient eine patentierte Anordnung von Koch & Co. namens „Adko" besondere Beachtung; ihr Wesen geht aus der schematischen Skizze Fig. 38 hervor. Die Rolle A, die gegen die umlaufende Hubscheibe B gedrückt wird, ist unrund und hat einen Umfang, der etwas größer ist als der größte Hub des Hammers. Der Riemen ist an dieser Rolle befestigt, und zwar an der am weitesten vom Mittelpunkte entfernten Stelle. Die Rolle ist in einem Arm des Hammergestelles ex-

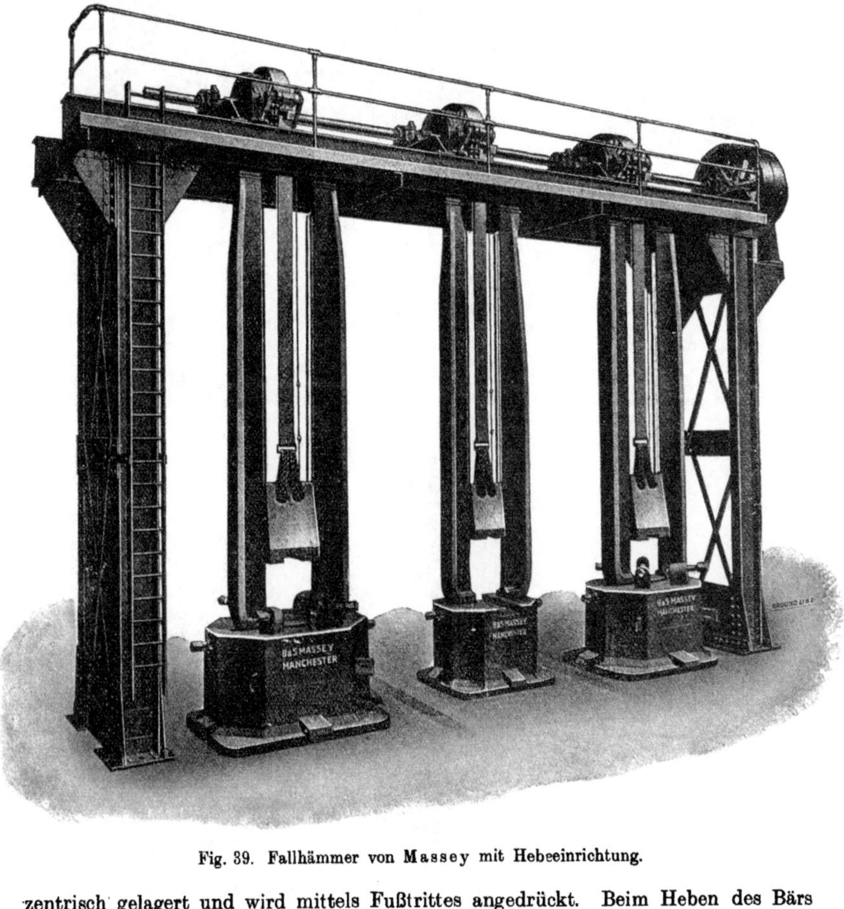

Fig. 39. Fallhämmer von Massey mit Hebeeinrichtung.

zentrisch gelagert und wird mittels Fußtrittes angedrückt. Beim Heben des Bärs wickelt sich der Riemen auf der unrunden Rolle auf und es kommt endlich eine Stelle derselben der Hubrolle gegenüber, die einen solchen Zwischenraum läßt, daß der Riemen zu wenig angedrückt ist und der Bär absinkt. Der Hammerführer hat dann allerdings noch den Fußtritt auszulassen, um eine zu große Reibung beim Fallen des Bärs oder gar ein neuerliches Anheben zu verhindern.

Besonders geschont wird der Riemen bei der Konstruktion von B. & S. Massey in Manchester, bei welcher er in der Ruhezeit auf einer nicht umlaufenden Scheibe aufliegt. In Fig. 39 ist eine Batterie von drei solchen Fallhämmern dargestellt; Fig. 40 zeigt die Einzelheiten der Hebeeinrichtung. Auf der angetriebenen Welle sitzt fest aufgekeilt die Scheibe *A*; um dieselbe legt sich ein mit Holz armiertes Stahlband *B*, das auf die Scheibe *A* durch Ziehen an dem Handgriff *C* und Vermittlung des Hebels *E* festgezogen werden kann und in diesem Falle daher den Umlauf mitmacht. Lose auf der Antriebswelle

Fig. 40. Hebeeinrichtung der Massey-Fallhämmer.

befinden sich die beiden Arme *G*, die durch einen Bolzen verbunden sind, auf dem der vorerwähnte Hebel *E* sitzt. Dieser Bolzen vermittelt gleichzeitig ein Festziehen des Stahlbandes, das also nichts anderes als eine Reibungskupplung darstellt. Lose auf den Armen *G* sitzt die Scheibe *H*. An dem Zapfen der Arme *G* ist der Riemen, der auch durch eine Gurte ersetzt werden kann, befestigt. Wird am Handgriff *C* gezogen, so wird *G* durch Vermittlung der Kupplung in der Drehrichtung der Transmission mitgenommen, der Riemen legt sich um die Scheibe *H* herum und der Bär wird gehoben, beim Nachlassen des Zuges löst eine Feder *F* die Kupplung und der Bär fällt. Zur Sicherheit ist bei *I* ein Prellklotz angebracht, gegen den die Arme *G* anschlagen, wenn der Bär zu hoch gehoben wurde.

γ) Fallhammeraufzüge.

Ob nun an dem losen Ende des Riemens der Fallhämmer gezogen wird, ob eine Rolle, gegen die Hubscheibe gedrückt, die nötige Reibung hervorruft, oder

Fig. 41. Fallhammer-Aufzug von Massey.

ob durch eine Kupplung eine Hebevorrichtung betätigt wird, immer ist die Beanspruchung der motorischen Kraftquelle eine plötzliche. Dies erfordert nicht unbedeutende Schwungmassen auf der Transmission, um das Arbeiten des Hammers den übrigen angehängten Maschinen nicht zu fühlbar zu machen und läßt die Durchführung eines elektrischen Einzelantriebes nicht ratsam erscheinen. Die auf der Transmission anzubringenden Schwungmassen berechnen sich aus folgender Überlegung. Die für das Heben des Fallgewichtes zu leistende Arbeit $A=\frac{mv^2}{2}$, wenn m die Masse des Fallgewichtes, v die zu erteilende Aufgangsgeschwindigkeit ist. Diese Arbeit muß durch die lebendige Kraft der umlaufenden Transmission geleistet werden; dieselbe ist $L=\frac{\omega^2}{2}I$, wenn ω die Umfangsgeschwindigkeit der Schwungscheibe im Abstande 1 von der Achse und I das Trägheitsmoment der umlaufenden Masse ist.

Aus der Gleichsetzung von A und L läßt sich I berechnen:

$$\frac{mv^2}{2}=\frac{\omega^2}{2}I,$$

$$I=\frac{mv^2}{\omega^2}.$$

Unter Berücksichtigung des Ausdruckes für das polare Trägheitsmoment eines Kreisringes (Kranz des Schwungrades) $I=\frac{1}{2}M(r^2+r_1^2)$ ergibt sich die Dimension des Rades. In vorstehender Formel bedeutet M die Masse des Schwungringes, r den Radius des Rades, r_1 den Radius des inneren Kranzumfanges.

Für größere Hämmer kommt man hierbei auf recht bedeutende Schwungmassen, und da für schwere Gesenkarbeiten Fallhämmer mit bedeutenden Fallgewichten zur Anwendung gelangen, sind **Fallhammeraufzüge** entstanden, die mit Dampf- oder Preßluft arbeiten und den Hammer daher unabhängig machen. Ein durch Dampf betriebener Fallhammeraufzug, der in gleicher Weise wie die Kupplungsanordnung in Fig. 39 auf dem Hammergerüste montiert wird, ist in den Fig. 41 u. 42 dargestellt. Es ist eine Ausführung von B. u. S. Massey in Manchester, die nach dem System von Bretts Patent Lifter Co., Ltd., Coventry, gebaut ist.

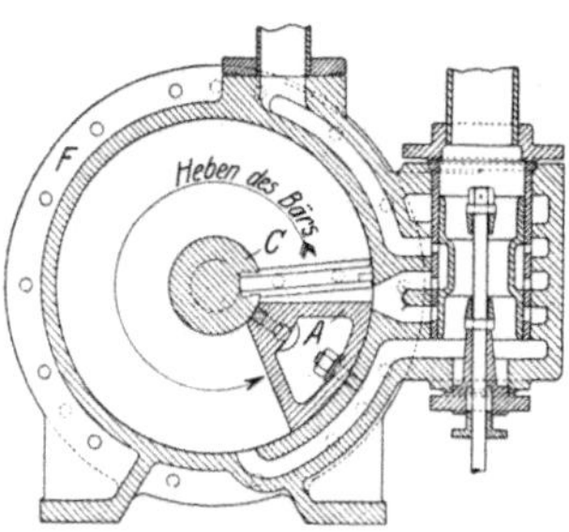

Fig. 42. Zylinder des Fallhammeraufzuges von Massey.

In einem Zylinder F ist ein Gußstück A, das in dessen ganzer Länge durchgeht, befestigt. Zentral durch den Zylinder führt eine Welle, auf der ein Arm C befestigt ist, der die Rolle eines Kolbens hat. Durch einen Kolbenschieber, der von Hand aus in einem an den Zylinder angegossenen Gehäuse betätigt wird, kann Dampf in den Raum zwischen A und C geführt werden. Hierdurch wird C mit der Welle B im Sinne des Pfeiles gedreht. Auf der Welle sitzen die zwei Arme D[1]), an denen die Seile befestigt sind, die den Bär tragen. Durch die Drehung der Arme wickeln sich die Seile auf die Scheibe E und der Bär wird gehoben; läßt man mit Hilfe des Kolbenschiebers den Dampf aus dem Zylinder ausströmen, wird der Bär fallen.

Der Fallhammeraufzug von Bêché & Grohs, G. m. b. H., in Hückeswagen a. Rh. (s. Fig. 43), der durch Dampf oder gepreßte Luft betrieben werden kann, besitzt einen Zylinder, in dem ein Kolben nach Betätigung eines Einlaßventiles a durch den eintretenden Dampf gehoben wird. Auf der Kolbenstange ist unter Zwischenschaltung einer Pufferfeder h ein halbkreisförmiger Bügel d aufgesetzt. Auf der Welle e sitzen zwei Seilscheiben c, an denen die beiden Enden eines

[1]) s. Fig. 41.

Drahtseiles, n befestigt sind, das über den Bügel d geführt ist. Auf derselben Welle sitzen zwei Arme f, die den Gurt m tragen, an dem der Bär hängt.

Wird nun der Kolben durch den Dampf gehoben, so wickelt sich das Seil n von den Scheiben ab, während die Rollen samt der Welle sich drehen. Hierdurch drehen sich auch die Arme f und wickeln den Gurt auf der lose sitzenden Scheibe g auf, während der Bär gehoben wird. Läßt man nun den Dampf durch das Auslaßventil aus dem Zylinder heraus, so fällt der Bär. Der niedersinkende Kolben wird von der Spiralfeder k aufgefangen, um ein Anschlagen an den unteren Zylinderdeckel zu verhindern. Die Feder wird so bemessen, daß der Gurt in der tiefsten Stellung des Bärs noch straff gespannt ist. Um dies auch sicher zu erreichen, ist die Scheibe g lose auf der Welle angebracht. Wäre sie fest, so würde infolge der ihr innewohnenden lebendigen Kraft die Welle mit den Armen f nach dem Schlage noch weiter gedreht werden und der Gurt sich schlaffen. So ist die mit der Welle fest verbundene Masse gering, so daß die Weiterdrehung nach dem Schlage unbedeutend ist. Ein Schlaffwerden des Gurtes aber ist zu vermeiden, um einen Stoß beim Anheben zu verhindern. Die Disposition eines solchen Fallhammeraufzuges ist aus Fig. 44 ersichtlich.

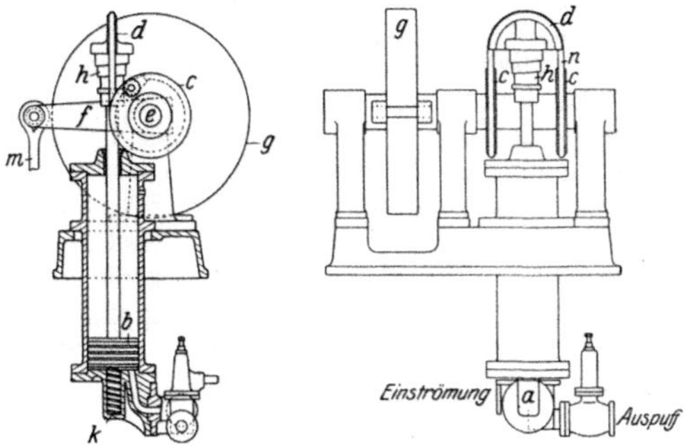

Fig. 43. Fallhammeraufzug von Bêché & Grohs (Einzelheiten).

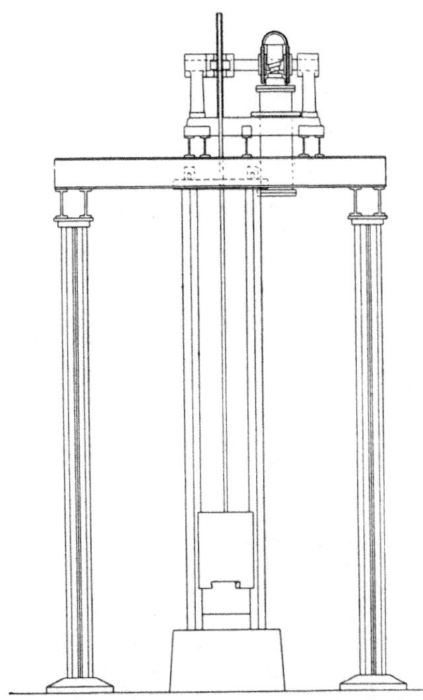
Fig. 44. Fallhammeraufzug von Bêché & Grohs (Gesamtbild).

δ) Reibhämmer (Friktionshämmer) mit Hebeschiene.

Stangenreibhämmer.

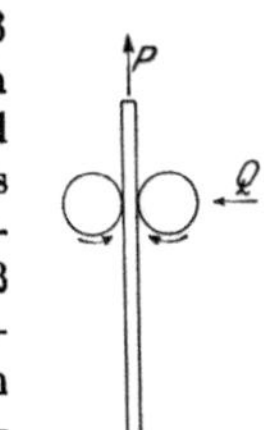

Fig. 45. Schema eines Stangenreibhammers.

Der Bär ist mit einer starren, meist flachkantigen Stange verbunden, die durch Reibrollen gehoben wird. Fig. 45 gibt eine schematische Darstellung.

Man kann bloß eine Rolle antreiben und die zweite leer mitlaufen lassen, oder beide. Danach richtet sich die Kraft, mit der die Rollen gegen das Brett gepreßt werden müssen, um die für das Heben nutzbare Reibung zu erzeugen.

Ist Q die Kraft, mit der die Rollen gegen das Brett drücken, f der Reibungskoeffizient zwischen Rolle und Brett und P die nach aufwärts wirkende Reibung, so besteht die Beziehung $P = Q \cdot f$, wenn nur eine Rolle angetrieben wird, $P = 2Q \cdot f$, wenn beide Rollen angetrieben werden. Um daher die nötige Anpreßkraft zu verringern, werden meist beide Rollen angetrieben. Die Kraft P muß nun so groß wie das Gewicht der Stange samt Bär sein, bzw. um einen gewissen Anteil größer, der durch Widerstände und die dem Bär bei Beginn des Hebens zu erteilende Beschleunigung hinzukommt. Die Schienen werden meist aus hartem Holz (Buche) angefertigt. Die Verwendung von Holz hat einerseits den Vorteil, daß wegen des geringeren Gewichtes die Verbindung zwischen Bär und Stange durch den Stoß nicht so sehr beansprucht wird, anderseits ist der Reibungskoeffizient ein größerer und daher eine geringere Anpreßkraft Q erforderlich. Die Rollen werden meist aus Gußeisen hergestellt; nach Fischer[1]) empfehlen sich jedoch mit Holz armierte

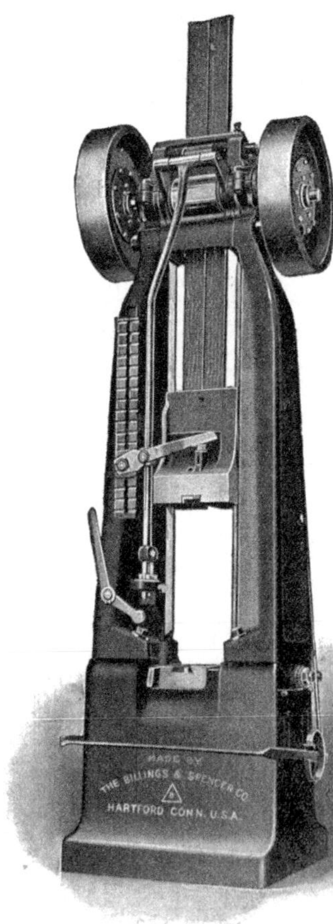

Fig. 46. Stangenreibhammer Bauart Billing & Spencer.

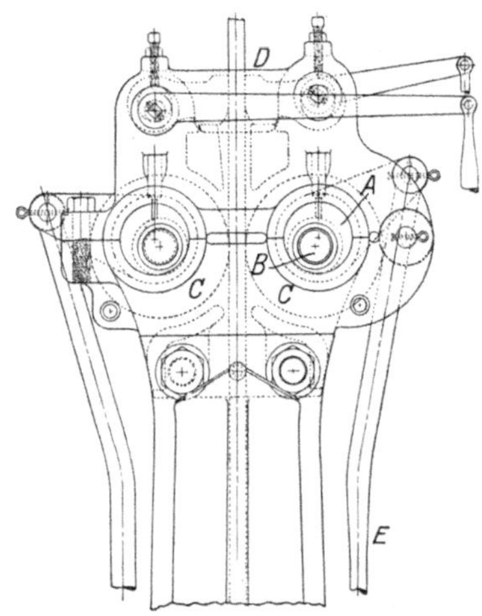

Fig. 47. Stangenreibhammer Bauart Billing & Spencer. Konstruktion des Oberteiles.

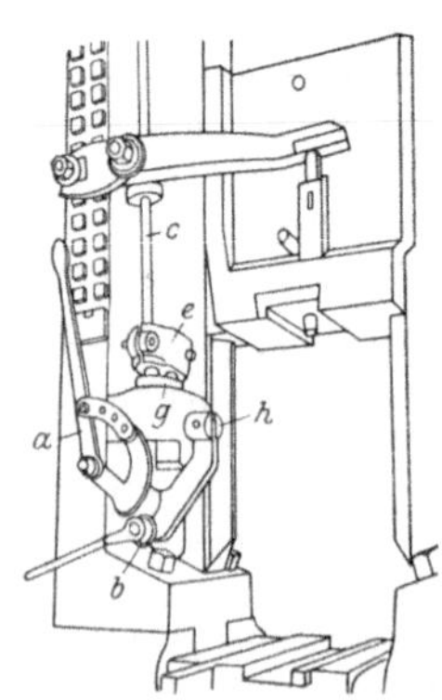

Fig. 48. Stangenreibhammer von Boye.

[1]) Fischer, Werkzeugmaschinen, Berlin, Julius Springer, 2. Aufl., I. 609.

Rollen besser und arbeiten Papierrollen am vorzüglichsten. Fischer gibt den Reibungskoeffizienten mit 0,25 an. Als Koeffizient der rollenden Reibung ist dies aber eine Strecke und daher in Zentimetern einzusetzen.

Die Hämmer werden nach zwei verschiedenen Ausführungsarten gebaut: mit nach aufwärts gerichteter Hebeschiene und mit nach abwärts gerichteter Hebeschiene.

Reibhämmer mit nach aufwärts gerichteter Hebeschiene.

Als Vertreter dieser Type sei hier vorerst der Hammer von The Billing & Spencer Co., Hartford Conn. U. S. A., dargestellt, eine Bauart, die am europäischen Kontinent von Ludwig Loewe & Co., A.-G., Berlin, erzeugt wird (s. Fig. 46).

Im Gestelle des Hammers befinden sich zwei kurze Wellen A (s. Fig. 47), die, exzentrisch in Bronzebüchsen gelagert, Spindeln B enthalten, die die Friktionsrollen tragen. Die Wellen werden durch offenen und gekreuzten Riemen angetrieben. Durch Verdrehen eines Hebels, der auf jeder der Wellen sitzt, können die Friktionsrollen infolge der Exzentrizität mehr oder weniger gegen die Hebeschiene gedrückt werden. Die Stange ist in der Ruhelage durch die Klemme D festgehalten. Dieselbe befindet sich an der obersten Stelle des Hammers, damit kein Öl zwischen Klemme und Hebeschiene tropfen kann. Sie besteht aus zwei Klemmbacken, die die Schiene zwischen sich halten und durch Hebel, Zugstangen und Fußtritt so betätigt werden, daß sie in der Ruhe die Schiene halten, im Betriebe freigeben.

Wenn der Bär die gewünschte Höhe erreicht hat, schlägt er gegen einen einarmigen Hebel (s. Fig. 46), wodurch die Stange E nach oben geschoben wird und die Friktionsrollen den Bär freigeben. Der Auslösehebel ist an einer Zahnstange in seiner Höhenlage verstellbar, so daß hierdurch der Hub des Hammers eingestellt werden kann.

Am unteren Teil des einen Ständers ist eine Vorrichtung angebracht, die es ermöglicht, entweder mehrere Schläge hintereinander zu führen oder Einzelschläge zu geben. Wird der in Fig. 46 sichtbare Handhebel so gestellt, daß die Stange E, nachdem sie angehoben wurde und die Auslösung besorgt hat, wieder frei fallen kann, so werden hierdurch die Friktionsrollen wieder an das Brett angedrückt und der Bär steigt neuerlich an, so daß die Schläge rasch hintereinander erfolgen. Wird der Hebel so gestellt, daß die Steuerstange in ihrem Fall gehindert ist, so wird kein neuer Schlag erfolgen.

Der Hammer der Firma Brüder Boye in Berlin (s. Fig. 48) kann während des Ganges den verschiedenen Werkstückhöhen angepaßt werden. Das Hebelwerk b besitzt bei h eine schräge Gleitfläche, die durch eine Feder in die Bahn des Bärs gedrückt wird. Der fallende Bär drückt die Gleitfläche zur Seite, ein Sperrzapfen gibt die Steuerstange frei, die Walzen werden eingerückt und der Bär steigt neuerlich an. Es läßt sich nun das Hebelwerk b während des Schmiedens so verstellen, daß die Gleitfläche h mit dem Bär früher oder später in Berührung kommt, wodurch das neuerliche Anheben früher oder später erfolgt.

Eine ähnliche Konstruktion wird von B. u. S. Massey in Manchester ausgeführt[1]. Einfachere Stangenreibhämmer werden vielfach gebaut. Eine solche Ausführung der Firma Max Hasse & Co. in Berlin ist in Fig. 49 bis 52 dargestellt.

Auf dem Gestell des Hammers sitzt ein Lagerbock, der zwei Wellen aufnimmt, auf welchen je zwei Hebel exzentrisch aufgekeilt sind. Die zwei Hebel h der einen Welle sind durch eine Stange i miteinander verbunden, an welcher die Steuer-

---

[1]) Dinglers polytechn. Journ. 1907, 375.

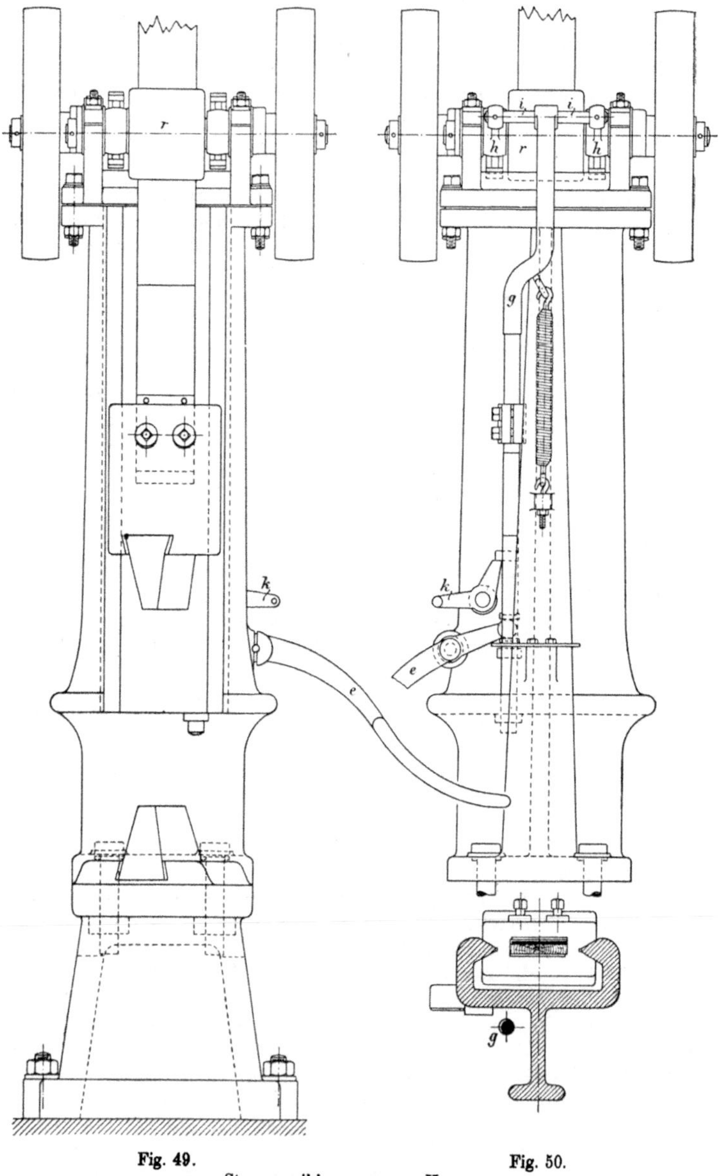

Fig. 49. Fig. 50.
Stangenreibhammer von Hasse.

stange g angreift. Auf jeder der beiden Wellen sitzen eine Reibrolle r und zwei Zahnsegmente, die mit den gleichen Teilen der anderen Welle in Eingriff sind. Wenn die Steuerstange in dem einen Sinne betätigt wird, nähern sich die Reib-

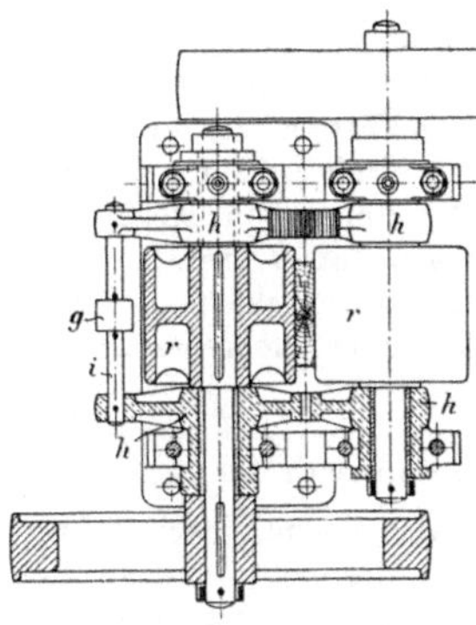

Fig. 51. Stangenreibhammer von Hasse.

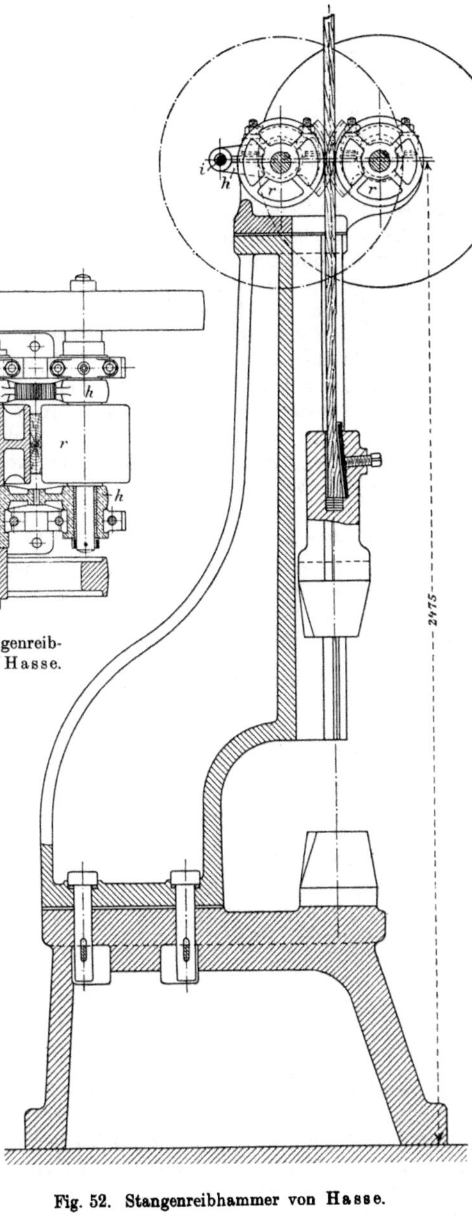

Fig. 52. Stangenreibhammer von **Hasse**.

rollen dem Brett, im anderen Sinne entfernen sie sich von ihm. Das Andrücken erfolgt, wenn die Stange *i* nach abwärts geht; es wird durch das Eigengewicht der Stange *g* und durch eine Feder besorgt. Durch Druck an dem Hebel *e*, der in einen Schlitz der Steuerstange eingreift, können die Reibrollen voneinander entfernt werden. Soll der Hammer außer Betrieb treten, wird eine Klinke *k* unter einen Zahn geschoben, der sich an der Steuerstange befindet; dadurch wird die Stange hochgehalten und kommen die Reibrollen mit dem Brett außer Berührung. Häufig ist auch eine Klinke vorhanden, auf die sich der Bär im Ruhezustande in angehobener Stellung setzt, damit die Gesenke in Ruhe gerichtet werden können; die Klinke bleibt während des Schmiedens zurückgeschlagen.

Fig. 52 gibt auch eine Darstellung über die Befestigung der hölzernen Stange im Bär. Sie erfolgt dadurch, daß eine keilförmige Verstärkung des Brettes mittels zweier Klemmschrauben und einer eisernen Beilage in einer Ausnehmung des Bärs festgehalten wird.

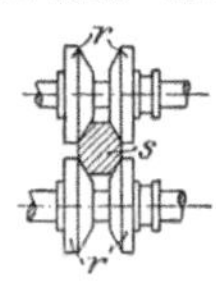

Fig. 53. Hubrollen nach Müller.

Bei den hier bisher besprochenen Hämmern kommen durchwegs zylindrische Reibungsrollen in Verwendung und daher Stangen mit rechteckigem Querschnitt. In früherer Zeit waren Hubrollen nach Müller beliebt, welche die Form von Kegelstumpfen hatten. Auf jeder der beiden Wellen saßen zwei Rollen; die eine war fest, die andere auf ihrer Welle verschiebbar. Die verschiebbaren Rollen wurden gegen das Brett gepreßt, das achteckigen Querschnitt erhielt (s. Fig. 53).

Reibhämmer mit nach abwärts gerichteter Hebeschiene.

Die Hämmer wirken im Wesen genau so wie jene mit nach aufwärts gerichteter Schiene. Das Friktionsvorgelege ist in die Schabotte verlegt, und da der Platz in der Mitte für die Amboßbahn freibleiben muß, sind zwei Hebeschienen angeordnet, die in einem gemauerten oder hölzernen Schacht, allfällig auch in zwei

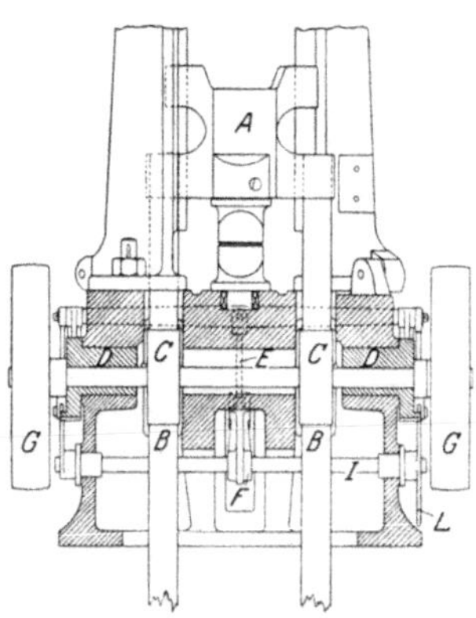

Fig. 54.

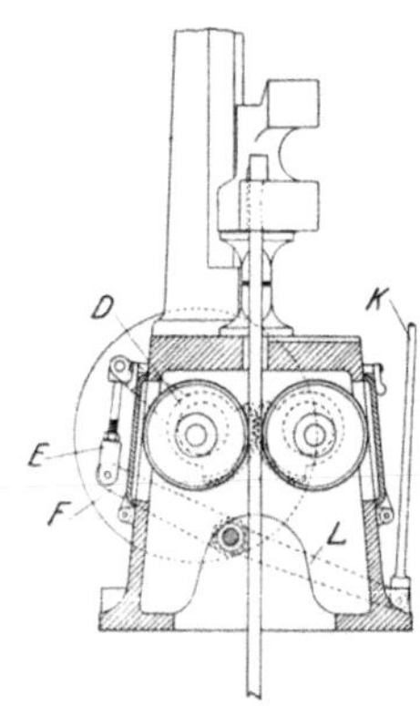

Fig. 55.

Reibhammer mit nach abwärts gerichteter Hebeschiene.

eisernen Röhren ins Fundament ragen. Der Vorteil der abwärts gerichteten Hebeschiene liegt in dem tief gelegenen Schwerpunkt der ganzen Konstruktion und der hierdurch bedingten Standfestigkeit, sowie in der Möglichkeit die ganze Bauhöhe als Fallhöhe auszunützen.

Solche Hämmer werden von der Aerzener Maschinenfabrik G. m. b. H. in Aerzen-Hameln gebaut und sind zwei Schnitte durch die Schabotte in Fig. 54 und 55 dargestellt, während die Fig. 56 bis 58 ein Gesamtbild des Hammers bieten.

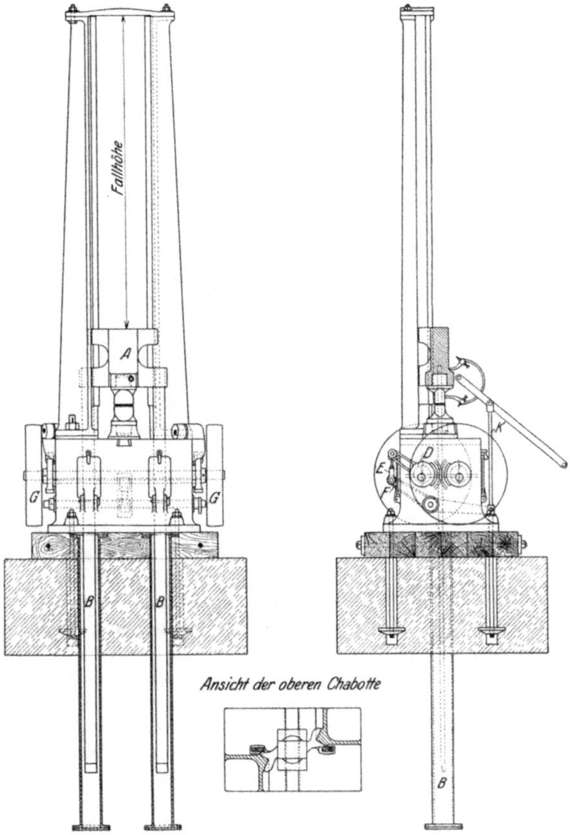

Fig. 56 bis 58. Reibhammer mit nach abwärts gerichteter Hebeschiene.

Durch die Scheiben *G*, von welchen die eine durch offenen, die andere durch gekreuzten Riemen angetrieben wird, werden die Friktionsrollenpaare *C* betätigt. Diese greifen an den Schienen *B* an, welche am Bär *A* befestigt sind. Die exzentrischen Büchsen *D*, mittels welcher die Friktionsrollen ausgerückt werden, greifen mit Zahnkranzbögen ineinander ein, so daß bloß die Verdrehung einer Büchse für jede Hebeschiene erforderlich ist. Die Verdrehung erfolgt durch die als Hebel ausgebildeten Zahnkranzbüchsen *D* über Hebel *E* und Doppelhebel *L* von einer Steuerstange *K*.

2. Einfache Hebelhämmer mit mechanischem Antrieb.

In dem Kapitel „Hebelhämmer mit Hand- oder Fußbetrieb" auf S. 26 wurden Maschinenhämmer besprochen, die durch menschliche Kraft niedergeschlagen werden. Ohne nun diese Hämmer in ihrem ganzen Aufbau wesentlich abzuändern, stattet man sie häufig mit mechanischem Antrieb aus. Es wird dabei entweder das Heben des Bärs durch den Antrieb besorgt (Daumenhämmer) oder das Niederschlagen (Reibhämmer).

a) Daumenhämmer.

Diese Hämmer wurden in ihrem Wesen bereits in dem Kapitel „Geschichtliche Entwicklung der Hämmer“ in ihren drei Hauptformen: Schwanzhammer, Stirnhammer und Aufwerfhammer behandelt. Das Daumenrad wird meist von Wasserkraft angetrieben und finden sich die Hämmer in dieser Form als „Wasserhämmer“ noch heute in wasserreichen Gebirgsgegenden vor. Natürlich kann der Antrieb auch durch eine andere Energiequelle besorgt werden.

b) Reibhämmer.

Die Hämmer dieser Gruppe sind mit Riemenfriktionsantrieb ausgestattet. Ein solcher Hammer ist in Fig. 59 dargestellt; er ist ein Erzeugnis der Firma Koch & Co. in Remscheid-Vieringhausen.

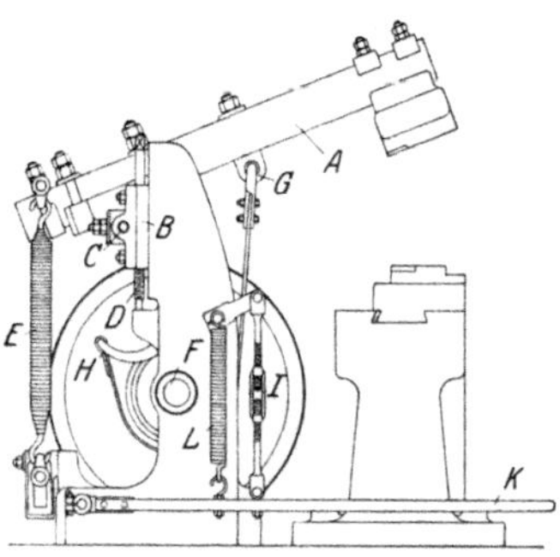

Fig. 59. Hebel-Reibhammer von Koch & Co.

Der Helm A des Hammers ist als zweiarmiger Hebel ausgebildet und aus zähem Holz oder aus einem Stahlrohr hergestellt. Die Drehachse (im Bilde unsichtbar) ist durch zwei Zapfen gebildet, die in Lagern ruhen, welche am gußeisernen Ständer nach Art der Werkzeugmaschinen-Supporte mittels zweier Schraubenspindeln C und D in vertikaler und horizontaler Richtung verschoben werden können, wodurch die Hammerbahn nach Bedarf eingestellt werden kann. Durch eine am Gestell befestigte Feder E wird der Helm in schräger Stellung gehalten, wenn der Hammer außer Betrieb ist.

Im Gestell ist eine Welle gelagert, die mittels eines Riemenscheibenschwungrades getrieben wird. Zwischen den Ständern sitzt eine Scheibe, um deren halben Umfang sich ein Riemen legt, der mit einem Ende G am Helm anfaßt, mit dem anderen an einem Doppelhebel H befestigt ist, der im Gestelle seinen Drehpunkt hat und dessen zweites Ende mittels einer Stange I zu einem Fußtritt K führt. Dieser wird außer Betrieb durch die Feder L in gehobener Stellung gehalten und der Riemen liegt hierbei ohne Spannung über der Scheibe. Wird der Fußtritt niedergedrückt, spannt sich der Riemen und wird von der rotierenden Scheibe durch die Reibung mitgenommen; der Bär wird dadurch auf das Werkstück niedergeschlagen. Wird dann der Fußtritt freigegeben, hört die Friktionswirkung auf und der Helm wird durch die Feder wieder angehoben.

Bei diesen Hämmern kann die Stärke des Schlages dadurch geregelt werden, daß der Fußtritt mehr oder minder kräftig betätigt wird, wodurch sich die Umfangsreibung an der Scheibe ändert und bei schwacher Betätigung ein teilweises Gleiten des Riemens eintritt.

Diese Hämmer leisten vorzügliche Dienste in der Kleineisenzeugindustrie für die Herstellung von Werkzeugen, in Schlossereien usw. Es können 80 bis 160 Schläge in der Minute gegeben werden. Natürlich werden solche Hämmer nur in kleinen Abmessungen gebaut.

Wenn auch das Niederdrücken des Fußtrittes wenig Kraft erfordert und bei nicht ununterbrochenem Betrieb kaum in Betracht kommt, werden doch vielfach Anordnungen vorgezogen, bei welchen nicht jeder Schlag eigens eingeleitet werden muß, sondern eine zwangläufige Auf- und Abbewegung des Helmes erfolgt. Der Antrieb erfolgt hier von einer Welle mittels Kurbel oder Exzenter auf einen Hebel, an welchem der Bär befestigt ist. Je höher das auf dem Amboß liegende Schmiedestück ist, desto tiefer müßte daher der Eindruck werden, den der Bär in dasselbe macht. Dies würde bei hohen Werkstücken zu Widerständen gegenüber dem Eindringen führen, welchen die Hammerkonstruktion nicht gewachsen wäre, und schon dieser Umstand führt zur Zwischenschaltung eines elastischen Mediums in den Antrieb.

Als solche Medien kommen im Hammerbau in erster Reihe Federn und Gummipuffer in Betracht; die Federn finden Verwendung als gerade Blattfedern und als Bogenfedern.

3. Federhämmer.

a) Die Wirkung einer Feder im Hebelhammer.

Der Einbau einer Feder in den zwangläufigen Antriebsmechanismus zieht folgende Erscheinungen nach sich.

Die Welle A in Fig. 60 werde im Uhrzeigersinn gedreht. Die Kurbel B überträgt mittels der Schubstange C die Bewegung auf einen federnden Hebel D, der in E seinen Drehpunkt hat und bei F den Bär trägt. Die Feder sei so kräftig, daß sie sich unter der ruhenden Last unwesentlich biege. Die Antriebswelle erhalte eine gleichförmige Drehung.

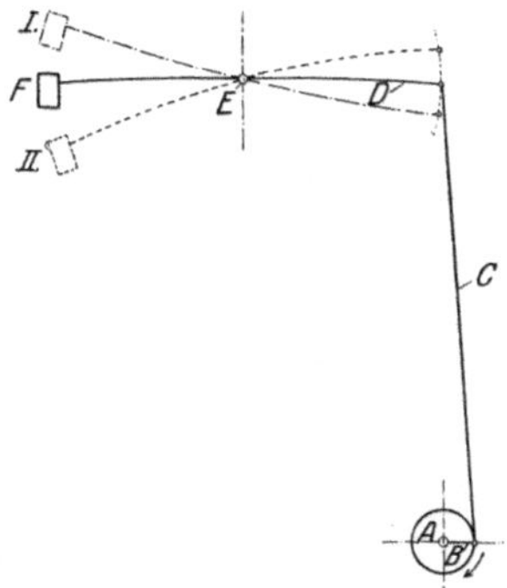

Fig. 60. Die Wirkung einer Feder im Hebelhammer.

Geht die Kurbel von ihrer rechten Mittellage nach abwärts, wird die Geschwindigkeit des Helms von ihrem Höchstwert bis 0 verzögert, die Massenbeschleunigung wird hingegen von 0 bis zu ihrem Höchstwert ansteigen. Während die Kurbel diesen Weg macht, geht der Bär von der Mittellage nach aufwärts. Nach oben wirkt hierbei die Massenbeschleunigung, nach unten die Schwerkraft. Übertrifft nun die Massenbeschleunigung die Beschleunigung der Schwere, so wird eine Kraft nach oben wirken, welche die Feder nach aufwärts biegt (Lage I).

Geht nun die Kurbel von ihrem unteren Totpunkte nach aufwärts, so wird vorerst bis zur Mittelstellung des Bärs eine Massenverzögerung auftreten; dieselbe wird jedoch wettgemacht durch die Spannung der Feder.

Geht dann die Kurbel von ihrer linken Mittelstellung nach aufwärts, so tritt wiederum eine Massenbeschleunigung auf, welche nach dem Überschreiten des Wertes der Schwerkraftsbeschleunigung die Feder nach abwärts biegt (Lage II). Der Bär wird sich hierbei mit einer größeren Geschwindigkeit nach abwärts bewegen, als bei Verwendung eines starren Hebels; daher wird durch die Federwirkung eine bedeutendere Schlagwirkung erzielt.

Solche Hämmer werden von einer Reihe von Firmen in fast unveränderter Ausführung geliefert, so von Koch & Co. in Remscheid-Vieringhausen, von Brüder Boye in Berlin-N, von Egger & Kleine in Hagen, vom Eisen- und Stahlwerk Prakendorf A.-G. in Budapest und von Rudolf Schmidt in Wien und Düsseldorf[1]). Die letztere Firma, welche diese Hämmer als „Ajax"-Hämmer in den Handel bringt, führt sie in sechs Größen aus, von einem Fallgewicht von 30 kg bis zu 250 kg. Die minutliche Umlaufzahl der Antriebswelle ist hierbei 300 bzw. 120, die Hubhöhe 150 bzw. 375. Der Kraftbedarf beträgt nach Angabe der Firma in dem einen Falle 1 bis $1^1/_2$, im anderen 10 bis 14 PS und eignen sich die Hämmer zum Schmieden von Vierkanteisen von 40 bis 175 mm.

---

[1]) Auf neuer Grundlage ist der Druckfederhammer der Firma Swara in Wien aufgebaut, bei dem eine Spiralfeder Anwendung findet.

Nehmen wir an, daß der Hub des Hammerbärs gleich ist dem doppelten Kurbelradius, bzw. der doppelten Exzentrizität, was aus Gründen des elastischen Durchbiegens der Feder nicht voll zutrifft, so erhalten wir durch eine kleine Rechnung Aufschluß über die Umlaufzahlen, bei welchen die günstige Wirkung der Feder auf die Stärke des Schlages eintritt.

Die Beschleunigung in den Totpunkten der Bärbewegung beträgt $g' = \frac{v^2}{r}$, wenn v die Geschwindigkeit im Kurbelkreis, r der Radius desselben ist und wir unendliche Exzenterstangenlängen annehmen.

$$g' = \frac{\left(\frac{\pi}{30} r \cdot n\right)^2}{r} = 0{,}011\, r\, n^2.$$

Wird diese Beschleunigung größer als jene der Schwerkraft, so wird die Feder zu spielen beginnen. Um die Umlaufzahl daher zu kennen, wo dies beginnt, ist $g' = g = 9{,}81$ zu setzen:

$$n = \sqrt{\frac{9{,}81}{0{,}011\, r}}.$$

Die bezüglichen Kurbelradien eingesetzt, beträgt die Mindestumlaufzahl, bei welcher eine Federwirkung sich auf die Schlagkraft äußert, beim kleinen Hammer $n = 110$, beim großen $n = 70$. Wird also die Umlaufzahl durch teilweises Verschieben des Riemens auf die Losscheibe und hierdurch hervorgerufenes Schleifen so weit verringert, wird sich der Hammer bezüglich der Schlagstärke so verhalten, als ob der Hebel starr wäre. In dem Maße als die Umlaufzahl zunimmt, steigern sich die elastischen Wirkungen der Feder und es werden immer kräftigere Schläge auf das Werkstück geführt; gleichzeitig nimmt der Bärhub um die Durchbiegungen der Feder zu. Diese können berechnet werden, wenn von dem Beschleunigungsdruck $P = \frac{G}{g} \frac{v^2}{r}$ das Fallgewicht G abgezogen wird und man für diesen Kraftunterschied die Federung berechnet.

Es ist festzuhalten, daß nach Vorstehendem bei den Federhämmern eine Verstärkung des Schlages nur durch Vergrößerung der minutlichen Schlagzahl möglich ist.

b) Federhämmer mit stählernen Federn.

Der „Ajax“-Blattfederhammer von Rudolf Schmidt & Co. (Fig. 61 und 62) besitzt einen Hohlgußständer A, in welchem einerseits die Bärführung, anderseits die Lagerung für den Antrieb enthalten ist. Auf der Welle B sitzen auf der einen Seite die Voll- und Leerscheibe des Antriebes C, auf der anderen Seite ein Schwungrad D. Durch das Exzenter E und die Stange F wird das gelenkig an F angeschlossene eine Ende der als Doppelhebel ausgeführten und in G gelagerten Blattfeder H hin und her bewegt. Das andere Ende der Feder faßt den Bär I. Die kreisrunde Schabotte K wird vom Hammerständer umschlossen und ist mit diesem durch Schrauben verbunden. Besonders bemerkenswert ist, daß die Exzenterstange F nicht steif, sondern federnd ausgeführt ist, wodurch die Wirkung unterstützt und die Materialbeanspruchungen vermindert werden. Die Größe des Bärweges, und hierdurch das Schlagarbeitsvermögen, kann dadurch geändert werden, daß die Exzenterscheibe stellbar eingerichtet ist (s. Fig. 61 und 62); die Änderungen sind jedoch nur im Stillstande möglich.

Die Regelung der Schlagstärke im Gange erfolgt, wie in Fig. 65 ersichtlich ist, dadurch, daß der Antriebsriemen durch Betätigung der Fußtritte R und L, von welchen der eine zum Einrücken, der andere zum Ausrücken dient, sowie der in Lagern drehbaren Stange M und des hierdurch betätigten Ausrückers N, auf den beiden Scheiben verschoben wird. Er kommt auf diese Art mehr oder weniger ins Gleiten, wodurch die Umdrehungszahl und die Federung verändert wird. Die

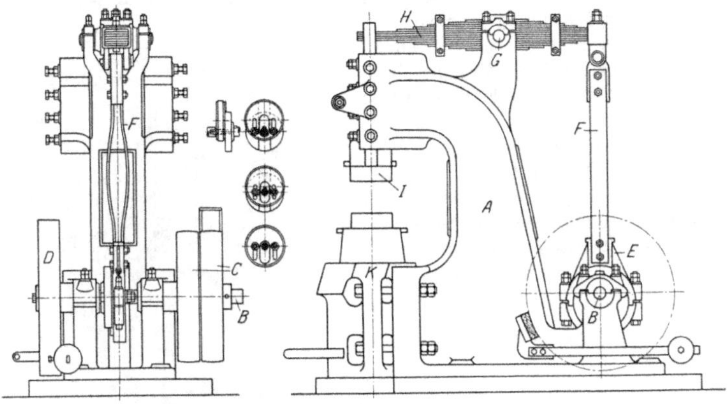

Fig. 61 u. 62. „Ajax"-Blattfederhammer von R. Schmidt.

Regulierwirkung wird durch eine gleichzeitig auf dem Schwungrade D wirkende Backenbremse unterstützt, deren Betätigung bei O von der Drehbewegung der Stange M abgeleitet wird.

Die neueste Konstruktion des Ajax-Hammers ermöglicht, den Bär während der Betriebspausen in angehobener Stellung zu halten.

Erreicht wird dies dadurch, daß das Schwungrad derart exzentrisch auf der Welle sitzt, daß bei angezogener Bremse diese nur in jener Partie des Radumfanges zur Wirkung kommt, welche dem angehobenen Bär entspricht (s. Fig. 63 bis 65).

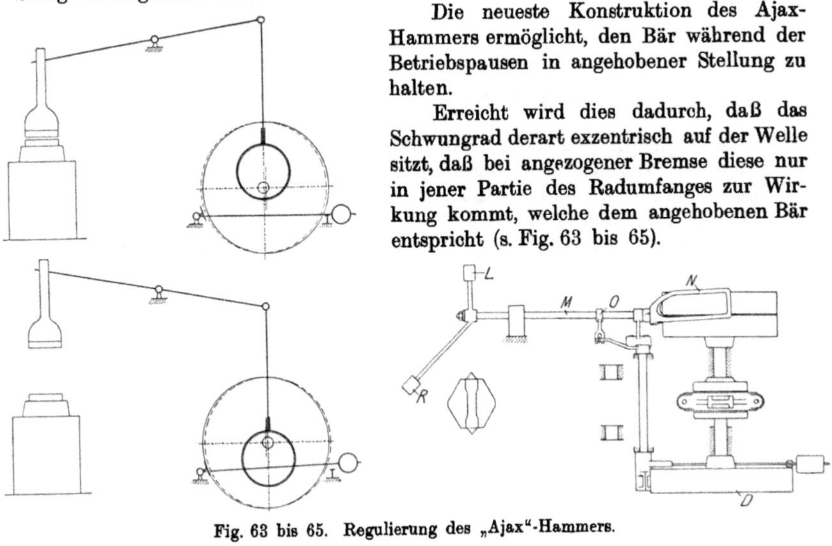

Fig. 63 bis 65. Regulierung des „Ajax"-Hammers.

Die Blattfeder des Hammers ist aus einzelnen harten Stahlblättern zusammengesetzt, die leicht auswechselbar sind. Sie steckte bisher mit dem einen Ende einfach in einem Schlitz des verlängerten Bärs. Das Ende der Feder macht eine Bogenbewegung, der Bär ist hingegen gerade geführt; daher ist ein Brechen der Federlamellen an diesem Ende besonders leicht möglich. Um nun diese Möglichkeit zu verringern und auch den Schmied vor etwa abspringenden Federteilen zu schützen, führt Schmidt in neuerer Zeit den Hammerbär oben nicht mit einem Schlitz, sondern geschlossen als Pfanne aus, die mit konsistentem Fett gefüllt wird (s. Fig. 66). Dadurch ist eine Schmierung dieses heiklen Teiles durchgeführt und ein Schutz für den Schmied gegeben.

Statt gerader Blattfedern verwenden verschiedene Fabriken bogenförmige; dieselben greifen häufig mittels eines Riemens am Bär an.

Fig. 67 zeigt den Federhammer „Vulkanus“ von B. A. Hjorth & Co. in Stockholm, vertreten durch de Fries & Co. in Düsseldorf. Bei diesem Hammer ist besonders bemerkenswert, daß zur Regelung nicht der Riemen, sondern die

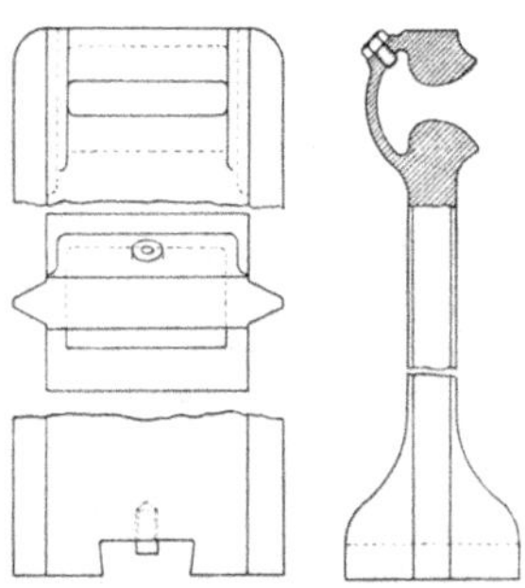

Fig. 66. Bär des „Ajax“-Hammers.

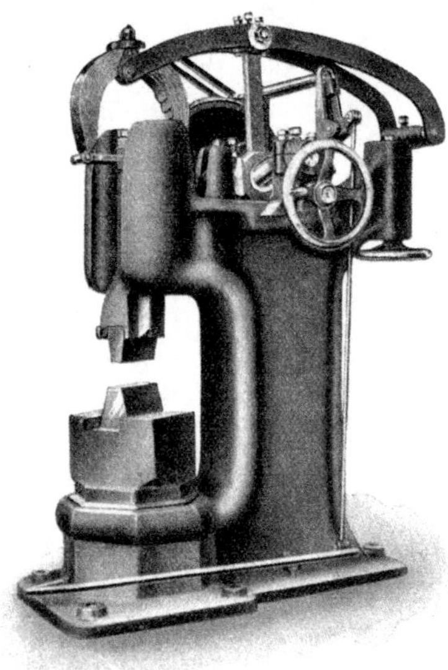

Fig. 67. Federhammer von Hjorth in Stockholm.

Welle samt Scheiben verschoben wird. Eine weitere Regelung erfolgt durch die Verstellung der Höhenlage des einen Hebelendpunktes.

Ähnlich den alten Schwanzhämmern, doch völlig modern ausgestattet, ist ein Hammer der Maschinenfabrik Eulenberg, Moenting & Co. in Mülheim-Rhein, der sich besonders zum Schmieden von Fassonstahl, zur Herstellung von Sensen,

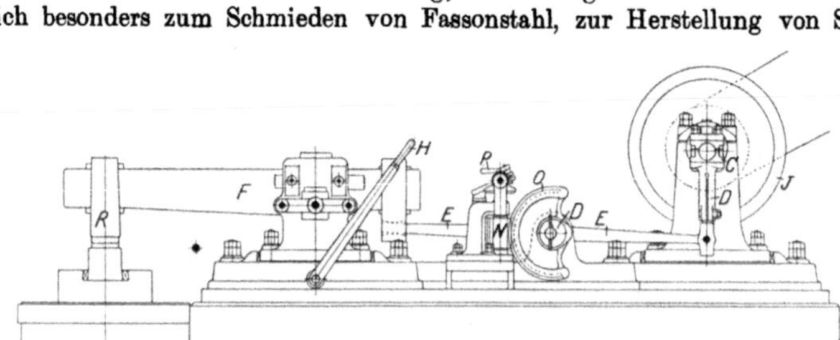

Fig. 68. Federhammer von Eulenberg-Moenting. (Aufriß.)

Gewehrläufen, Klingen, Feilen, also zur Massenerzeugung kleinerer Gegenstände vorzüglich eignet; er ist in Fig. 68 und 69 dargestellt. Die Transmission treibt mittels Voll- und Leerscheibe A und B auf eine Welle, auf welcher ein Exzenter C sitzt, das durch Vermittlung der Stange D und des in C gelagerten zweiarmigen

Hebels, der als Feder ausgebildet ist, in eine Ausnehmung des hölzernen Hammerbalkens eingreift. Dieser Balken *F* ist ebenfalls zweiarmig gestaltet; das eine Ende wird durch den vorerwähnten Antrieb auf und ab bewegt, am anderen sitzt der Hammerklotz *R*. Die minutliche Zahl der Schläge kann, wie bei anderen bereits

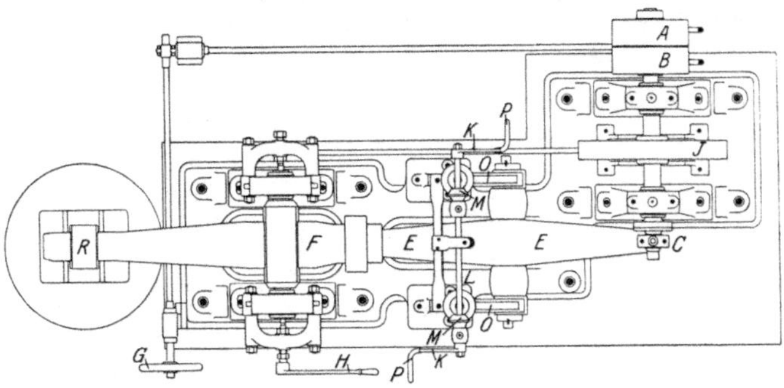

Fig. 69. Federhammer von Eulenberg-Moenting. (Grundriß.)

besprochenen Hämmern, durch teilweises Verschieben des Antriebsriemens zwischen 100 und 500 geregelt werden. Die Ausrückung erfolgt durch Betätigung des Handrades *G*; in Griffweite von diesem befindet sich der Hebel *H*, der mittels Gestänges auf eine Backenbremse wirkt, die an dem Schwungrad *I* angreift und ein rasches Abstellen ermöglicht.

Um sich der Höhe der Werkstücke oder Gesenke anzupassen, ist die Mittelstellung des Weges des Hammerbärs im Ruhezustand verstellbar eingerichtet. Es erfolgt dies durch Höhenverstellung des Drehpunktes *D* des federnden Hebels, was durch Drehen am Handgriff *K* möglich ist. Hierdurch wird nämlich die wagrechte Welle *L* verdreht, auf der die beiden Kegelräder *M* sitzen, welche die Bewegung auf zwei senkrecht gelagerte Schnecken *N* übertragen, die die Schneckenradsegmente *O* verdrehen. Die Segmente sitzen auf einer Welle, die, exzentrisch angeordnet, den Drehpunkt für den federnden Hebel trägt. Mittels des Handgriffes *P* wird die wagrechte Welle während des Betriebes in ihrer Lage festgeklemmt, um eine Verstellung durch Erschütterung zu vermeiden.

Solche Federhämmer liegender Anordnung werden in Größen von 25 bis 75 kg Fallgewicht gebaut; der Arbeiter sitzt auf einem ausfahrbaren Stuhl vor dem Amboß.

c) Federhämmer mit Gummipuffern.

Statt der Federn werden von C. C. Bradley & Son, Syracuse N.Y., Gummipuffer verwendet. Solche Hämmer wurden vor dem Weltkriege von der Firma Schuchardt & Schütte in den Handel gebracht.

Der Antrieb des in Fig. 70 und 71 dargestellten Hammers erfolgt auf die Scheibe *S*, wobei die Scheibe *A* als Riemenspanner dient, der sich gegen das ablaufende Trum legt. Auf der Welle *T* sitzt ein Exzenter, das mittels der Stange *U* auf die Schwinge *G* arbeitet, die im Hammerständer bei *W* in Spitzen gelagert ist. Die Schwinge enthält drei Gummipuffer; die beiden unteren Puffer *B* und *C*, auf welche sich der hölzerne Stiel *R* auflegt, der bei *W* ebenfalls seinen Drehpunkt hat. Der dritte Gummipuffer *D* hält den Stiel von oben fest. Am Ständer ist ein vierter Gummipuffer *E* montiert, der sich jedoch in der Ruhestellung nicht auf den Stiel auflegt, sondern so eingestellt wird, daß der Hammerstiel bei Umdrehung des Hammers von Hand aus diesen Puffer leicht trifft. Im Betrieb wird dann der hölzerne und daher stark federnde Stiel stark zurückgeschlagen werden.

Der Puffer E ist also im Wesen nichts anderes als der **Reitel** bei den alten Wasserhämmern (s. S. 10).

Die Regelung der Schlagstärke erfolgt durch Verminderung der Umlaufzahl, also bei gleichzeitiger Änderung der Schlagzahl, vermittels des Riemenspanners A,

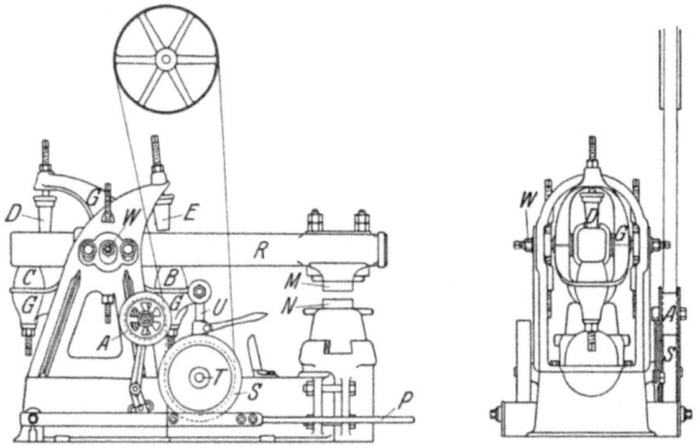

Fig. 70 u. 71. Federhammer mit Gummipuffern von Bradley.

der durch den Fußtritt P betätigt wird. Der Hub des Hammers läßt sich durch Verstellung der Exzentrizität im Ruhezustande verändern; hierbei muß auch der feststehende Puffer E in vorstehend beschriebener Weise frisch eingestellt werden. Amboß- und Hammerstöckel müssen im Ruhestand noch etwa 25 mm voneinander entfernt sein, durch die Federung wird dann der richtige elastische Schlag erzielt. Auch ist darauf zu achten, daß M und N beim Auftreffen nicht schief gegeneinander stehen und daß sie genau aufeinander passen. Wird dies nicht beachtet, treten hohe Beanspruchungen und Brüche auf. Ein Überanstrengen der Hämmer ist zu vermeiden, die Puffer sind sorgfältig in Stand zu halten und bei Abnützung nachzustellen oder zu erneuern. Die Bradley-Hämmer verlangen sorgfältigste Wartung; wo diese nicht zu haben, ziehe man Blattfederhämmer vor.

Die **Bradley**-Hämmer werden auch in zwei Typen mit Parallelführung gebaut; die eine, in Fig. 72 dargestellte, besitzt einen Hebel aus Stahl, an dem der Bär mittels eines achtfach gelegten Riemens befestigt ist. Dieser legt sich über zwei Rollen, die im Hebel gelagert sind, und ist mittels eines Winkelhebels, der sich gegen einen kleinen Puffer legt, nachspannbar eingerichtet. Diese Type wird gleich jener in Fig. 70 und 71 für Fallgewichte von 7 bis 90 kg gebaut.

Die zweite Type mit Bärführung (Fig. 73) ist mit einem hölzernen Hebel ausgestattet, an dem mit Zwischenschaltung eines Gummipuffers der Bär vermittels eines kurzen Riemens aufgehängt ist. Diese Type eignet sich für schwerere Hämmer und wird mit Bärgewichten von 23 bis 225 kg ausgeführt. Bei den kleineren Ausführungen wird der Hebel von zwei, bei den größeren von vier Puffern gefaßt.

Bei früheren ähnlichen Ausführungen wurden auch federnde Holzteile in die Konstruktion eingeschaltet, so von **Angstöm** in Stockholm[1]). Die hier zuletzt besprochenen Hämmer waren **Hebelhämmer**, deren Schlag durch Federkraft verstärkt wurde. Es werden jedoch auch Federhämmer gebaut, die **ohne Hebelwirkung** arbeiten. Es greift dort ein Kurbeltrieb unter Zwischenschaltung einer Feder ohne weiteres an dem Bär an; die Feder wird meist wie in Fig. 67 ausgeführt.

[1]) Zeitschr. d. Ver. deutsch. Ing. 1887, 466.

Eigenartig ist die Konstruktion, die von Beaudry & Co., Boston Mass., U.S.A., der am Kontinente durch Fenwick Frères & Co., Paris, Brüssel, Turin, Zürich,

Fig. 72. Bradley-Hammer, leichte Type.

Mailand, Barcelona, vertreten ist und die auch mit einigen Änderungen von B. & S. Massey, Manchester, gebaut wird.

Fig. 73. Bradley-Hammer, schwere Type.

Um beide Ausführungen zu zeigen, sei das Gesamtbild des Hammers in der jetzigen Bauweise von Massey in Fig. 74 dargestellt, und die Verbindung des Antriebes mit dem Bär nach der älteren Bauweise von Massey (s. Fig. 75), an der Beaudry noch heute festhält. In dem einen sind zwei geschichtete Blattfedern verwendet, in dem anderen zwei federnde Arme.

Der Antrieb erfolgt von einer auf der Welle sitzenden Exzenterscheibe *a* mit einstellbarer Exzentrizität. Die Lenkstange *i* ist als Zahnstange ausgestaltet; an ihr ist mittels einer gezahnten Leiste der Stangenkopf *c* befestigt, der die federnden Arme trägt. Am unteren Ende derselben befinden sich stählerne Rollen, die sich an die ausgebogenen Innenwände des Bärs stützen. Bei langsamem Umlauf des Hammers liegen die Rollen in Ausnehmungen der Innenwände; bei erhöhter Umlaufzahl bewirken die Massenkräfte eine Vergrößerung des Hubes dadurch, daß der Bär beim Aufwärtsgange der Exzenterscheibe an den Rollen ansteigt und beim Abwärtsgange gleichfalls

Fig. 74. Federhammer von Massey.

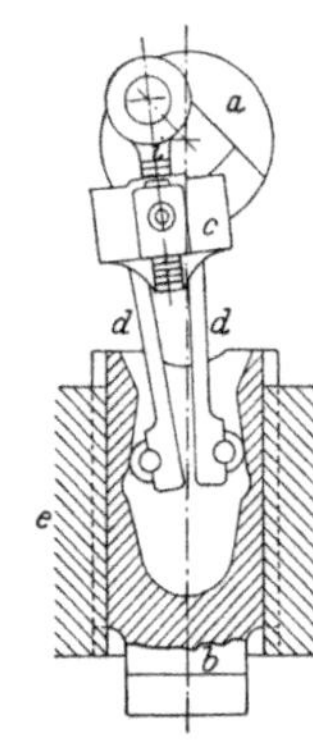

Fig. 75. Einzelheit des Federhammers von Massey (ältere Bauart).

weiter geht als der Exzentrizität entspricht, wodurch besonders kräftige Schläge erfolgen.

4. Lufthämmer[1]).

Bei dieser Gruppe von Maschinenhämmern ist die Luft unmittelbar oder mittelbar das treibende Medium.

Um Luft zur Leistung einer Arbeit heranzuziehen, ist es natürlich notwendig, einen Spannungsunterschied gegenüber dem atmosphärischen Drucke zu erzielen.

Dies kann entweder im Hammer selbst geschehen oder außerhalb desselben; die ersteren Hämmer sind Lufthämmer im engeren Sinne, die letzteren werden meist als Drucklufthämmer bezeichnet.

Bei den Lufthämmern im engeren Sinne werden Luftfederhämmer und Luftdruckhämmer unterschieden. Diese beiden Bezeichnungen werden vielfach durcheinander geworfen und herrscht daher diesbezüglich große Unklarheit.

[1]) Bezüglich der Bemessung der für eine bestimmte Arbeit nötigen Lufthämmer finden sich Hinweise im Aufsatze von Siebel in Werkstattstechnik 1920, 529.

In diesem Buche werden als Luftfederhämmer alle Lufthämmer bezeichnet, die selbständig, also ohne Luftzuleitung, arbeiten und bloß einen Kolben (Luftkolben) besitzen, als Luftdruckhämmer alle Lufthämmer, die ebenfalls selbständig arbeiten, jedoch zwei Kolben (Luftkolben und Bärkolben) besitzen.

a) Luftfederhämmer.

Die Luftfederhämmer haben im Wesen dieselbe Wirkungsweise wie die Federhämmer in Abschnitt A 3. Statt der Federn wirkt hier die Luft als elastisches Medium. Erzeugt werden die Luftpuffer durch die Relativbewegung eines Kolbens, der an seiner Stange den Bär trägt und seines Zylinders.

Die Bestrebungen, auf diese Weise Hammerwirkungen zu verstärken, reichen in das 18. Jahrhundert zurück, s. Peter Onions, S. 13, und treten 1855 bei Guillemin und Minary in Besançon[1]), allerdings noch für Wasserhämmer, neuerlich auf.

Da es auf eine Relativbewegung zwischen Zylinder und Kolben ankommt, kann der eine oder der andere den Antrieb erhalten.

α) Luftfederhämmer mit angetriebenem Zylinder.

Auf der Wiener Weltausstellung 1873 war der Shollsche Luftfederhammer zu sehen[2]), der in folgender Weise arbeitete. Der Zylinder a in Fig. 76 wird von einer umlaufenden Welle durch Kurbelbetrieb in Führungen auf und ab bewegt. Im Zylinder befindet sich der Kolben k, an dessen Stange der Bär sitzt. Etwa in der Mitte der Zylinderlauffläche sind Löcher in der Wandung angebracht. Beim Aufwärtsgange des Zylinders werden die Öffnungen durch den vorderhand stillstehenden Kolben verschlossen. Steigt nun der Zylinder weiter an, so verdichtet sich die unter dem Kolben befindliche Luft und Kolben samt Bär wird aufwärts geschleudert. Auf der oberen Zylinderseite wiederholt sich die gleiche Wirkung, der Bär wird auf das Werkstück herabgeschleudert. Die Löcher in der Zylinderwandung könnten eigentlich entfallen und sind nur angebracht, um die durch allfällige Undichtheit während der Kompression entwichene Luft zu ersetzen.

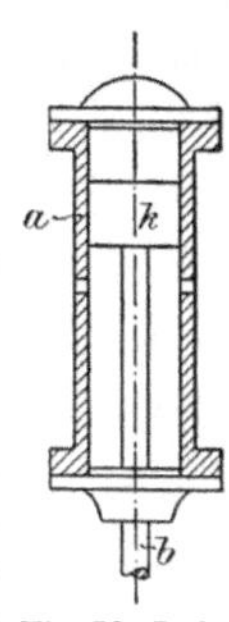

Fig. 76. Luftfederhammer von Sholl.

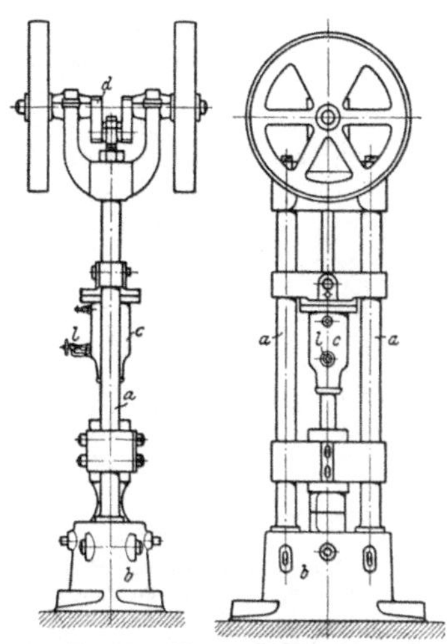

Fig. 77 u. 78. Luftfederhammer von A. Schmid.

Im Jahre 1881 nahm A. Schmid ein Patent auf einen in gleicher Weise betätigten Hammer (s. Fig. 77 und 78), der in verschiedenen Höhenlagen zwei Öffnungen im Zylinder erhielt, die durch Saugventile geschlossen waren. Diese Ventile hatten also, ebenso wie die einfachen Öffnungen beim Shollschen Hammer, dafür zu sorgen, daß kein Unterdruck im Zylinder entstehe. Der Fortschritt liegt hier darin, daß das untere Ventil l auch so

---

[1]) Beck, Geschichte des Eisens IV, 867. [2]) Dinglers polytechn. Journ. 1875.

einstellbar eingerichtet war, daß gespannte Luft dort austreten kann, wodurch ein Mittel für die Regulierung des Hammers gegeben ist. In der Figur ist *d* der Kurbeltrieb mit Riemenscheibe und Schwungrad, *c* der Zylinder, *b* die Schabotte, *a* sind die Säulen, welche den Hammer tragen.

In Amerika wurde die dort nicht patentierte Schmidsche Bauart von der Hackney Hammer Co. in Cleveland, O., aufgegriffen, während in Deutschland die Werkzeugmaschinenfabrik H. Hessenmüller in Ludwigshafen a. Rh. diesen Hammer baut und im Laufe der Zeit vielfach verbessert hat. Die Firma baut zwei Ausführungen, welche sich voneinander dadurch unterscheiden, daß es bei der einen Type (DW) möglich ist, den Bär während des Betriebes in angehobener Stellung schwebend zu erhalten, während diese Möglichkeit bei der zweiten Type (CW) nicht gegeben ist. CW-Hämmer werden bis zu 100 kg Fallgewicht gebaut, DW-Hämmer von 100 bis 1000 kg Fallgewicht. Ungerechtfertigterweise bezeichnet Hessenmüller die DW-Hämmer als Luftdruckhämmer, trotzdem sie dieselbe Wirkungsweise haben und bloß durch Hinzugabe eines Ventils die vorerwähnte Ausgestaltung verursacht wird.

Es sei vorerst die einfachere CW-Type besprochen.

Hessenmüller-Hammer, Type CW.

Der Zylinder Fig. 79 hat in seiner unteren Partie ein Saugventil *E*, oben die Luftöffnungen *D*. Der durch Kurbeltrieb vermittels einer Kulisse aufwärts bewegte Zylinder erzeugt auf der Unterseite des Kolbens einen Luftpolster, der den Kolben samt Stange und Bär anhebt. Der Luftpolster bzw. die Entfernung des Ventils vom unteren Zylinderdeckel ist hierbei so bemessen, daß der Kolben nur eine geringe Relativbewegung im Zylinder macht, welche der dem Fallgewichte in der ersten Hälfte des Aufwärtsganges erteilten Massenbeschleunigung entspricht. (Vgl. die Theorie der Federhämmer auf S. 31.) Verkleinert man jedoch den Luftpolster, was durch

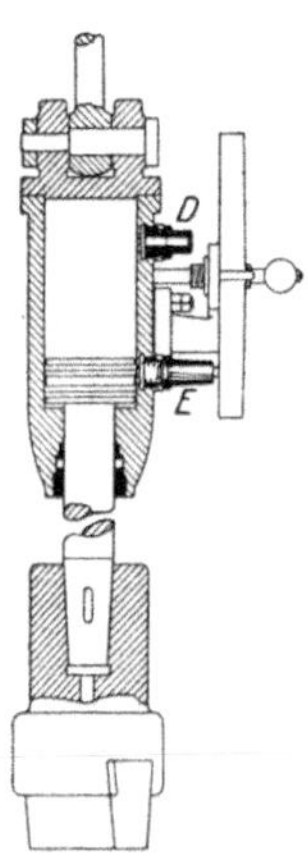

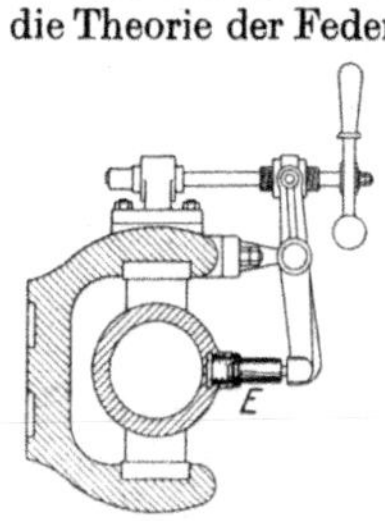

Fig. 79. Luftfederhammer von Hessenmüller, Type CW (ältere Bauart).

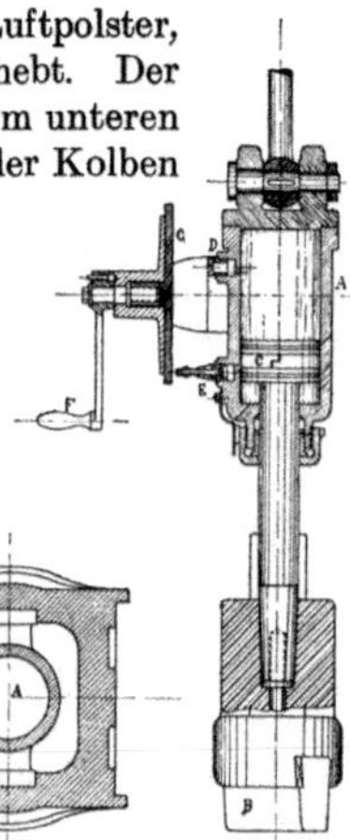
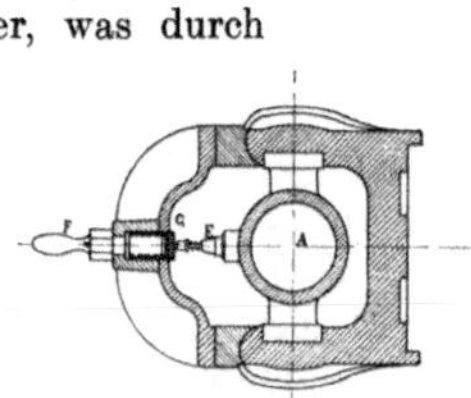

Fig. 80. Luftfederhammer von Hessenmüller, Type CW (neuere Bauart).

teilweises Öffnen des Saugventils möglich ist, so wird der Kolben beim Abwärtsgange tiefer fallen und es wird daher die Spannung, welche für das Heben des Bärs erforderlich ist, erst zu einem Zeitpunkte erreicht sein, in welchem der Zylinder bereits eine gewisse Geschwindigkeit nach aufwärts besitzt. Mit dieser Geschwindigkeit wird der Bär aufwärts geworfen und wird daher höher als früher im Zylinder ansteigen. Hierbei werden die Öffnungen *D* überlaufen, es bildet sich ein Luftkissen und dieses schlägt den Bär nach abwärts. Die Regelung der Schlagstärke liegt also in der Einstellung des Ventils *E*; dieselbe erfolgt dadurch, daß eine Schiene, welche sich gegen die Ventilspindel von *E* stützt, derart verstellt wird, daß das Ventil mehr oder weniger geöffnet oder ganz geschlossen bleibt. Die Bewegung der Schiene erfolgt dadurch, daß dieselbe an einem zweiarmigen Hebel sitzt, der am Ständer seinen Drehpunkt hat und dessen anderes Ende mittels Schraubenspindel und Handhebel *F* verstellt wird.

In neuerer Zeit hat Hessenmüller seine CW-Type ein wenig abgeändert. Statt der Luftöffnungen *D* ist eine Vereinigung eines selbsttätigen Saugventiles mit einem gesteuerten Auslaßventil geschaffen worden, wie wir sie beim DW-Hammer wiederfinden. Bei *D* (s. Fig. 80) wird nämlich beim Abwärtsgange des Kolbens durch ein Rückschlagventil Luft angesaugt. Beim Aufwärtsgange des Kolbens entweicht diese Luft durch eine Öffnung, die durch Nähern der Steuerschiene allmählich geschlossen werden kann. Wird daher eine Verstärkung des Schlages gewünscht, so wird durch Betätigung der Kurbel *F* die Schiene derart verstellt, daß die Spannung des Luftkissens unten verringert, oben erhöht wird.

Da über dem Kolben stets mindestens atmosphärischer Druck herrscht, muß der Kolben bei der Abwärtsbewegung des Zylinders diesem folgen und ist daher ein Schwebendhalten beim CW-Hammer nicht zu erreichen.

Hessenmüller-Hammer, Type DW.

Die Type DW unterscheidet sich in der Bauart des Zylinders (s. Fig. 81) dadurch von der vorigen, daß auf der Unterseite das Saugventil *i* ungesteuert ist, hingegen ein zweites Saugventil *m* eingebaut ist, das in gleicher Weise wie beim CW-Hammer gesteuert wird.

Auf der oberen Zylinderseite ist ein Saugventil *k* vorhanden, das ungesteuert ist, und ein Druckventil *l*, das durch die gleiche Schiene *s*, welche *m* steuert, beeinflußt wird.

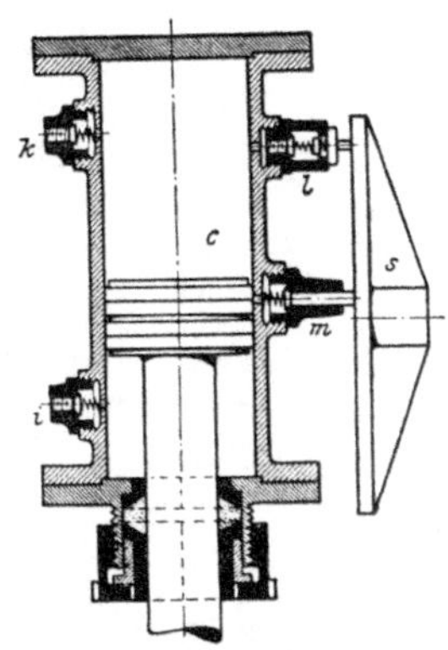

Fig. 81. Luftfederhammer von Hessenmüller, Type DW.

Soll geschmiedet werden, drückt man die Schiene an; dadurch kann sich das Druckventil *l* nicht öffnen, hingegen wird das Saugventil *m* aufgedrückt. Geht nun der Zylinder nach oben, so findet der Kolben auf der Unterseite einen Luftpolster, da das offene Ventil *m* sich ziemlich hoch befindet, und wird nach aufwärts geworfen. Nun bildet sich über dem Kolben ein Luftpolster, da die Luft infolge des geschlossenen Druckventils *l* nicht austreten kann; der Kolben samt Bär wird daher nach abwärts geworfen. Das Fallen des Bärs erfolgt vorerst ungehindert, da eine Kompression unter dem Kolben durch das offenstehende Ventil *m* verhindert wird. Erst nachdem dieses überlaufen ist, bildet sich ein Puffer, der ein Anschlagen des Kolbens am unteren Zylinderdeckel verhindert. Durch Verstellen der Schiene *s* wird daher auf der unteren Zylinderseite in gleicher Weise wie beim CW-Hammer gesteuert, während hier noch durch das obere Luftkissen die Schlagstärke mittels Ventils *l* geregelt wird.

Für das Schwebendhalten.

Die Schiene *s* wird entfernt, das Saugventil kann frei spielen, das Druckventil ebenso.

Beim Aufwärtsgange des Zylinders wird der Bär nach aufwärts geworfen, findet jedoch oben kein Luftkissen, da die Luft über dem Kolben durch *l* entweichen kann. Er wird daher nicht nach abwärts geworfen; gleichzeitig wird der Bär oben von Druckbacken erfaßt und festgehalten.

In Fig. 82 und 83 ist ein solcher Hammer im Schnitt zu sehen. Derselbe besitzt den Antrieb durch einen am Hammerständer montierten Elektromotor, der

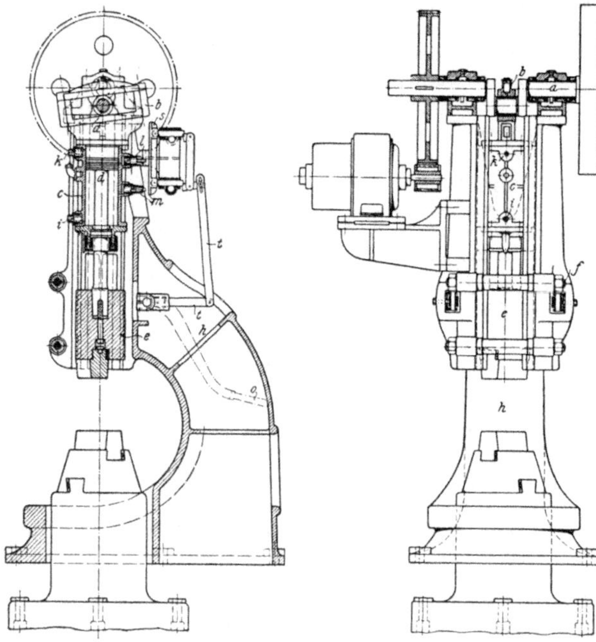

Fig. 82 u. 83. Luftfederhammer von Hessenmüller, Type DW.

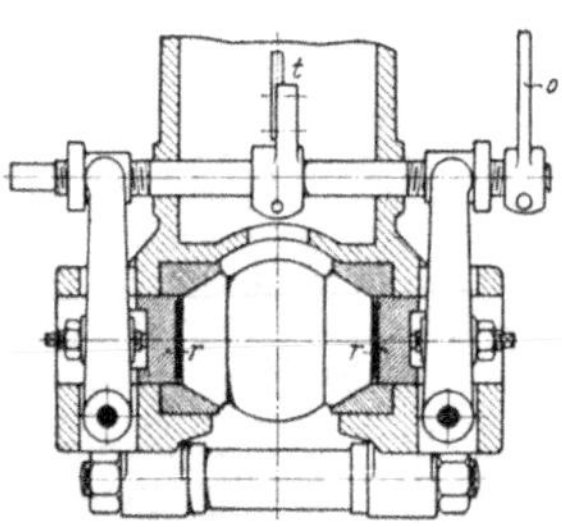

Fig. 84. Backenbremse zum DW-Hessenmüller-Hammer.

über ein Zahnrädervorgelege die Kurbelwelle *a* in Umdrehung versetzt. Von hier aus wird die geneigte Kurbelschleife *b* angetrieben, die mit dem oberen Zylinderdeckel aus einem Stück ist; der Zylinder wird am Hammerständer geführt.

Die Betätigung der Steuerung erfolgt in der Weise, daß der Hebel *o* vermittels des Gestänges *t* auf die Schiene *s* einwirkt, gleichzeitig wird dabei auch die Backenbremse betätigt. Die Achse vom Hebel *o* (s. Fig. 84) hat rechtes und linkes Gewinde eingeschnitten, auf welchen Muttern sitzen, die zweiarmige Hebel betätigen, welche die Bremsbacken an den Bär andrücken.

Die schiefe Kulisse (Kurbelschleife) und der „klebende Schlag".

Als besonderer Vorteil des Hessenmüller-Hammers wird die Kinematik seines Antriebs gerühmt, die darin ihre Eigenheit besitzt, daß die Kulisse, in welcher der Kurbelzapfen gleitet, nicht wagrecht liegt, sondern gegen die Wagrechte einen Winkel von 15° einschließt. Dies hat zur Folge, daß gegenüber der wagrechten Kulisse beim Aufwärtsgange und beim Abwärtsgange zuerst eine Verzögerung und dann eine Beschleunigung erzielt wird. Eine diesbezügliche Untersuchung hat

Schlesinger[1]) (s. Fig. 85 und 86) in der Weise angestellt, daß er den Umfang des Kurbelkreises in gleiche Teile zerlegte und diese in der Richtung der Kulisse auf den Zylinderweg projizierte.

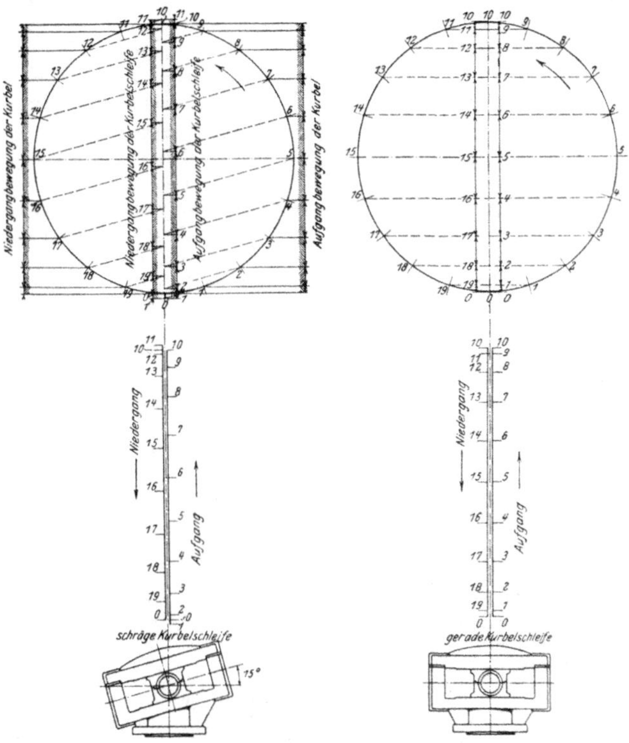

Fig. 85 u. 86. Schiefe Kulisse des Hessenmüller-Hammers.

Schlesinger leitet aus dieser Kinematik eine Reihe von Vorteilen für den so angetriebenen Hammer ab, welchen sich der Verfasser jedoch nur zum Teil anschließen kann. Daß die Beschleunigung zu Ende der Abwärtsbewegung durch Erzielung einer größeren Endgeschwindigkeit Vorteile bringen muß, ist völlig klar und ist die Wirkung kräftiger, als sie sich bei gewöhnlichem Schubstangenkurbeltrieb infolge der endlichen Stangenlänge erzielen ließe. Des weiteren wird hervorgehoben, daß durch die Verzögerung zu Beginn des Anhebens die Gefahr eines Schleifens des Riemens oder zu heftigen Zahndruckes geringer wird. Auch dieser Vorteil muß anerkannt werden, um so mehr als bei Schubstangenkurbeltrieb sich die umgekehrten Verhältnisse zeigen würden.

Hingegen wird betont, daß vor und nach dem unteren Hubwechsel bei schiefer Kulisse eine größere Ruhepause des Bärs eintrete, was einen „klebenden, das Werkstück stark erschütternden Schlag zur Folge hat". Das Wort „klebender Schlag" ist seither zum beliebten Schlagwort der Hammererzeuger geworden.

---

[1]) Zeitschr. d. Ver. deutsch. Ing. 1907, 572.

Es muß der hier wiedergebrachten Ansicht folgendes gegenübergehalten werden. Für die beabsichtigte Wirkung kommt bloß eine allfällige Ruhepause nach dem Hubwechsel in Frage. Wieso diese durch die schiefe Kulisse hervorgerufen werden soll, geht nicht genügend klar hervor. Der untere Hubwechsel tritt bei der wagrechten Kulisse im Punkte 0, bei der schrägen Kulisse im Punkte 1 ein. Der in der gleichen Zeit vom Zylinder zu Beginn des Aufwärtsganges zurückgelegte Weg ist in dem einen Falle $\overline{01}$ und in dem anderen $\overline{12}$. Der Weg $\overline{12}$ ist, wie auch unmittelbar durch Vergleich zu ersehen ist, wegen der schiefen Projektion größer als $\overline{01}$, daher auch die Geschwindigkeit im ersten Augenblicke bei der schiefen Kulisse größer und die Ruhepause, wenn man überhaupt von einer solchen sprechen darf, kleiner. Im übrigen hätten diese Erwägungen nur dann eine tatsächliche Bedeutung für den Gang des Hammers, wenn der Bär unmittelbar am Zylinder angeschlossen und mit ihm starr verbunden wäre, sowie wenn kein Rückprall erfolgen würde. Da nun ein Rückprall stets vorhanden ist, ein elastisches Medium zwischen Antrieb und Bär geschaltet wird, sowie durch die Werkstückhöhe ohnehin noch vor Erreichung des unteren Todpunktes der Bär in seiner Bewegung gehemmt wird, hat meines Erachtens nach der Begriff des „klebenden" Schlages hier keine begründete Bedeutung.

Ähnlich dem Hessenmüller-Hammer wirkt der Hammer von Langworth[1]), bei welchem die Öffnungen im angetriebenen Zylinder ungesteuert sind und die Regelung dadurch besorgt wird, daß dieser Zylinder sich in einem zweiten bewegt, dessen Luftraum durch einen Schieber eingestellt werden kann.

β) Luftfederhämmer mit angetriebenem Kolben.

Sie sind dadurch gekennzeichnet, daß der Zylinder als Bär ausgebildet ist. Im Jahre 1878 wurde in Dinglers polytechnischem Journal ein Luftfederhammer von Sholl beschrieben, dessen Kolben angetrieben ist. Dieser Hammer ist nichts anderes als eine kinematische Umkehr des auf S. 53 beschriebenen Shollschen ersten Hammers mit angetriebenem Zylinder.

Die Maschinenfabrik Bêché & Grohs in Hückeswagen a. Rh. hat diesen Hammer vervollkommnet und lange Zeit gebaut; nunmehr wurde die Herstellung zugunsten einer anderen Type, s. Luftdruckhämmer S. 68, eingestellt. Da jedoch dieser Hammer noch weit verbreitet ist und eine andere Ausführungsform der Luftfederhämmer mit angetriebenem Kolben dem Verfasser nicht bekannt ist, sei der Bêché-Hammer doch hier näher beschrieben.

Luftfederhammer von Bêché & Grohs.

Von einer Welle *c*, s. Fig. 87, geht der Antrieb auf einen zweiarmigen Hebel *d* und von hier mittels einer Kuppelstange *e* auf den Kolben *p*, der im feststehenden Zylinder *h* arbeitet. Mit Kolben *p* ist der Kolben *b* durch eine Stange fest verbunden[2]); *b* spielt in einem zweiten Zylinder *a*, welcher im ersten Zylinder geführt und als Bär ausgebildet ist. Damit sich Zylinder *a* nicht drehen kann, ist er durch Nut und Feder in *h* gesichert. In dem Raum *i* zwischen Kolben *p* und dem Deckel des Zylinders *a* ist ein Ventil *k* eingebaut. Wird dasselbe geöffnet, so steht der Raum mit der Außenluft in Verbindung. In diesem Falle entspricht der Hammer jenem von Sholl, s. S. 53, da Kolben *p* jetzt nur zur Geradführung dient. Wird

---

[1]) Engeneering 1900, 290 und Dinglers polytechn. Journ. 1907, 292.

[2]) Da dieser Hammer zwei Kolben besitzt, scheint es, als ob er nach der auf S. 53 gegebenen Begriffserklärung nicht unter die Federhämmer zu rechnen wäre; da die beiden Kolben jedoch starr verbunden sind und der Hammer auch sonst das Wesen eines Luftfederhammers besitzt, kann er wohl mit vollem Rechte in diese Gruppe gewiesen werden.

Ventil *k* geschlossen, kommt auch der erwähnte Raum für die Pufferwirkung in Betracht und kann durch Stellen des Ventiles *k* die Schlagstärke geregelt werden.

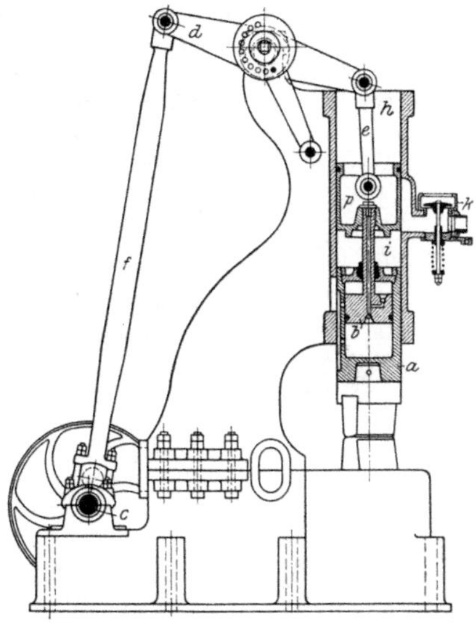

Fig. 87. Luftfederhammer von Bêché & Grohs.

b) Luftdruckhämmer.

Bei den Luftdruckhämmern wirken, ebenso wie bei den Luftfederhämmern, Luftverdünnungen und Luftverdichtungen, welche das Heben und Niederwerfen des Bärs besorgen, auf einen Kolben, der in einem Zylinder spielt. Der Kolben heißt hier Bärkolben und bildet einen Teil des Fallgewichtes. Die nötigen Druckunterschiede werden durch die Tätigkeit eines besonderen Kolbens, der den Namen Luftkolben führt, hervorgerufen.

Der Luftkolben kann mit dem Bärkolben in einem gemeinsamen Zylinder untergebracht sein, oder kann jeder Kolben seinen eigenen Zylinder besitzen. Darnach unterscheidet man Lufthämmer mit einem Zylinder und Luftdruckhämmer mit zwei Zylindern (getrennter Luft- und Bärzylinder).

α) Luftdruckhämmer mit einem Zylinder.

Der erste Hammer dieser Art dürfte von Walton in Smethwick, 1865, stammen[1]). Der Zylinder ist unten durch eine Stopfbüchse, die der Kolbenstange den Durchtritt gewährt, abgedichtet und besitzt oben eine schüsselartige Erweiterung, die durch eine starke nach oben gekrümmte Kautschukmembrane abgeschlossen ist. Die Membrane wird durch Kurbeltrieb abwechselnd hochgezogen und nach innen gedrückt, wodurch Luftverdünnungen und -verdichtungen entstehen, welche den Kolben und hierdurch den an diesem hängenden Bär heben und niederwerfen.

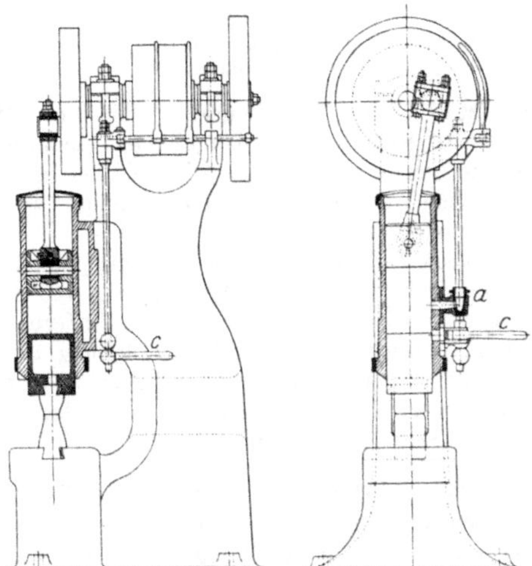

Fig. 88 u. 89. Luftdruckhammer von Breuer, Schumacher & Co.

Der Hammer von Arns in Remscheid, 1884[2]), ist bereits in hohem Grade vervollkommnet.

[1]) Armengauds Genie industriel 1865, 139 und Dinglers polytechn. Journ. 1865, 176.

[2]) Zeitschr. d. Ver. deutsch. Ing. 1885, 810.

Seine Erzeugung wurde von der auf dem Gebiete der Schmiedemaschinen seit langem rühmlich bekannten Kalker Werkzeugmaschinenfabrik Breuer, Schumacher & Co., Köln-Kalk, aufgenommen und wird heute noch ausgeführt. Der Antrieb, s. Fig. 88 u. 89, erfolgt von oben durch einen Kurbeltrieb. Derselbe wirkt auf einen Kolben, der in einem am Ständer befestigten Zylinder spielt. Im selben Zylinder befindet sich ein Kolben, der als Bär ausgebildet ist. Der Zylinder ist oben bloß durch einen Staubdeckel abgeschlossen. Der Luftraum zwischen den beiden Kolben kann durch einen Hahn *a* geregelt werden, man hat es also in der Hand, die Luft teilweise dort austreten zu lassen oder nicht. Wird der Hahn ganz geöffnet, so ist der Bär trotz umlaufenden Kurbeltriebes stillgesetzt. Der Handhebel *c* betätigt den Riemenausrücker. Fig. 90 bis 92 stellen den Regulierhahn in den Einzelheiten dar. *a* ist der Hahn, *c* der Handhebel; dieser besitzt bei *f* einen Einsatz, der ein Bremsklötzchen *g*, das durch eine Öffnung des Zylinders ragt, an den Bär anzudrücken vermag. *d* ist ein Anschlaghebel, der auf der Hahnspindel sitzt und sich gegen eine Schraube am Ständer legt, um ein vollkommenes Schließen des Hahnes zu verhindern, damit der Bär nicht am Luftkolben festgesaugt werde. Der Bremsklotz kommt in Tätigkeit, wenn nicht geschmiedet wird. Wird nämlich von der Schmiedestellung auf Ruhestellung übergegangen, bremst das Klötzchen den Bär und fängt ihn in gehobener Stellung ab. Dieses Schwebendhalten ist allerdings nicht so verläßlich wie bei anderen Lufthämmern, wo es durch eine entsprechende Luftsteuerung erreicht wird.

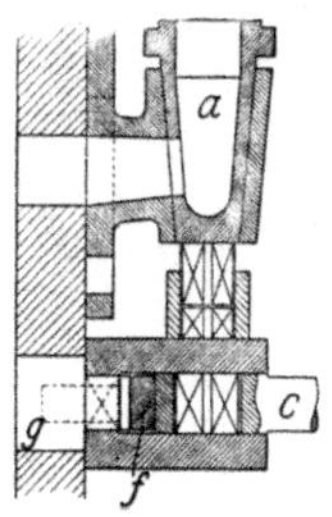

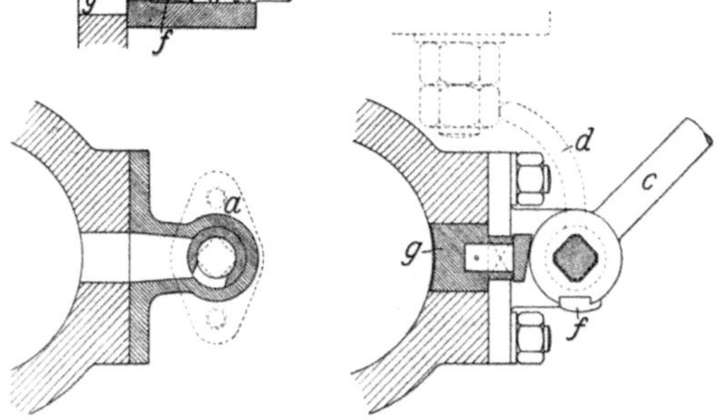

Fig. 90 bis 92. Regulierhahn zum Hammer von Breuer, Schumacher & Co.

Nach Angabe der Firma, welche auf Messungen beruhen, wird der Bär bei diesem Hammer mit einer Luftpressung von 4 bis 5 at heruntergeschlagen. Ähnlich arbeitete ein Hammer, der von Bêché & Grohs früher gebaut wurde und der unter anderem auf der Düsseldorfer Ausstellung 1902 zu sehen war[1]). Der Zylinder war dort unten geschlossen, der Bär besaß einen vollkommen ausgebildeten Kolben; es wurde nicht der Raum zwischen den beiden Kolben, sondern jener unter dem Bärkolben durch einen Hahn reguliert.

Luftdruckhämmer der Aerzener Maschinenfabrik in Aerzen-Hameln.

Wegen der hohen Geschwindigkeit, mit welcher der Bär bei den früher besprochenen Hämmern herabgeschleudert wird, entsteht im letzten Teile des Abwärtsganges zwischen den beiden Kolben eine Saugwirkung, welche die Wirkung des Schlages beeinträchtigt.

Beim Hammer der Aerzener Maschinenfabrik (s. Fig. 93) wird daher der Raum *p* zwischen Luftkolben *m* und Bärkolben *n* durch einen Drehschieber *e* derart selbsttätig gesteuert, daß dieser Raum für das Anhebeu geschlossen ist, für den Abwärtsgang aber mit der Außenluft in Verbindung gebracht wird. Der Schieber *e* besitzt einen Schlitz *a*, der im Schnitt *xy* zu sehen ist, und der einmal bei jeder

[1]) Zeitschr. d. Ver. deutsch. Ing. 1902, 1387.

Umdrehung der Antriebswelle den Innenraum des Schiebers e vermittels der Öffnung k mit dem Zylinderraum p verbindet. In dem Schieber ist nun ein Saugventil v eingebaut, das einen Unterdruck im Raume p während das Schlages verhindert. Der Antrieb des Drehschiebers erfolgt von einer Gegenkurbel mittels der Kegelräder r_1 und r, sowie der Spindel w.

Die Regelung des Hammers erfolgt durch einen Hahn (in der Figur nicht ersichtlich), der an dem Raum unter den Bärkolben angeschlossen ist und den Austritt der Luft aus diesem Raume in geringerem oder höherem Maße gestattet, wodurch die Fallgeschwindigkeit des Bärs mehr oder weniger verzögert wird. Einer Luftverdünnung des Raumes beim Aufwärtsgang des Bärs ist durch ein in den unteren Zylinderdeckel eingebautes Saugventil vorgebeugt.

Ein Schwebendhalten des Bärs ist dadurch ermöglicht, daß der Regulierhahn vollkommen geschlossen wird. Die Luft kann dann wohl beim Aufwärtsgang des Luftkolbens unter den Bärkolben durch das Saugventil eintreten, nicht aber beim Abwärtsgang austreten.

Die bisher besprochenen Luftdruckhämmer haben alle den Zylinder oben offen oder nur durch einen Staubdeckel geschlossen. Der Luftkolben befindet sich über dem Bärkolben und wirkt daher unmittelbar auf die obere Seite des Bärkolbens ein; das Heben geschieht also durch Saugwirkung, der Schlag durch Druckwirkung.

Bei den jetzt folgenden Hämmern ist es umgekehrt. Der Zylinder ist unten offen, der Luftkolben ist unter dem Bärkolben und reicht die Stange des letzteren durch eine Bohrung im Luftkolben durch, die Wirkung erfolgt unmittelbar auf die untere Seite des Bärkolbens; das Heben erfolgt durch Druck, der Schlag durch Saug- und Druckwirkung gemeinsam.

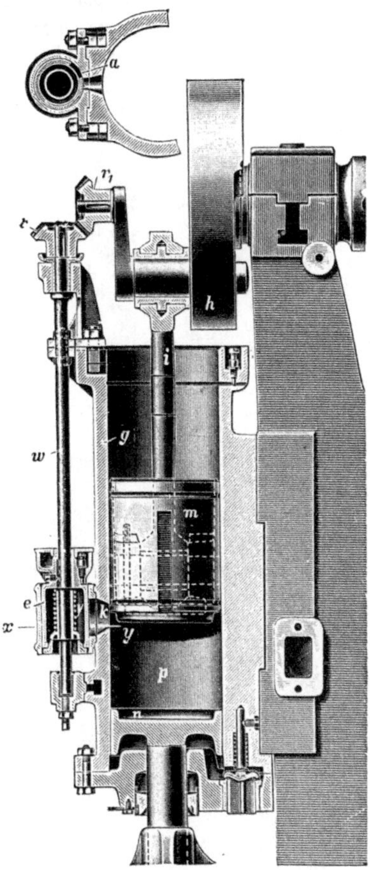

Fig. 93. Luftdruckhammer der Aerzener Maschinenfabrik.

Ein solcher Hammer wird in Deutschland von den Mammutwerken, Werkzeugmaschinenfabrik Berner & Co., in Nürnberg unter dem Namen „Mammut"-Luftdruckhammer und in Österreich von der Maschinenfabrik Richard Herz in Wien XVI unter dem Namen Herz-Hammer gebaut.

Mammut- (Herz-) Hammer.

Fig. 94 bis 99 zeigen den Hammer in der Gesamtansicht und in Schnitten durch die Steuerung. Der dargestellte Hammer hat unmittelbaren Antrieb von einem Elektromotor, den er am Rücken trägt. Mittels Stirnrädern geht der Antrieb auf eine gekröpfte Welle a und von hier mittels einer Zugstange auf einen einarmigen Hebel f, der in g seinen Drehpunkt hat. Hierdurch bewegt sich das andere Ende des Hebels auf und ab und zwar nicht in einem Bogen, sondern gerade, da im Drehzapfen *g* eine Büchse sitzt, in welcher der Hebel *f* um die Pfeilhöhe seines Ausschlagbogens gleitet. Der Hebel, welcher bei *h* gegabelt ist, faßt hier den Luftkolben *i* an einer hohlen Kolbenstange, welche der Stange des Bärkolbens *k* den Durchtritt gewährt. Der Bär *l* ist am Hammerständer geführt. Am Zylinder *m*, in welchem die beiden Kolben *i* und *k* spielen, ist das Gehäuse *n* für einen Kolbenschieber *p* angeschraubt, der die Regulierung besorgt; er wird

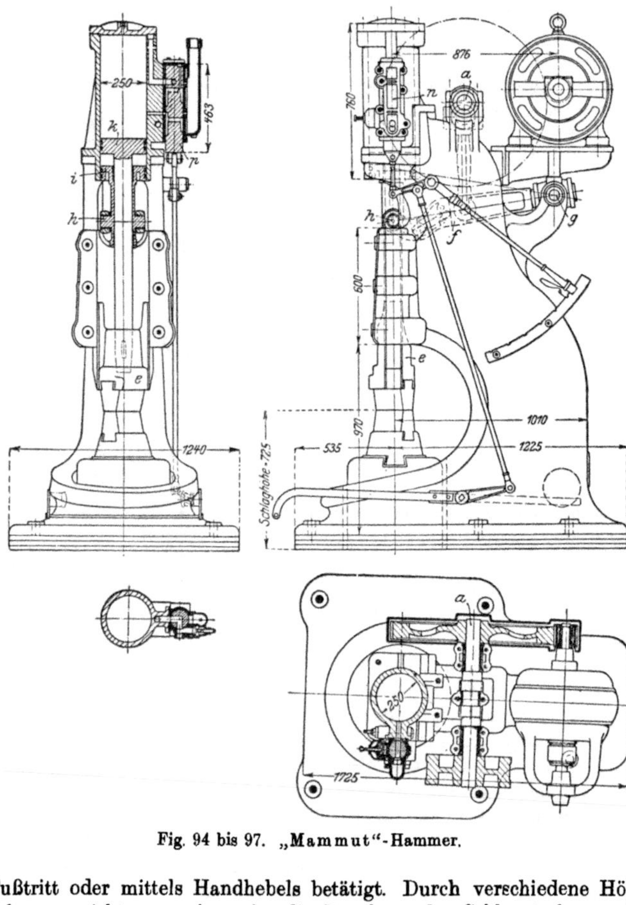

Fig. 94 bis 97. „Mammut“-Hammer.

durch Fußtritt oder mittels Handhebels betätigt. Durch verschiedene Höhenlagen des Schiebers erreicht man einerseits die Regelung der Schlagstärke, andererseits ein Schwebendhalten des Bärs.

Ein am Fußtritt angebrachtes Gegengewicht trachtet den Schieber in seiner tiefsten Stellung zu halten, die in Fig. 98 dargestellt ist. Bewegt sich nun der Luftkolben *i* etwa aus seiner obersten Stellung nach abwärts, so wird der Raum zwischen den beiden Kolben vergrößert und Luft tritt durch das Saugventil *r* und die Kanäle *s* und *t* ein. Bewegt sich dann der Luftkolben nach aufwärts, so wird die eingeschlossene Luft zusammengedrückt, da sie nur in beschränktem Maße durch *u* und *v* bei *w* entweichen kann; dadurch wird der Bärkolben *k* nach aufwärts geworfen und auf der oberen Seite des Kolbens die Luft durch Kanal x und Druckventil y ausgetrieben. Nach dem ersten Spiel wird der Bärkolben dem abwärts gehenden Luftkolben noch nachfallen und der Bär auf den Amboß aufschlagen, bei den folgenden Spielen wird jedoch die Luftverdünnung über dem Kolben k derart groß sein — das Druckventil gestattet als solches nur den Austritt der Luft und nicht den Eintritt —, daß der Bär in gehobener Stellung schwebend bleiben wird und nur ganz leicht auf und ab schwingt. Will man nun zum Schmieden übergehen, so hat man den Schieber nach aufwärts zu bewegen und zwar so hoch, daß die Kanäle u, v, w auf der Unterseite des Bärkolbens und x, l, o auf der Oberseite miteinander übereinstimmen. Die Luft verfolgt nunmehr diese Wege, da sie es natürlich vorzieht, die geöffneten Kanäle zu treten, statt erst die Federspannungen des Saugventils r auf der Unterseite und des Druckventils y auf der Oberseite zu überwinden. Die Kanäle v und l haben dreieckige Öffnungen, so daß bei höherer Schieberstellung ein kleinerer Querschnitt durch w und o freigegeben wird als bei tieferer. Es werden daher in dem ersteren Falle die Lufträume über und unter dem Kolben in geringerem Maße mit der Außenluft in Verbindung treten können als im zweiten Falle, der Bärkolben wird also, kurz ausgedrückt, den Bewegungen des Luftkolbens rascher folgen und daher einen kräftigeren Schlag geben. Um beim Schmieden, während der Bär fällt, keine Luftverdünnung über dem Bärkolben zu erhalten, wodurch der Schlag geschwächt werden würde, ist oben am Schieber ein in den Kanal l mündendes Saugventil angebracht, das hierbei Luft ansaugt. Während also beim Schwebendhalten die Ventile r und y arbeiten, kommen sie beim Schmieden zur Ruhe, wogegen nunmehr das erwähnte Saugventil in Tätigkeit gesetzt wird.

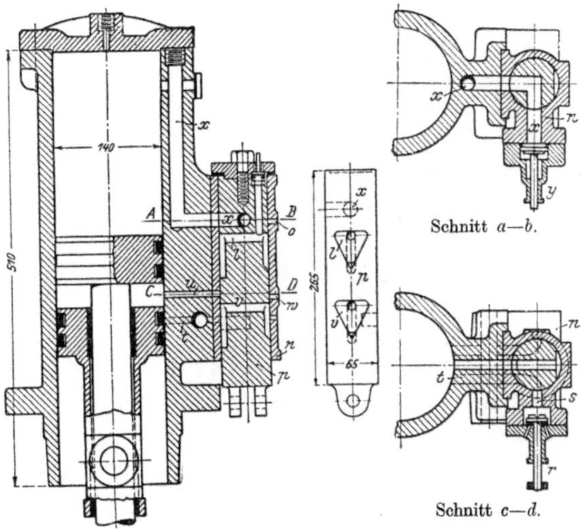

Fig. 98 u. 99. Zylinder zum „Mammut"-Hammer.

Da die austretende Luft bei diesem Hammer ein stark zischendes Geräusch verursacht, werden auf Verlangen Auspuffgehäuse geliefert, s. Fig. 94, welche den Lärm dämpfen.

β) Luftdruckhämmer mit zwei Zylindern.

Die Luftdruckhämmer mit zwei Zylindern sind sämtlich neuere Konstruktionen. Sie werden einfachwirkend und doppeltwirkend gebaut.

1. Einfachwirkende Luftdruckhämmer mit zwei Zylindern.

Der Yeakley-Hammer wird in Deutschland von der Billeter & Klunz A. G. in Aschersleben gebaut, in der Tschechoslowakei von der Maschinenbau A. G. vorm. Breitfeld, Daněk & Co. in Prag-Karolinental.

Fig. 100 zeigt die Vorderansicht eines Hammers mittlerer Größe, der Antrieb, sowie die Einzelheiten der Ausführung sind aus der Schnittzeichnung

Fig. 101 ersichtlich. Der Antrieb erfolgt mittels Voll- und Leerscheibe von der Transmission auf die Welle *a* oder von einem am Rücken des Hammers sitzenden Motor mittels Riemen auf eine unten am Hammer befindliche Scheibe und von

Fig. 100. Yeakley-Luftdruckhammer.

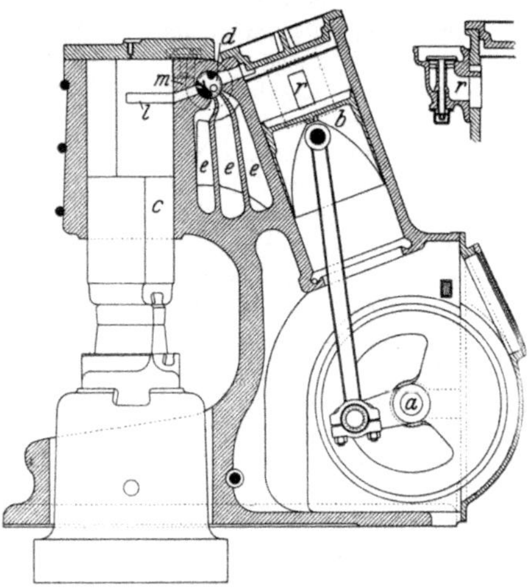

Fig. 101. Schnitt durch den Yeakley-Hammer.

hier durch innerhalb der Verschalung liegende Stirnräder gleichfalls auf die Welle *a*. Von hier wird durch einen Kurbeltrieb der lange Luftpumpenkolben *b* angetrieben. Die über dem Kolben abwechselnd entstehenden Unterdrücke und Pressungen werden über den in einem eigenen Zylinder arbeitenden Bärkolben *c* geleitet und besorgen hier das Heben und Niederschlagen des Fallgewichtes. In den Luftweg ist ein Rundschieber *d* eingebaut, der die Regelung besorgt.

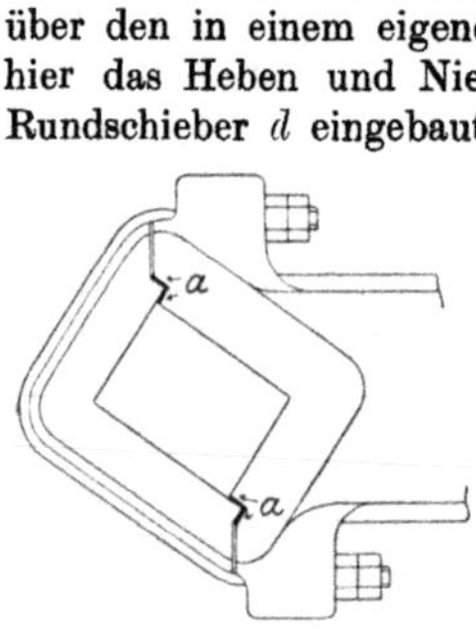

Fig. 102. Die Nachstellung beim Zylinder des Yeakley-Hammers.

Der Bärkolben stellt hier tatsächlich Bär und Kolben in einem dar, wodurch eine gedrungene und standfeste Bauart des Hammers ermöglicht wird. Er ist rechteckig ausgebildet, wodurch einerseits ein Verdrehen im Zylinder verhindert wird, anderseits die Möglichkeit für eine eigenartige Nachstellung gegeben ist, welche ein andauerndes Dichthalten ermöglicht. Der Zylinder besitzt eine abnehmbare Hälfte, welche mittels warm angepaßter Schrauben festgehalten wird. Zwischen die beiden Hälften werden bei *a* (s. Fig. 102) mehrere 0,1 mm starke Blechstreifen eingelegt; ist der Kolben nun ausgelaufen, nimmt man einen oder mehrere Streifen heraus.

In den Arbeitspausen steht der Schieber in der aus Fig. 101 ersichtlichen Lage. Er ist mit einer Lederklappe versehen, welche die Luft wohl aus dem Bärzylinder in den Luftzylinder treten läßt, aber nicht umgekehrt. Es wird also bei gezeichneter Schieberstellung durch die Bewegungen des Luftzylinders die Luft über dem Bär ausgepumpt und in die offen stehenden Windkammern *e* gepreßt. Der Bär steigt an, verschwindet im Inneren des Zylinders und bleibt, den Kanal *l* überdeckend, oben hängen. Nunmehr arbeitet der Luftzylinder lediglich mit dem Inhalt der Windkammern, den er beim Abwärtsgang ansaugt und beim Aufwärtsgang zurückdrückt.

Soll nunmehr zum Schmieden übergegangen werden, so wird der Steuerschieber dem Uhrzeigersinn entgegen verdreht, so daß er den Kanal *l* vollkommen freigibt, die Windkammern jedoch eine nach der anderen verschließt. Dadurch wird die Verdünnung und Verdichtung der Luft, welche der Luftkolben hervorruft, unmittelbar über den Bär geleitet und ein Heben und Schlagen desselben verursacht. In dem Maße, als die Windkammern *e* durch den überdeckenden Schieber ausgeschaltet werden, verstärkt sich der Schlag. Die Regelung erfolgt also durch Veränderung der Größe der Lufträume. Um ein Anschlagen des Bärs am Zylinderdeckel zu verhindern, wird beim Aufwärtsgange über dem Bär ein Luftkissen geschaffen, indem der Kanal *l* ein Stück unter dem Zylinderdeckel mündet. Wird der Kanal durch den ansteigenden Bär überlaufen, dient der Zweigkanal *m*, s. Fig. 103 u. 104[1]), der durch eine lederne Druckklappe verschlossen ist, für den Durchgang der Druckluft.

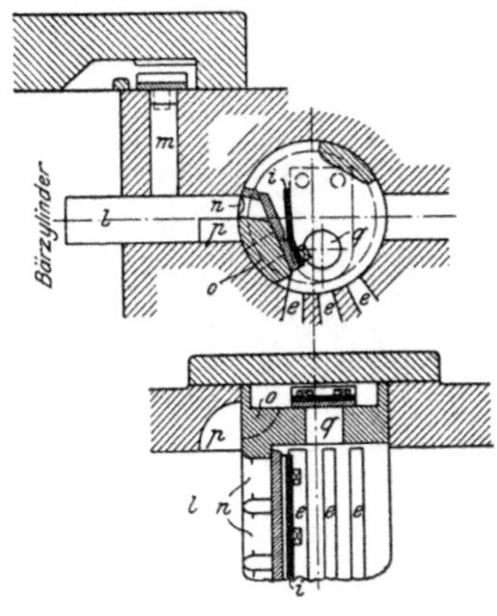

Fig. 103 u. 104. Einzelheiten der Steuerung des Yeakley-Hammers.

Wie bei den meisten Lufthämmern mit zwei Zylindern, ist es beim Yeakleyhammer gleichfalls möglich, das Werkstück im Betriebe auf dem Amboß unter dem Drucke des niedergepreßten Bärs festzuhalten, was für Biegearbeiten sehr erwünscht ist. Hierzu ist es notwendig, die Saugwirkung über dem Bärkolben aufzuheben und andauernd Druck wirken zu lassen. Dies geschieht hier dadurch, daß der Steuerschieber im Sinne des Uhrzeigers so weit gedreht wird, bis die Öffnungen *n* über die obere Kante des Kanals *l* zu stehen kommen, wodurch eine Saugwirkung unmöglich wird. (Ermöglicht wird diese Verstellung dadurch, daß der Hebel gelöst wird, gegen welchen sich der Fußtritt stützt.) Bei dieser Schieberstellung ist die gestrichelte Aussparung *o* des Schiebers mit der Aussparung *p* des Kanals *l* in Verbindung, so daß durch Vermittlung der Öffnung *q*, welche durch eine Druckklappe verschlossen ist, die gepreßte Luft beim Druckhub des Luftkolbens über den Bärkolben geleitet wird.

Die Betätigung des Steuerschiebers erfolgt durch einen Fußtritt oder mittels Handhebels.

Um dem Hammer stets frische kühle Luft zuzuführen, ist in der Mitte des Luftpumpenzylinders (in der Abbildung nicht sichtbar) eine Öffnung angebracht, durch die sich der abwärtsgehende Kolben frische Luft ansaugt. Um die im Inneren arbeitende Luftmenge zu regeln und nicht zu hohe Drücke (bedeutend mehr als 2 at) zu erhalten, ist ein Luftausstoßventil mit Lederklappe bei *r* angebracht[2]), das der überschüssigen Luft beim Aufwärtsgange des Luftkolbens den Austritt gewährt und sich durch eine Feder beim Abwärtsgange selbsttätig schließt. Die Höhenlage des bezüglichen Ventilgehäuses ist stellbar. Ist der Bärkolben ein wenig undicht geworden, so ist es noch nicht nötig, ihn nachzustellen, sondern es genügt, durch Tieferstellen des Ventilkastens ein früheres Überdecken der Luftaustrittsöffnung zu veranlassen, wodurch eine größere Luftmenge in den Bärzylinder eintritt und der durch Undichtigkeit hervorgerufene Luftverlust ausgeglichen wird.

[1]) Eine geringe konstruktive Verschiedenheit dieser Figuren gegenüber Fig. 101 erklärt sich daraus, daß die Figuren nicht von der gleichen Hammertype stammen.

[2]) s. Fig. 101.

Der **Luftdruckhammer** von **Breuer, Schumacher & Co.** in Kalk bei Köln unterscheidet sich in seinem Wesen kaum vom Yeakleyhammer. Auch hier besteht die Steuerung hauptsächlich aus einem Rundschieber, einer Saug- und einer Druckklappe. Beide Klappen sind hier außerhalb des Schiebers in den Luftkanälen angeordnet, wodurch eine andere Form des Schiebers bedingt ist.

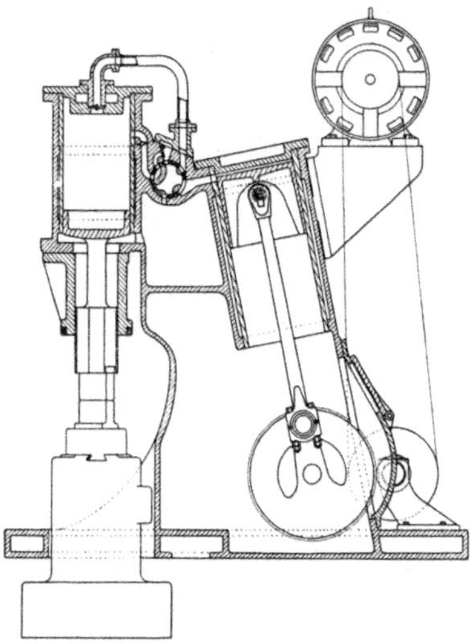

Fig. 105. Luftdruckhammer von Breuer, Schumacher & Co.

In Fig. 105 ist ein Schnitt durch den Hammer dargestellt; die Figuren 106 bis 108 zeigen die Schieberstellungen für die verschiedenen Arbeitsmöglichkeiten.

Vollkommen eigenartig ist bei diesem Hammer das Schwebendhalten gelöst, für welches die Schieberstellung in Fig. 108 dargestellt ist. Diese Stellung gilt jedoch nur für die Abwärtsbewegung des Luftkolbens, also für den Saughub. Hierbei ist der Kanal, der mit der Außenluft in Verbindung steht, gerade nur so weit geöffnet, daß kein überflüssig hoher Unterdruck entsteht, denn für das Hochhalten genügt bereits ein Unterdruck von 0,8 at. Es wird dadurch der Kraftverbrauch für das Hochhalten auf ein Mindestmaß herabgedrückt. Beim Aufwärtsgange des Luftkolbens, also beim Druckhub, soll die vorher angesaugte Luft möglichst droßlungsfrei durch Kanal *f* austreten. Daher wird **selbsttätig** der Schieber für jeden Druckhub ein wenig im Sinne des Uhr-

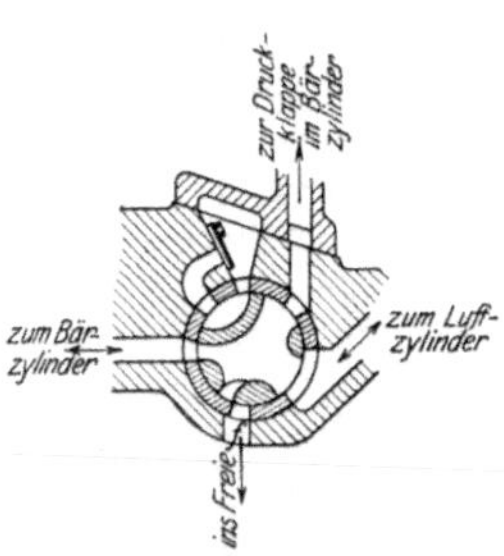

Fig. 106. Schieberstellung während der Schmiedearbeit.

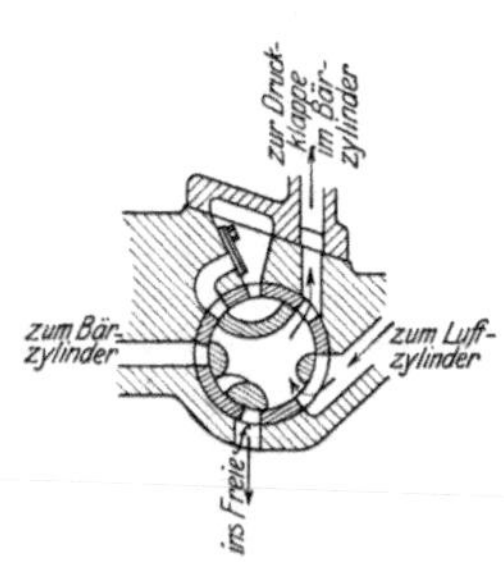

Fig. 107. Schieberstellung für das Niederpressen des Bärs.

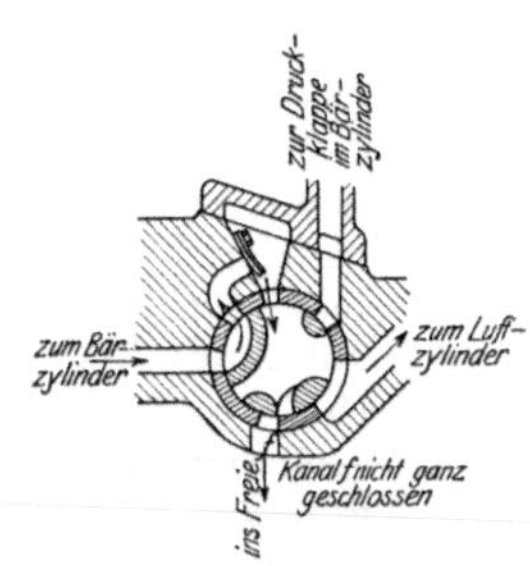

Fig. 108. Schieberstellung für das Schwebendhalten des Bärs.

zeigers verdreht, um Kanal *f* weiter zu öffnen. Die hierfür notwendige Bewegung wird mittels eines mit einer Rolle versehenen einarmigen Hebels, sowie einer zum Schieber führenden Zugstange abgeleitet.

Für das Niederpressen eines Werkstückes wird ein Hahn am Luftpumpenzylinder geöffnet, der Luft eintreten läßt, die dann über den Bärkolben gepreßt wird.

2. Doppelt wirkende Luftdruckhämmer mit zwei Zylindern.

Der Luftdruckhammer von B. & S. **Massey** in Openshaw bei Manchester hat den Luftzylinder in gleicher Weise geneigt angebracht wie der **Yeakley**-Hammer,

s. S. 63, und ähnelt ihm auch sonst im äußeren Aufbau und Antrieb, er ist jedoch im Gegensatze zu diesem doppeltwirkend gebaut, d. h. der Luftpumpenkolben arbeitet beiderseitig und führt auch die Luft auf beide Seiten des Bärkolbens, der deshalb hier, sowie bei den folgenden Luftdruckhämmern, als gewöhnlicher Kolben ausgeführt ist, an den sich erst vermittels einer Stange der Bär anschließt. Dadurch wird bei diesen Hämmern eine höhere Bauart bedingt.

Die Regelung bzw. Luftsteuerung erfolgt ebenso wie beim Yeakley-Hammer durch einen Rundschieber, der in seinen verschiedenen Stellungen Schmieden mit abänderbarer Schlagstärke, Hochhalten und Niederdrücken des Bärs ermöglicht, jedoch auch als vierte Möglichkeit gestattet, den Bär am Amboß ruhen zu lassen, während der Luftkolben sich weiter bewegt.

Die vier Kerben (Rasten) im Führungsbogen des Handhebels entsprechen in

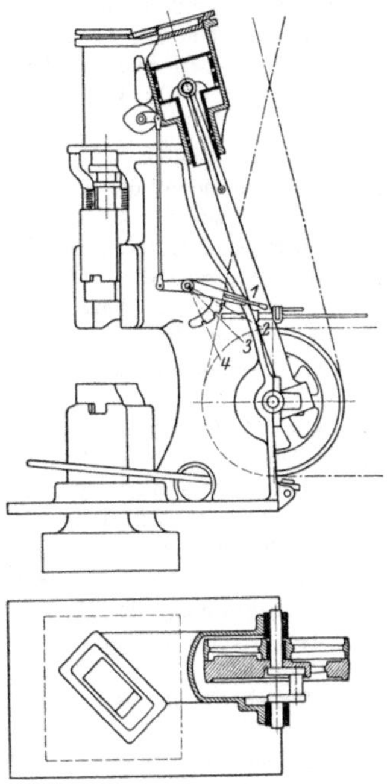

Fig. 109 u. 110. Luftdruckhammer von Massey.

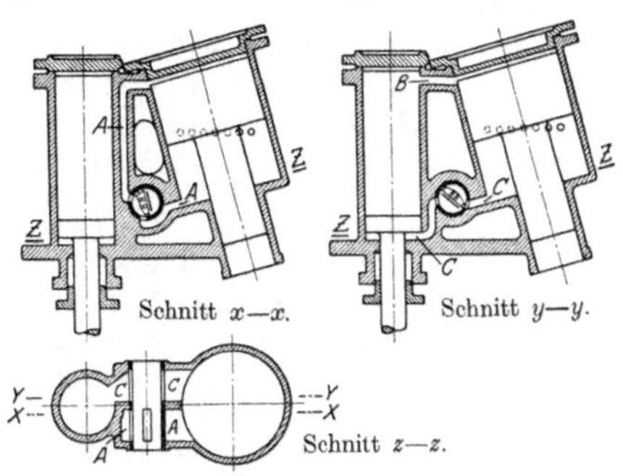

Fig. 111 bis 113. Schnitte durch den Zylinder des Massey-Hammers.

Stellung 1 dem Hochhalten des Bärs,
Stellung 2 der Ruhe des Bärs,
Stellung 3 dem stärksten Schlag,
Stellung 4 dem Niederpressen des Bärs.

Der Hammer ist in seiner Gesamtansicht in Fig. 109/110 dargestellt und zeigen die Fig. 111 bis 113 Schnitte durch den Zylinder.

Der Schieber (s. Fig. 114) teilt sich in seiner Längenausdehnung in zwei Kammern, die durch einen eingepaßten Bund voneinander getrennt sind. Die Kammern besitzen, gegeneinander versetzt, je ein Ventil, das von einer federnden Stahlplatte gebildet ist und durch eine leichte Spiralfeder auf den Sitz niedergedrückt wird. Der Zweiteilung des Schiebers entspricht eine solche des Schiebergehäuses bezüglich der Kanalführung. Durch die eine Hälfte (s. Fig. 111) ist eine Verbindung zwischen den beiden Kolbenseiten des Luftzylinders ermöglicht, durch die andere (s. Fig. 113) eine Verbindung der beiden Kolbenseiten des Luftzylinders mit den bezüglichen Seiten des Bärzylinders; die Ober-

Fig. 114. Schieber des Massey-Hammers.

seiten sind ständig in Verbindung, die Unterseiten können durch den Schieber getrennt werden.

In Stellung 1 (s. Fig. 109) arbeiten beide Ventile; das in den Verbindungskanal *A* eingebaute, ermöglicht beim Aufwärtsgange des Luftkolbens den Übertritt der Luft von der oberen auf die untere Luftzylinderseite, das in den Kanal *C* eingebaute ermöglicht beim Abwärtsgange des Luftkolbens das Eintreten der gepreßten Luft unter den Bärkolben, wodurch ein Schwebendhalten des Bärs eintritt. Um ein zu rasches Ansteigen des Bärs und eine zu hohe Pressung unter dem Bärkolben zu verhindern, wird der Kanal *A* durch den Schieber nicht ganz geschlossen, so daß die überschüssige Luft hier entweichen kann.

Die Stellung 2 ist in Fig. 111 dargestellt; der Verbindungskanal *A* ist geöffnet, es entstehen keine Druckunterschiede, der Bär bleibt in Ruhe auf dem Amboß.

Stellung 3. Geht man von der Ruhestellung 2 langsam auf die Rast 3 über, so wird der Schieber dem Uhrzeigersinne entgegen weitergedreht; dadurch wird der Verbindungskanal *A* immer mehr und mehr geschlossen, so daß ein immer größerer Teil der Luft den Weg durch die Kanäle *B* und *C* in den Bärzylinder nimmt und hier die Überdrücke erzeugt, welche den Bär abwechselnd in die Höhe werfen und niederschlagen. In Stellung 3 ist *A* ganz geschlossen, so daß der stärkste Schlag erfolgt.

Stellung 4 ähnelt der Stellung 1 (Hochhalten), nur ist der Schieber gegenüber dieser Stellung so verdreht, daß sich das in den Verbindungskanal *A* eingebaute Ventil nicht gegen die untere, sondern gegen die obere Seite des Luftzylinders öffnet. Es wird daher hier beim Abwärtsgange des Luftkolbens ein Druckausgleich stattfinden, während beim Aufwärtsgange durch das in den Kanal *C* eingebaute Ventil, das sich nunmehr gegen den Luftzylinder öffnet, die Luft von der unteren Seite des Bärzylinders abgesaugt wird und dadurch eine Anpressung des Bärs auf das Werkstück stattfindet. Das Niederhalten beruht also hier im Gegensatze zum Yeakley-Hammer auf einer Saugwirkung.

Die Luft erneuert sich bei jedem Hube durch Luftlöcher, die in die Wandung des Luftzylinders gebohrt sind.

Die Betätigung des Schiebers erfolgt durch Fußtritt oder Handhebel; dieselben sind voneinander unabhängig. Hört die Betätigung auf, so stellt sich der Schieber selbsttätig in die Lage für das Schwebendhalten.

Zur Sicherung gegen zu hohes Ansteigen des Bärkolbens sind am Ständer Pufferfedern angebracht, die dem zu hoch auffliegenden Bär seine lebendige Kraft nehmen.

Der Luftdruckhammer von Bêché & Grohs, G. m. b. H. in Hückeswagen im Rheinland (s. Fig. 115/116), weicht von den bisher besprochenen Hämmern mit zwei Zylindern in seinem äußeren Aufbau dadurch ab, daß der Luftzylinder nicht geneigt, sondern senkrecht angeordnet ist.

Er wird nicht durch ein Organ gesteuert, sondern durch zwei Rundschieber, von welchen der eine in den Kanal zwischen den oberen, der andere in den Kanal zwischen den unteren Zylinderseiten eingebaut ist.

In seiner Wirkungsweise weist der Hammer viel Selbständiges und Eigenartiges auf. Neu ist hier vor allem die Schaffung eines eigenen Pufferraumes über dem Bärkolben.

Der Luftkolben *d* ist als Differentialkolben ausgebildet; die durch seine Bewegung entstehenden Druckunterschiede werden in die Räume *g* und *e* ober und unter den durch einen Flansch kolbenartig ausgestalteten Bär *a* geleitet und üben hier die bei den vorangegangenen Hämmern besprochenen Wirkungen.

Die zwei in die Luftwege eingebauten Rundschieber *o* und *p*, die durch ein gemeinsames Gestänge betätigt werden, geben die gleichen Arbeitsmöglichkeiten, wie sie etwa beim Yeakley-Hammer besprochen wurden. Der gezeichneten Stellung der Schieber entspricht ein Schwebendhalten des Bärs. Der Raum unter dem Luftkolben steht hierbei mit der Außenluft in Verbindung. Der Raum unter dem Kolben e_1 ist durch Schieber *o* und Kanal *r* mit dem Raume *s* in Verbindung. In *s* mündet der Kanal *t*, der durch ein Druckventil abgeschlossen ist, das durch den Schieber *o* und den Kanal *q* in den Raum *e* unter den Bärkolben führt. Durch diesen Umweg wird erreicht, daß die Luft wohl unter den Bärkolben ge-

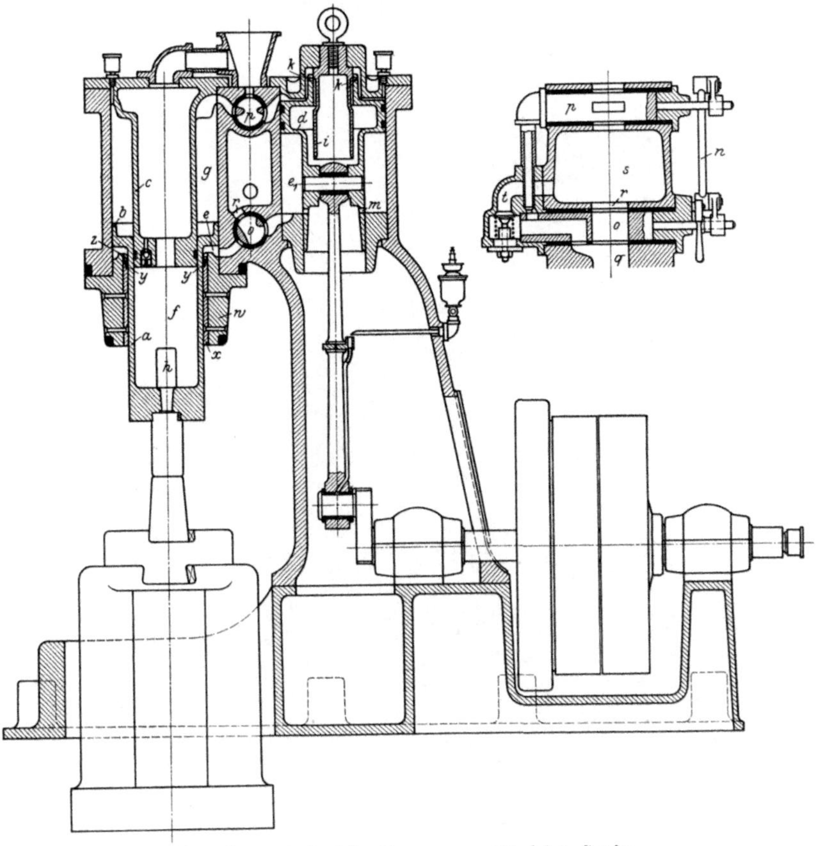

Fig. 115 u. 116. Luftdruckhammer von Bêché & Grohs.

preßt, aber von hier nicht zurückgesaugt werden kann. Durch eine entsprechend reichliche Bemessung des Raumes *s* ist verhindert, daß die Pressung dort zu hoch ansteige, bei jedem Hub findet in der obersten Stellung des Luftkolbens ein Ausgleich mit der Außenluft durch die Löcher *m* statt. In gleicher Weise sorgen die Öffnungen *k* für den Druckausgleich des Raumes *g* in den beiden Totlagen des Luftkolbens. Die Höchstspannung der Luft beträgt daher bloß 1,2 at.

Der Pufferraum über dem Bärkolben entsteht dadurch, daß dieser bei seinem Aufwärtsgange mittels des Zapfens *h* das bezügliche Loch in dem festen Taucherkolben *c* verschließt, so daß der Luftraum *f* durch weiteres Ansteigen des Bärs zusammengedrückt wird und dadurch Spannungen bis zu 6 at. entstehen, welche den Bär kräftig niederschlagen. Diese Spannungen übertragen sich nicht auf die Luftarbeitsräume des Hammers, was als besonderer Vorteil anzusehen ist. Im Taucherkolben *c* ist ein kleines Kugelventil angebracht, das den Zweck hat, die während des Schwebendhaltens des Bärs aus dem Raume *f* verdrängte Luft von oben wieder zu ersetzen, wenn zum Schmieden übergegangen werden soll.

Der zylindrische Bär ist in seinem unteren Teile vierkantig abgeflacht; der untere Zylinderdeckel *w*, der als Führungsbüche ausgebildet ist, trägt vier Bei-

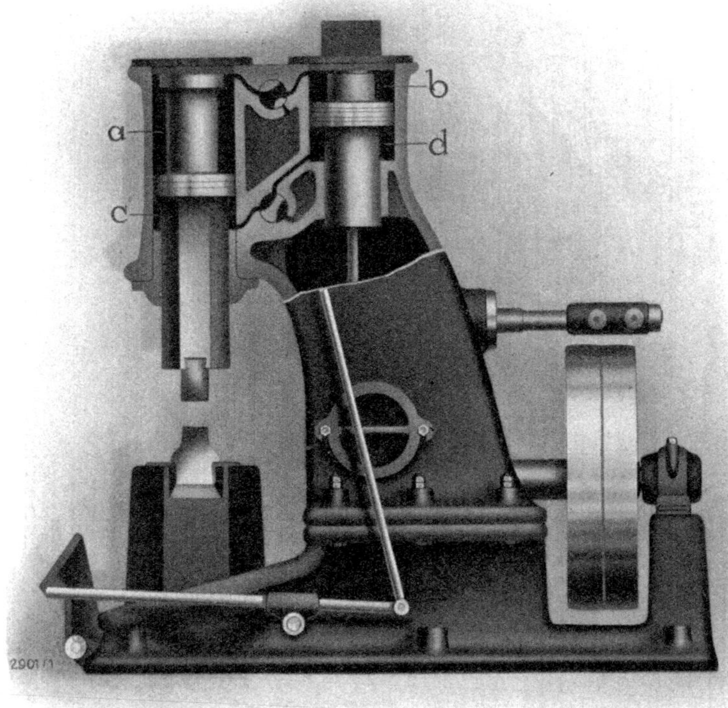

Fig. 117. Luftdruckhammer von Hartmann.

lagen *x*, die durch Hinterlegen von Blechstreifen nachgestellt werden können. Die Abdichtung des Kolbens erfolgt durch einen Lederriemen *y*, der von der gespannten Luft des Raumes *e* durch Vermittlung der Löcher *z* angedrückt wird.

Bezüglich des von der Firma gerühmten „klebenden“ Schlages, der auch von Hädicke anerkannt wird[1]), s. S. 57.

Der Luftdruckhammer der Sächsischen Maschinenfabrik vorm. Hartmann A.-G. in Chemnitz, der in Fig. 117 dargestellt ist, ähnelt dem Bêché-Luftdruckhammer. Der Bärkolben ist auch hier hohl. Das Schwebendhalten wird im Gegensatze zu Bêché durch Unterdruck im Raume *a* besorgt, wobei der untere Schieber die

[1]) Stahl und Eisen 1908, 847.

Außenluft in den Raum c treten läßt. Der obere Schieber ist bei Hartmann der Hauptteil der Steuerung. Er ist durch ein Plattenventil in zwei Räume getrennt, das durch eigenartige Anordnung der Steuerschlitze beim Hochhalten als Saugventil, beim Niederpressen als Druckventil wirkt. Beim Niederpressen kann die Außenluft durch das untere Steuerventil, ebenso wie beim Schwebendhalten, in den Raum c eintreten. Setzschläge (s. Maffei-Hammer) werden durch Zuschaltung von inneren Räumen ermöglicht.

Der Luftdruckhammer von J. A. Maffei in München (s. Fig. 118) besitzt, wie der vorstehend beschriebene Hammer, zwei Zylinder mit senkrechten Achsen.

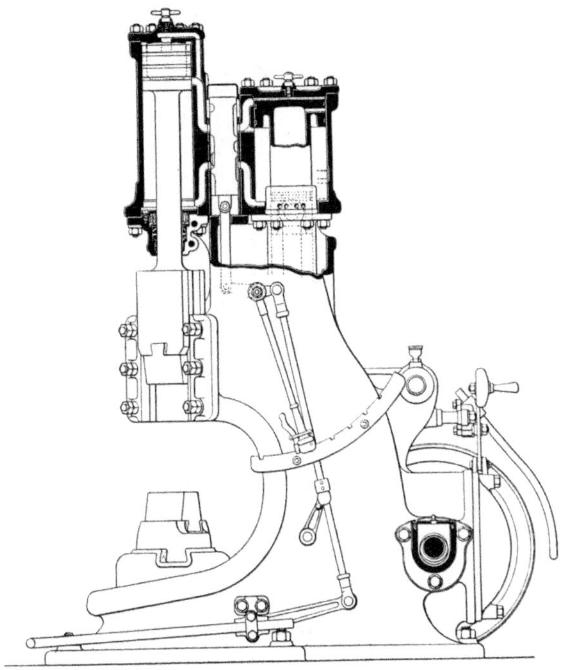

Fig. 118. Luftdruckhammer von Maffei.

Die Regelung bzw. Steuerung wird hier durch einen Kolbenschieber besorgt, der in seinen verschiedenen Stellungen verschieden starke Schläge, Schwebendhalten und Niederpressen des Bärs ermöglicht. Eine besondere Eigentümlichkeit sind bei diesem Hammer die sogenannten Setzschläge, bei welchen der Bär mit voller Wucht auf das Werkstück auftrifft und hierauf auf diesem niedergepreßt bleibt, bis durch Umstellen des Steuerschiebers ein neuer Schlag eingeleitet wird. Erreicht wird dies dadurch, daß vorerst der Bär in seiner obersten Stellung hochgehalten wird, wobei die über dem Bärkolben befindliche Luft durch ein Rückschlagventil in einen Behälter tritt. Durch entsprechende Umsteuerung fließt die auf 4 at. gespannte Luft hierauf über den Bärkolben und wirft ihn nieder, wobei die unter dem Kolben befindliche Luft entweicht. Der Bär wird jetzt unter Pressung am Werkstück niedergehalten.

γ) Lufthammer mit bewegtem Steuerschieber.

In durchaus eigenartiger Weise arbeitet der Luftdruckhammer von Graham in London[1]), der in Fig. 119 bis 123 dargestellt ist.

Er besitzt eine vollkommen selbständig arbeitende Luftpumpe, die einfachwirkend ist und die entsprechende Druckunterschiede über dem Bärkolben erzeugt. Der Hammer ähnelt einem selbsttätig gesteuerten Dampfhammer dadurch, daß es auch hier einen Steuerschieber gibt, dessen Bewegung vom Bär abgeleitet wird.

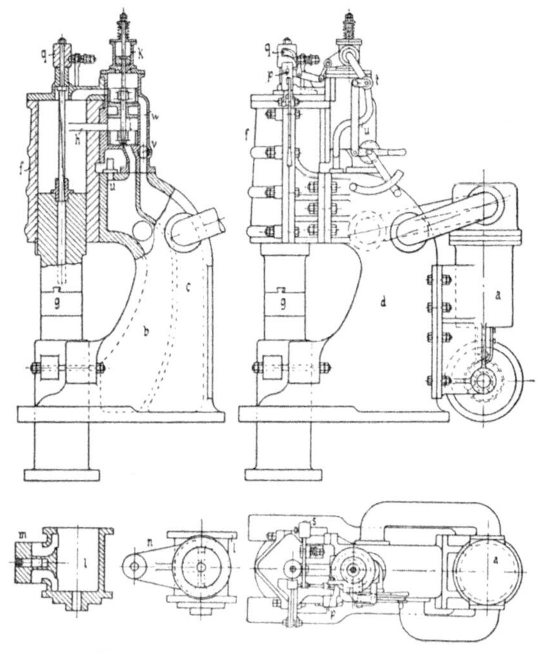

Fig. 119 bis 123. Lufthammer von Graham.

In dem hohlen Ständer sind zwei Behälter geschaffen; die Pumpe saugt aus *b* und drückt in *c*. Diese Räume werden durch den Kolbenschieber *i* abwechselnd mit dem Raume über dem Bärkolben verbunden.

Als Medium für die Hilfssteuerung dient Saugluft aus dem Raume *b*, welche durch den Hahn *m* über den Hilfskolben *k* geleitet wird und den Steuerschieber hebt. Die Bewegung des Hahnes erfolgt durch Drehung einer Kurvenscheibe *q* mittels eines Gestänges. Die Drehung der Kurvenscheibe wird dadurch besorgt, daß dieselbe auf einer Spindel *h* festsitzt, welche eine schraubenförmige Nut trägt, deren Mutter am Bärkolben befestigt ist. Die Hähne *t* und *v* im Saug- bzw. Druckrohr dienen zur Regelung.

Dieser Hammer stellt bereits einen Übergang zu den Drucklufthämmern dar, die auf S. 136 behandelt werden.

---

[1]) Dinglers polytechn. Journ. 1907, 312; in anderer, der üblichen Hammerform mehr angepaßter Ausführung, in Zeitschr. f. Werkzeugmasch. u. Werkzeuge 1903, 19.

B. Der elektrische Antrieb der Transmissionshämmer.

Wird ein Hammer mittels Riemens vom Motor angetrieben, so ist die zur Verwendung gelangende Motortype ziemlich gleichgültig, der Riemen hält plötzliche Belastungsstöße hierbei vom Motor ab. Bei direkt durch Zahnradübersetzung gekuppelten Hämmern ist die halboffene, ventilierte Type vorzuziehen um Überhitzungen zu vermeiden. Wird eine geschlossene Type verwendet, muß der Motor entsprechend größer gewählt werden.

Es genügt, den Motor im allgemeinen dem normalen Arbeitsbedarf anzupassen, da jeder gute Motor für vorübergehende Zeit eine ziemlich bedeutende Spitzenbelastung verträgt. Bei Gleichstrommotoren ist Kompoundwicklung zu empfehlen, Serienmotoren sind nicht anwendbar.

Der unmittelbare elektrische Antrieb ist bei Fallhämmern im allgemeinen nicht anwendbar; alle übrigen Transmissionshämmer eignen sich recht gut hierfür. Bei Fallhämmern ist auch der durch Riemen vermittelte elektrische Antrieb nur unter Berücksichtigung der auf S. 29 erörterten Gesichtspunkte anwendbar.

C. Experimentelle Untersuchung an Transmissionshämmern.

In der Zeitschrift des Vereins deutscher Ingenieure[1]) berichtet Heim über seine Verbrauchsversuche an Stielhämmern und Luftfederhämmern. Hierbei hat er zum ersten Male ein Verfahren zur Bestimmung der nutzbaren Schlagarbeit angewendet, das seither vielfach Anwendung gefunden hat.

Der Arbeitsbedarf eines Stielhammers setzt sich zusammen aus dem Leergangswiderstand A der Daumenwelle, der Arbeit B zum Heben des Fallklotzes samt Stielübergewicht, aus der Arbeit C, welche zur Erteilung der lebendigen Kraft für den Aufwärtsgang nötig ist, und aus der Arbeit D, welche beim Stoß des Hebedaumens durch die Biegung und das Zusammendrücken der Holzteile verbraucht wird.

A ist durch Versuch bestimmbar,

B und C können berechnet werden,

D kann durch Bestimmung des Kraftbedarfes während der Arbeit erhalten werden, wenn A, B und C vom Gesamtverbrauch abgezogen wird.

Soll der Nutzeffekt des Hammers bestimmt werden, so ist die Kenntnis der Formänderungsarbeit erforderlich. Die Bestimmung der Größe dieser Arbeit geschieht nach Heim durch Stauchen von Bleizylindern (für schwere Hämmer wird reines Kupfer empfohlen).

Es wurden Zylinder von einem Durchmesser d von 1,13 cm bis 5,3 cm und einer Höhe von 1,5 d und einem spezifischen Gewichte von 11,3 gestaucht. Die Unterlage betrug mehr als das 30fache des Fallgewichtes. Auf Grund seiner Versuche stellte Heim folgende Formel auf:

$$L = d^3[2{,}7\,\varphi + 4{,}0(\varphi^2 + \varphi^4)] = d^3\psi,$$

wobei L die Arbeit in kgm, $\varphi = \frac{h - h'}{h}$ bedeutet, wenn h die ursprüngliche Höhe des Zylinders, h' die Höhe nach dem Stauchen bedeutet; ψ kann aus der von Heim aufgestellten, nachstehend wiedergegebenen Tabelle entnommen werden.

[1]) 1900, S. 281.

φ	ψ	φ	ψ	φ	ψ
0,10	0,310	0,30	1,202	0,50	2,60
0,15	0,497	0,35	1,495	0,55	3,06
0,20	0,706	0,40	1,822	0,6	3,58
0,25	0,981	0,45	2,189	—	—

In Fig. 124 ist ein Diagramm aufgetragen, das die Abhängigkeit zwischen φ (Ordinate) und L (Abszisse) zeigt. Die schwachgezogene Kurve gilt unter der Annahme eines konstanten Elastizitätsmoduls, die gestrichelte in der Bestimmung unsichere Kurve für ein Blei mit 1,4 vH. Zinngehalt.

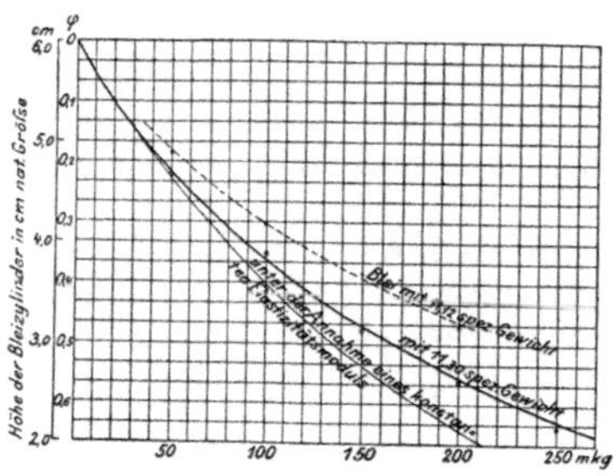

Fig. 124. Versuche von Heim.

Heim erhält bei der Untersuchung eines Stielhammers einen Wirkungsrad von 42 vH. bei einem Kraftverbrauche von 14,6 PS (die Leerlaufsarbeit des Daumenrades ist hierbei nicht versuchsmäßig bestimmt, sondern angenommen worden).

Auf Grund von Versuchen an einem Luftfederhammer wurde ein Wirkungsgrad von 41 vH. gefunden, es wird jedoch der Vermutung Ausdruck gegeben, daß bei sorgfältigster Konstruktion höhere Wirkungsgrade, niemals jedoch größere als 60 vH. bei Lufthämmern erzielbar sein könnten.

Im Jahre 1904 hat Johnen den Einfluß eines elastischen Zwischengliedes im zwangläufigen Antrieb eines Transmissionshammers untersucht. Er stellte fest, daß die Zwischenschaltung von Vorteil für die Kraft des Schlages sei und den Wirkungsgrad günstig beeinflusse. Leider fehlen ziffermäßige Vergleiche, wenngleich sie ohne weiteres aus den erhaltenen Aufzeichnungen hätten erhalten werden können.

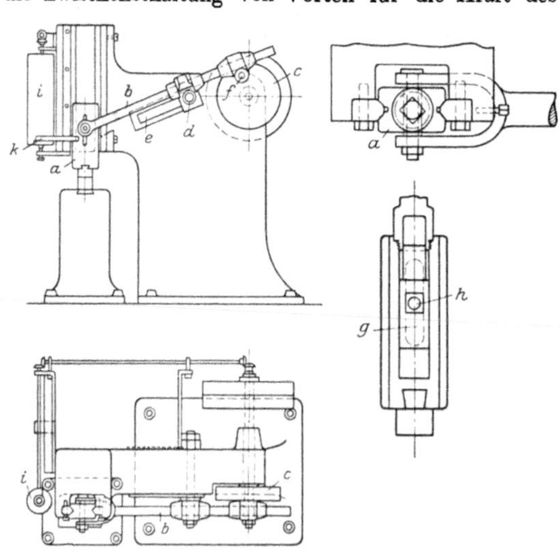

Fig. 125 u. 126. Versuche von Johnen. Der untersuchte Hebelhammer.

Untersucht wurde der in Fig. 125 und 126 dargestellte Hebelhammer. An der von der Welle angetriebenen Kurbelscheibe sitzt mittels des Kurbelzapfens f eine Hülse. Durch dieselbe ist ein Hebel b gesteckt, der in d seinen im Schlitten e einstellbaren Drehpunkt hat. Am anderen Ende des Doppelhebels sitzt der Bär a entweder direkt oder elastisch vermittels eines Luftpuffers angeschlossen. Im letzteren Falle ist der Bär ausgebohrt und enthält einen Kolben g, der ein viereckiges Gleitstück durchgesteckt enthält, das von dem Gabelende des Hebels b erfaßt wird. Für die gegenseitige Bewegung von Bär und Kolben sind in dem ersteren Schlitze angebracht, durch welche das Gleitstück durchragt. Solche Hämmer werden unter anderem von Scott Ramlings & Co. in Birmingham und W. & S. Player in Birmingham gebaut[1]).

Für die Beurteilung der erzielbaren Schlagstärken wurden Zeit-Weg-Kurven aufgenommen (s. Fig. 127).

A. Lüdicke veröffentlichte seine Untersuchungen an einem Luftdruckhammer System Arns[2]), s. S. 59, die sich durch Genauigkeit der Messung des Arbeitsbedarfes auszeichnet, leider jedoch das Schlagarbeitsvermögen nicht einwandfrei feststellt, da dieses nicht versuchsmäßig bestimmt, sondern unter Zugrundelegung der Gesetze für die gleichförmig beschleunigte Bewegung, die hier keine Geltung haben, und der ermittelten Fallzeit berechnet wird.

Der Wert der Abhandlung liegt also weniger in der Bestimmung des Nutzeffektes, als in der Klarlegung der im Zylinderinneren herrschenden Vorgänge.

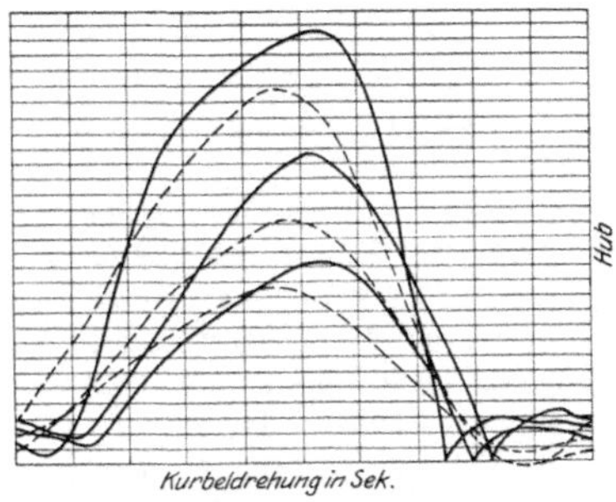

Fig. 127. Versuche von Johnen. Zeit-Weg-Linien.

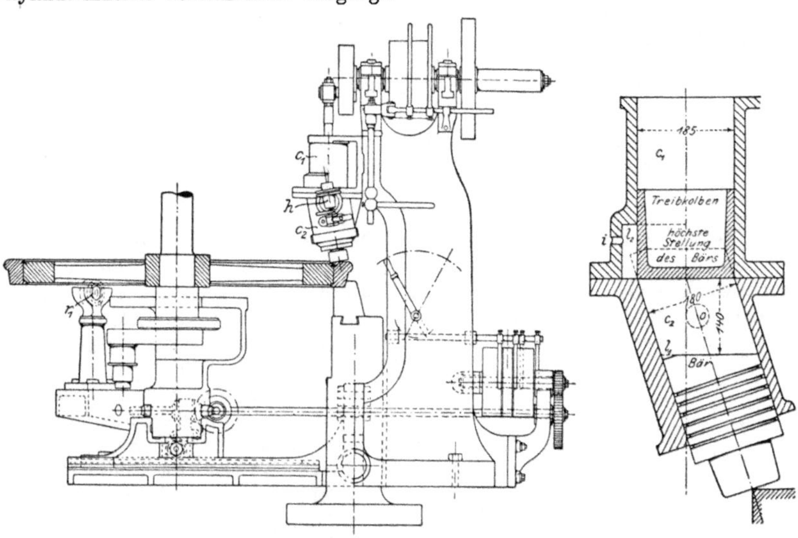

Fig. 128 u. 129. Versuche von Lüdicke.

Der Hammer (s. Fig. 128/129) war für das Beihämmern der Sicherungsringe an Radreifen bestimmt und hatte daher einen Bärzylinder c_2, der unter einem Winkel von etwa 18° gegen die Senkrechte, beziehungsweise die Achse des Treibzylinders c_1 geneigt war; der Bär hatte ein Gewicht von 34,5 kg, der Durchmesser

[1]) Zeitschr. f. Werkzeugmasch. u. Werkzeuge 1907, 388.
[2]) Zeitschr. d. Ver. deutsch. Ing. 1900, 1787.

des Treibzylinders betrug 185 mm, jener des Bärzylinders 180 mm, die senkrechte Hubhöhe des Bärs betrug 190 bis 200 mm. Am Bärzylinder ist durch den Kreis *o* der Anschluß an den Regulierhahn angedeutet, bei *i* wurde ein Indikator angeschlossen, der seinen Antrieb durch den Treibkolben erhielt. Das Mittel aus 13 Versuchen ergab bei geschlossenem Regulierhahn rd. 5,3 PS Arbeitsverbrauch, die Indikatormessung, welche die für die Luftverdichtung und Luftverdünnung verbrauchte Arbeit erkennen läßt, 2,9 PS. Ein solches Indikatordiagramm ist in Fig. 130 dargestellt.

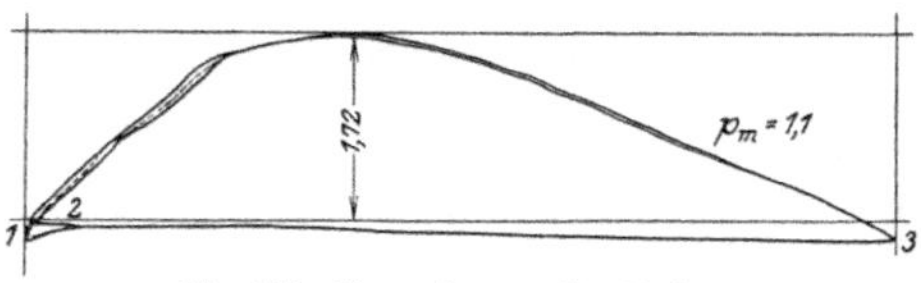

Fig. 130. Versuche von Lüdicke.

An Hand der Indikatoraufzeichnung und der eingeschlossenen Luftmenge wurde die gegenseitige Bewegung zwischen Treibkolben und Bär verfolgt.

Es wurde das eingeschlossene Luftvolumen berechnet und unter Zugrundelegung der Gleichung $pv =$ konst. aus den dem Indikatordiagramm entnommenen Drücken von Punkt zu Punkt das Luftvolumen und hieraus die Stellung des Bärs ermittelt. Für die Bestimmung des Luftvolumens war die Überlegung maßgebend, daß der stärkste Schlag dann erfolgen müsse, wenn der Luftinhalt ein Minimum sei, da in diesem Falle beim Aufgange des Treibkolbens der stärkste Unterdruck herrscht und der Bär am höchsten auffliegt. Der geringste Luftinhalt entspricht der in Fig. 129 dargestellten Lage; die eingeschlossene Luftmenge beträgt hierbei rd. 4200 ccm.

Die nach vorstehender Angabe errechneten Luftvolumina sind in der nachstehenden Tabelle, welche dem Abwärtsgange des Treibkolbens entspricht, dargestellt.

Kolbenweg . . . . cm	0	1,5	3	4,5	6	7,5	9	10,5	12	13,5	1,5
Druck im Zylinder at abs.	0,815	1,295	1,585	1,970	2,305	2,580	2,710	2,615	2,247	1,620	0,808
Volumen der Luft ccm	5153	3243	2650	2132	1822	1628	1550	1606	1869	2593	5201
Senkrechter Abstand des Bärs von der untersten Lage . . . cm	12,1	18,2	18,77	19,22	18,85	18,07	16,75	14,95	12,33	8,90	– 3,93

Man entnimmt aus dieser Tabelle, daß im unteren Totpunkt die Luft das größte Volumen hat; dies läßt darauf schließen, daß der Schlag, das ist die tiefste Stellung des Bärs, dann eintritt, wenn der Treibkolben in der untersten Lage ist. Eine weitere Verfolgung des Verlaufes der Drucklinie für den Aufwärtsgang des Kolbens bestätigt dies.

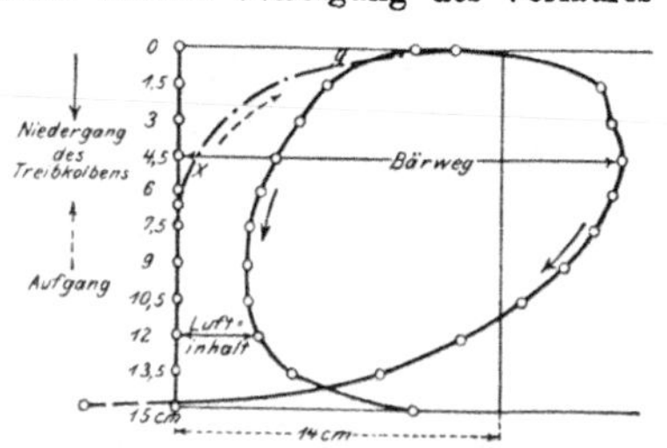

Fig. 131. Versuche von Lüdicke.

Dem unteren Totpunkte entspricht der Diagrammpunkt 1; derselbe liegt unter der Atmosphäre, d. h. es ist durch Undichtigkeit Luft entwichen. Nach Zurücklegung einer kleinen Strecke nach aufwärts ist bei 2 die Atmosphäre nahezu erreicht; entweder infolge des Rückpralles oder durch Einsaugen von Luft. Beim weiteren Aufwärtsgange fällt die Spannung andauernd bis zu Punkt 3. Aus dem Kurvenstück $\overline{1\ 3}$ läßt sich ermitteln, bei welchem Kolbenwegpunkt der Bär gehoben wird, wenn man von Reibung und Massenbeschleunigung absieht.

Man kann nunmehr auf Grund der vorstehend errechneten Werte in Fig. 131 auf den Kolbenwegen als Ordinaten die Luftinhalte und Bärwege als Abszissen auftragen und erkennt, daß der Bär zu Beginn der zweiten Hälfte der Aufwärtsbewegung des Treibkolbens angehoben wird (Kurve xy) und daß er seinen Fall beginnt, wenn der Kolben 0,3 seines Weges nach abwärts zurückgelegt hat.

Die Zeit, die der Bär zwischen zwei Spielen auf dem Werkstück verbringt, wurde aus der minutlichen Schlagzahl (300) und dem von der Kurbel während dieser Zeit zurückgelegten Winkel mit 0,0533 sek berechnet. Der senkrechten Fallhöhe des Bärs von 19,22 cm und dem zurückgelegten Kurbelwinkel entspricht unter der Annahme einer gleichförmigen beschleunigten Fallbewegung ein Schlagarbeitsvermögen von 63,5 mkg, d. i. 9,6 mal soviel als der reinen Fallbewegung entspräche.

Der Wirkungsgrad wurde mit rd. 0,8 berechnet.

Die Firma Bêché & Grohs in Hückeswagen im Rheinland hat frühzeitig der Untersuchung ihrer Hämmer ein Interesse zugewendet. Die alten Luftfederhämmer (s. S. 58) wurden in folgender Weise untersucht. In einem am Hammergestell angebrachten Rahmen bewegten sich zwei Schieber auf und ab; der obere wurde vom oberen Kolben (Kreuzkopf), der untere vom Bär aus betätigt. Beide Schieber trugen Schreibstifte. Während des Schmiedens wurde eine mit Papier bespannte Tafel vor den Stiften vorbeibewegt, wodurch Zeit-Weg-Kurven vom Kolben und Bär aufgezeichnet wurden. Fig. 132 stellt diese Kurven dar; sie stimmen sehr gut mit den von Lüdicke gemachten Angaben überein mit Ausnahme des Umstandes, daß hier der Bär gegenüber dem Kolben seine Bewegung mit kleineren Verspätungen vollführt, was in dem geringeren unten eingeschlossenen Luftvolumen und der Mitwirkung des zweiten Luftraumes seinen Grund haben dürfte.

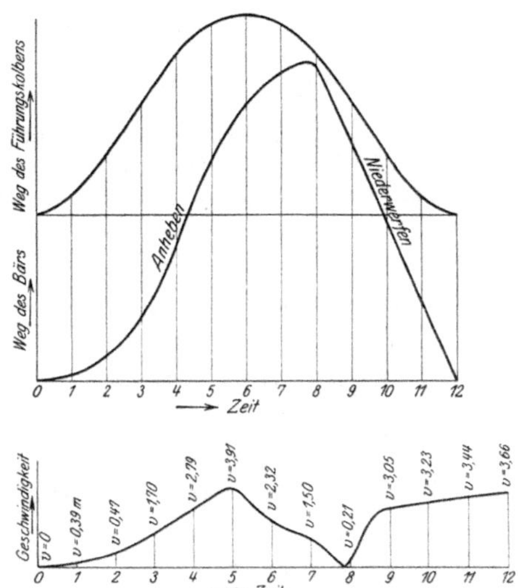

Fig. 132 u. 133. Versuche von Bêché & Grohs. (Alte Hammertype.)

Aus der Zeit-Weg-Kurve der Bärbewegung kann man als Differentialkurve die Zeit-Geschwindigkeits-Kurve konstruieren[1]). Dieselbe ist in Fig. 133 dargestellt und entspricht ihr im Augenblicke des Aufschlagens eine Geschwindigkeit von 3,66 m/sek.

Einen Luftfederhammer mit bewegtem Zylinder, System Hessenmüller Type DW (s. S. 55), von 250 kg Fallgewicht hat U. Lohse untersucht[2]). Es wurde der Stromverbrauch des Antriebsmotors gemessen und die geleistete Schlagarbeit nach der Heimschen Methode (s. S. 73) bestimmt. Der Untersuchung haftet der Mangel an, daß der aus diesen beiden Messungen bestimmte günstigste Nutzeffekt von etwa 80 vH. insofern nicht völlig sicher steht, als der Wirkungsgrad des Motors sowie der Wirkungsgrad des zwischen Motor und Kurbelwelle geschalteten Zahnradvorgeleges nicht versuchsmäßig bestimmt

---

[1]) Falls hierbei besondere Genauigkeit erwünscht ist, empfiehlt sich die Verwendung eines Komparators, wie Seehase in Heft 182 der Forschungsarbeiten auf dem Gebiete des Ingenieurwesens zeigt.

[2]) Zeitschr. d. Ver. deutsch. Ing. 1910, 1569.

wurde, sondern einerseits nach Erfahrungsziffern, anderseits durch Rechnung ermittelt wurde.

Nebst der Bestimmung des Nutzeffektes wurde auch eine Indizierung des Hammers vorgenommen, einerseits als Selbstzweck, anderseits um das Verhältnis zwischen der an der Welle abgegebenen und der indizierten Leistung und zwischen der indizierten und am Bär abgenommenen Leistung zu erforschen. Der erstere Wert betrug beim günstigsten Versuch 0,91, der zweite 0,92.

Die Indizierung erwies sich in Anbetracht des bewegten Zylinders nicht einfach; die Indikatoren mußten mittels Flacheisen am Hammerständer befestigt werden und waren durch Gummischläuche mit dem Zylinderinnern verbunden; zur Verminderung des Hubes wurde ein Rollenreduktor verwendet. Der Antrieb erfolgte einmal von der Kurbelschleife aus, das anderemal vom Bär; der erstere Antrieb diente für die Untersuchung beim Leergang, da hier der Bär in Ruhe ist.

Fig. 134 und 135 zeigt Diagramme, die beim flotten Schmieden abgenommen sind.

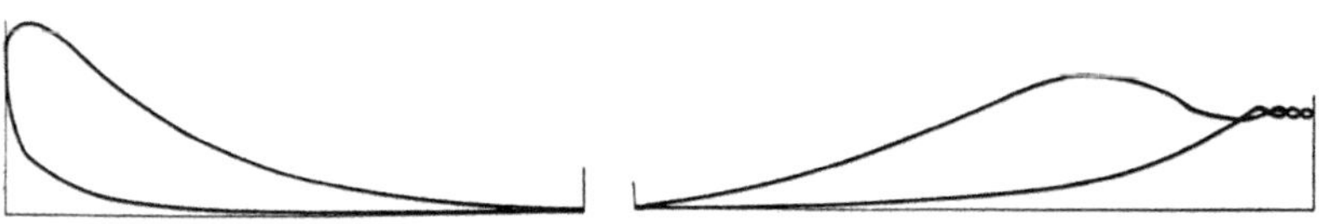

Kurbelseite. Bärseite.

Fig. 134 u. 135. Versuche von Lohse — Diagramme für das Schmieden.

Fig. 136 und 137 zeigt Diagramme für den Leerlauf (Schwebendhalten des Bärs). Der Umstand, daß auf der Ober-(Kurbel-)Seite ein Teil des Diagramms unter der Atmosphäre liegt, erklärt sich durch eine härtere Feder im oberen Saugventil.

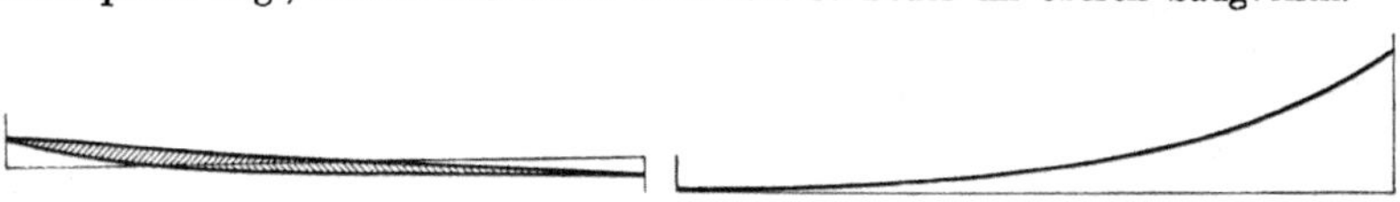

Kurbelseite. Bärseite.

Fig. 136 u. 137. Versuche von Lohse — Diagramme für den Leerlauf.

Die Firma Massey gibt Diagramme ihres doppeltwirkenden Luftdruckhammers (s. S. 66) bekannt. Dieselben sind in Fig. 138 und 139 zu sehen. Die Diagramme sind jenen einer Dampfmaschine ähnlich. Sie stammen von einem Hammer

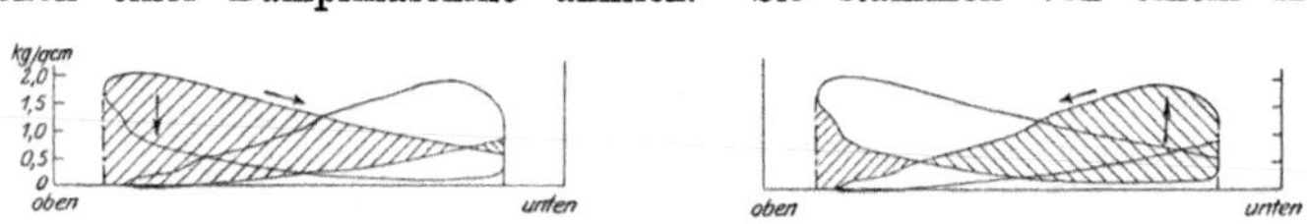

Die schraffierte Fläche stellt die Schlagarbeit der Luft dar. Die schraffierte Fläche stellt die Hebearbeit der Luft dar.

Fig. 138 u. 139. Versuche von Massey — Indikatordiagramme eines Luftdruckhammers.

von 350 kg Fallgewicht und entsprechen einem Bärhub von 485 mm. Die kinetische Energie des frei fallenden Bärs beträgt daher 172 mkg, durch den Luftdruck werden 420 mkg erzeugt, so daß das gesamte Schlagarbeitsvermögen (Stopfbüchsen- und Führungsreibung nicht abgezogen) 592 mkg beträgt. Das gesamte Schlagarbeitsvermögen ist daher rd. $3^1/_2$ mal so groß als das der Schwerkraft allein entsprechende.

Des weiteren pflegt die Firma Bêché & Grohs Verbrauchsversuche an ihren Luftdruckhämmern mit zwei Zylindern (s. S. 68) vorzunehmen. Es wird hierbei der Arbeitsbedarf mittels eines registrierenden Wattmeters und die Schlagarbeit nach der Heimschen Methode (s. S. 73) ermittelt. Nach Angabe der Firma wurden auf diese Weise Nutzeffekte bis 70 vH. bestimmt.

Nebstbei werden Indizierungen vorgenommen. Diagramm Fig. 140 stellt den Druckverlauf im Raume unter dem Bärkolben dar. Der Bär wird durch einen Überdruck von 1 at gehoben, fällt am Ende des Aufwärtsganges bis auf die Atmosphäre und sinkt erst beim Niedergang unter dieselbe. Im Augenblicke des Schlages herrscht kein Überdruck, der Bär erfährt also keinerlei Bremsung. Diagramm Fig. 141 stellt den Druckverlauf im Raume über dem Bärkolben dar. Beim Heben des Bärs herrscht ober dem Kolben ein Unterdruck von 0,7 at, der am Ende des Aufwärtsganges die Atmosphäre erreicht. Der Abwärtsgang des Bärs erfolgt mit einer Pressung von weniger als 1 at Überdruck, der dann im Augenblicke des Schlages auf die Atmosphäre abgefallen ist. Die Spannungen in den Arbeitsräumen sind also gering, Bremsdrücke treten nicht auf.

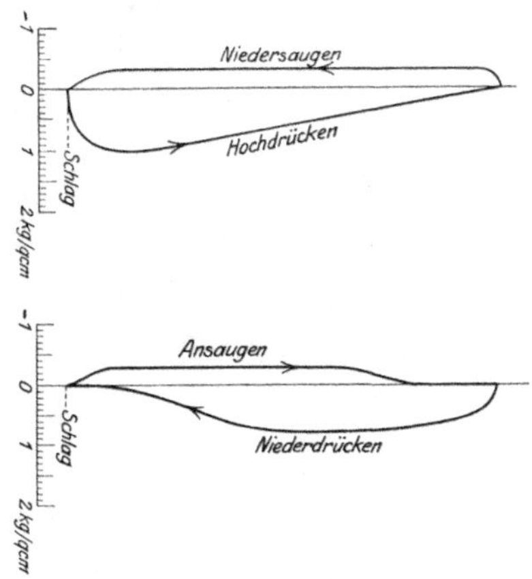

Fig. 140 u. 141. Versuche von Bêché & Grohs. Indikatordiagramme eines Luftdruckhammers.

Dadurch, daß im Augenblicke des Schlages kein Gegendruck wirkt, sei der Umstand zu erklären, daß der Bär nicht sofort von dem Werkstück zu neuerlichem Anhub abgehoben werde, daß also der vielgerühmte „klebende Schlag“ eintrete (hierüber s. S. 56).

Die Zeit-Weg-Kurven von Luftkolben und Bär (s. Fig. 142 und 143) lassen dies erkennen. Der Verfasser muß jedoch bemerken, daß ihm diese, dem Kataloge der Firma entnommenen Kurven[1]) nicht völlig verständlich sind. Wenn man von Phasenverschiebungen absieht, müßte nach der Bauart des Bêché-Hammers dem Abwärtsgange des Luftkolbens ein Ansteigen des Bärs entsprechen, und umgekehrt. Nach den Kurven sind die Bewegungen jedoch gleichgerichtet und ist ferner eine Phasenverschiebung in der Weise erkennbar, daß, während der Bär sich erst in der Mitte seines Aufwärtsganges befindet, der Luftkolben bereits nach abwärts geht. Dies müßte eine Steigerung des Druckes im Raume unter dem Bärkolben zur Folge haben, welche in keiner Weise im Diagramm bemerkbar ist.

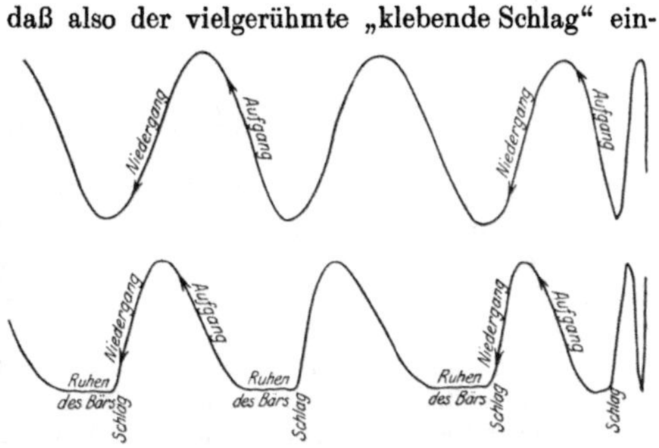

Fig. 142 u. 143. Versuche von Bêché & Grohs. Zeit-Weg-Linien von Luftkolben und Bär eines Luftdruckhammers.

Einen „Mammut“- oder Herz-Luftdruckhammer mit nur einem Zylinder (s. S. 61) hat der Verfasser untersucht[2]), indem er den Arbeitsbedarf durch ein

[1]) Zeitschr. d. Ver. deutsch. Ing. 1908, 1345.
[2]) Zeitschr. d. Ver. deutsch. Ing. 1912, 2105.

Fig. 144. Versuche von Fuchs. Zeit-Weg-Aufzeichner.

Dynamometer, das Schlagarbeitsvermögen durch einen Zeit-Weg-Apparat eigener Bauart maß. Es wurde gefunden, daß ein Anstrengen des Hammes günstig auf die Wirtschaftlichkeit wirke und bei stärkstem Schlag ein Wirkungsgrad von rd. 56 vH. festgestellt. Der Zeit-Weg-Aufzeichner Fig. 144 wird durch einen Elektromotor angetrieben, der vermittels verschiedener Übersetzungen eine Trommel antreibt, die mit Papier bespannt und deren Umlaufzahl durch einen aufgestellten Zähler gemessen wird. Ein, mit Rücksicht auf die Massenwirkung im Augenblicke des Aufschlagens, in Aluminium gefaßter Schreibstift, der am Bär befestigt ist, sowie allfällig noch ein zweiter, der an die Stange des Luftkolbens angeschlossen wird, zeichnen die Kurven auf. Der Aufzeichner ruht auf einem Tisch, dessen Platte durch Schraubenbewegung verschiebbar ist, um die Trommel rasch den Stiften nähern oder sie von ihnen entfernen zu können.

IV. Dampfhämmer.

Beim Dampfhammer und beim Drucklufthammer wird im Gegensatz zu den Lufthämmern im engeren Sinne des Wortes (s. S. 52) das treibende Medium nicht in der Schmiedemaschine selbst erzeugt, sondern getrennt von dieser in eigenen Dampfkesseln bzw. einer Druckluftanlage und wird von hier mittels einer Rohrleitung dem Hammer zugeführt. Die Dampf- (Luft-)Pressungen, die im Hammerbau üblich sind, haben bis vor wenigen Jahren 6 at Überdruck nicht überstiegen und wird vielfach noch heute an der Meinung festgehalten, daß eine größere Eintrittsspannung die Wirkungsweise des Hammers ungünstig beeinflusse. Es ist jedoch keine Veranlassung vorhanden, warum bei entsprechender Dimensionierung von Zylinder und Steuerung nicht auch höhere Pressungen verwendet werden sollten.

Der Dampf kann entweder bloß die Aufgabe erhalten das Fallgewicht zu heben; in diesem Falle übt er seine Wirkung nur auf die Unterseite (beim Condiehammer, S. 87, auf die Oberseite) des Kolbens aus. Solche einfach wirkende Hämmer heißen allgemein Unterdampfhämmer, manchmal auch Hämmer mit reinem Unterdampf.

Die denkbar einfachste Wirkungsweise eines Dampfhammers ist derart, daß der Dampf unter den Kolben tritt, hier seine Hebearbeit auf das Fallgewicht ausübt und dann ins Freie austritt. Der Bär fällt frei herab und ist bei seinem Abwärtsgange noch durch den Gegendruck des abströmenden Dampfes gehindert. Diese älteste Form von Dampfhämmern kommt heute wohl nur vereinzelt und nur bei den allergrößten Einheiten vor.

A. Die wichtigsten Typen der ältesten Dampfhämmer.

1. Unterdampfhämmer mit reiner Handsteuerung und mit selbsttätiger Umsteuerung.

Die Zylinder der ersten Dampfhämmer von Nasmyth sowie jenes Hammers, der bei Schneider aufgestellt wurde (s. S. 13), waren oben offen, die Steuerung erfolgte von Hand aus mittels eines Schiebers, der den Dampf ein- und ausließ. Wenn man nun überlegt, daß der Dampfhammer keinen Mechanismus besitzt, der die Umkehr des Kolbens erzwingt, wie etwa der Kurbeltrieb der Dampfmaschine, so besteht bei zu langer Einwirkung des Unterdampfes die Gefahr eines Durchgehens des Hammers, d. h. eines metallischen Anschlagens des Kolbens am oberen Zylinderdeckel, was leicht ein Zertrümmern des Deckels zur Folge haben kann. Daher griff Nasmyth auf den Gedanken Deverells (s. S. 13) zurück, indem er den Zylinder oben schloß und ein Sicherheitsventil im oberen Teile des Zylinders in dessen Wand anordnete, das die Luft so lange austreten ließ, bis der Kolben die Stelle überlief. Nun bildete sich ein Luftkissen, das die Umkehr des Bärs erzwang, wenn derselbe durch Unachtsamkeit zu hoch gestiegen war. Der Steuerschieber wurde durch zwei Doppelsitzventile ersetzt, die den Ein- und Auslaß steuerten. In Fig. 145 ist ein Schnitt durch das Einlaßventil *V V'* gezeichnet. Daneben sitzt das Auslaßventil; die beiden Spindeln *L* und *L'* werden von einem Doppelhebel erfaßt, der in *M* seinen Drehpunkt hat und vom Handgriff *P* aus mittels eines Gestänges in der Weise betätigt wird, daß abwechselnd das eine oder andere Ventil geöffnet wird, während das andere noch schließt. Bei *i* befindet sich das Sicherheitsventil *Y*, darunter das Saugventil *X*, durch welches während des Niederganges des Kolbens Luft angesaugt wird, um eine hemmende Verdünnung des Raumes über dem Kolben zu verhindern. Um den Bär in angehobener Stellung halten zu können, wird ein Keil *T* mittels des Winkelhebels *Z* unter den Bär geschoben.

In eigenartiger, jedoch umständlicher Weise wurde die Luftprellung von Nilius & Fils in Hâvre gelöst[1]), die den Bär hohl ausführten und ihm am Zylinder Führung und Abdichtung gaben. Beim Aufsteigen wurde dann beim Überlaufen der Öffnungen die Luft im Bär zusammengedrückt und erzwang dadurch die Umkehr.

Im Gegensatze zu dieser umständlichen Lösung wurde die Sicherung gegen zu hohes Ansteigen des Bärs in einfachster Weise etwa beim Hammer „Fritz" von Krupp in Essen gelöst, wo Schlitze im obersten Teil des Zylinders angebracht waren, bei deren Überlaufen der Hebedampf durch eine aufgesetzte Haube auspufft. Die Dampfzufuhr wurde von Hand abgestellt. Nasmyth (s. S. 14) scheint, wie nach seiner Skizze geschlossen werden kann, an diese Lösung bei seinem ersten Entwurfe bereits gedacht zu haben.

Statt der Luftprellung, oder mit dieser kombiniert, wurde von Nasmyth auch Dampfprellung eingeführt; beim Aufwärtsgange wurde durch den Kolben ein im Deckel befindliches Ventil aufgestoßen, das Bremsdampf von oben auf den Kolben wirken ließ (s. Fig. 151). Durch die Luft- oder Dampfprellung wurde die Endgeschwindigkeit des abwärts gehenden Fallgewichtes erhöht und daher auch eine Schlagverstärkung erzielt. Nebstbei wurde die Steuerung so eingerichtet, daß sie vom Bär bei seinem Aufwärtsgange beeinflußt wurde. Der Bär erhielt einen Anschlag und traf beim Aufwärtsgange auf einen Hebel, wodurch das Schließen

[1]) Armengaud, Génie industrielle, 1865.

des Einlasses und das Öffnen des Auslasses veranlaßt wurde. Hierbei war noch eine Schwierigkeit zu überwinden. Es durfte die Beeinflussung der Steuerung nicht so erfolgen, daß beim Abwärtsgange des Bärs die ursprüngliche Stellung der Einlaßorgane, die dem Heben entsprach, etwa wiederhergestellt wurde,

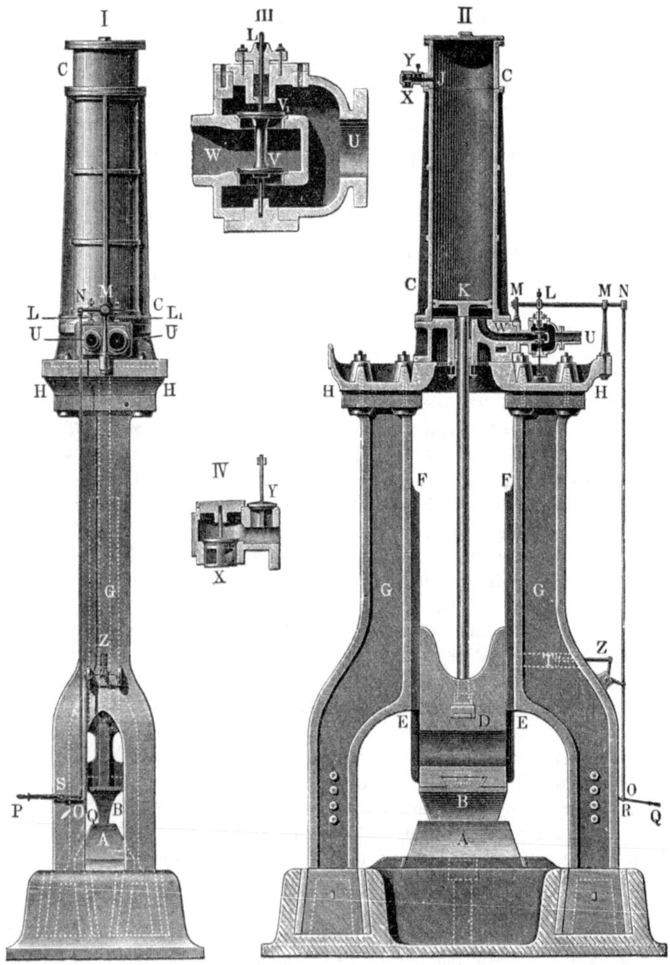

Fig. 145. Dampfhammersteuerung von Nasmyth.

da sonst der Bär nicht vollkommen hätte fallen können. In manchen Fällen war dies so gelöst, daß eine Feder, deren Spannung durch den Hammerführer überwunden wurde, in die Steuerung geschaltet war, wie dies z. B. aus Fig. 146 hervorgeht. Der Bär *f* schlägt mit dem Anschlag *n* an das mit einer Rolle versehene Ende *c* des in *o* gelagerten zweiarmigen Hebels an und bewegt ihn nach aufwärts. Hierdurch wird die Stange *a* nach abwärts gezogen und betätigt die

Steuerorgane in der Weise, daß der Fall des Bärs veranlaßt wird. Sinkt nunmehr der Bär, so trachtet die in *b* angebrechte Feder (hier ein Kautschukband) das linke Hebelende und daher die Stange *a* wieder zu heben, wodurch schon während des Falles der Dampf wiederum unten einströmen würde. Um dies zu verhindern,

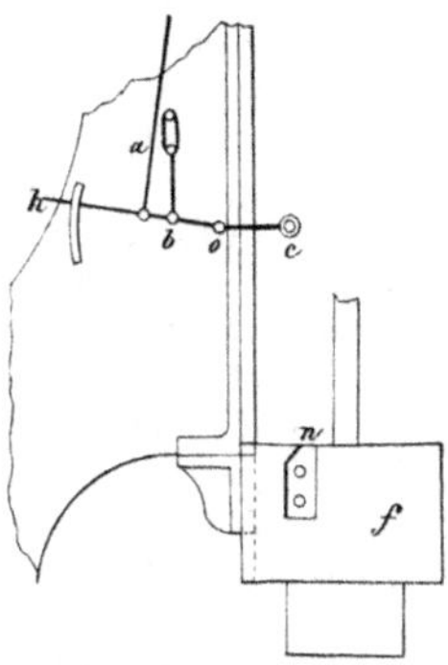

Fig. 146. Alte Dampfhammer-Steuerung.

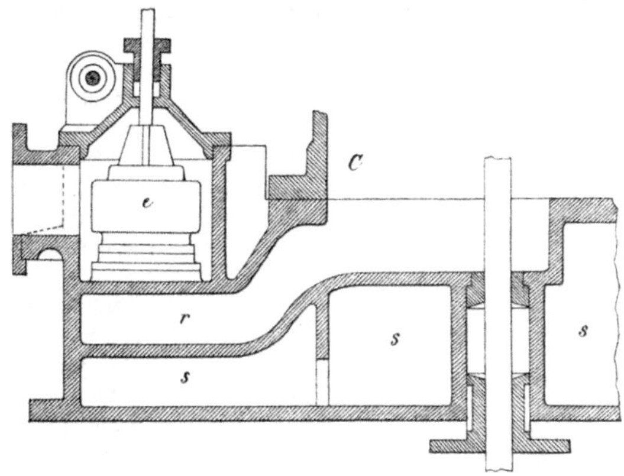

Fig. 147. Alte Klinksteuerung.

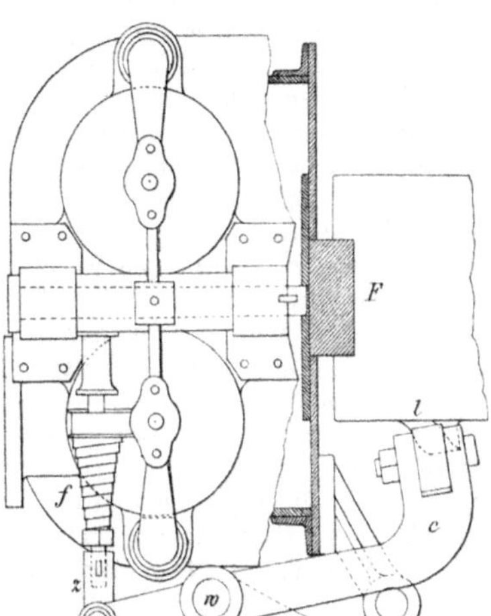

Fig. 148. Alte Klinksteuerung.

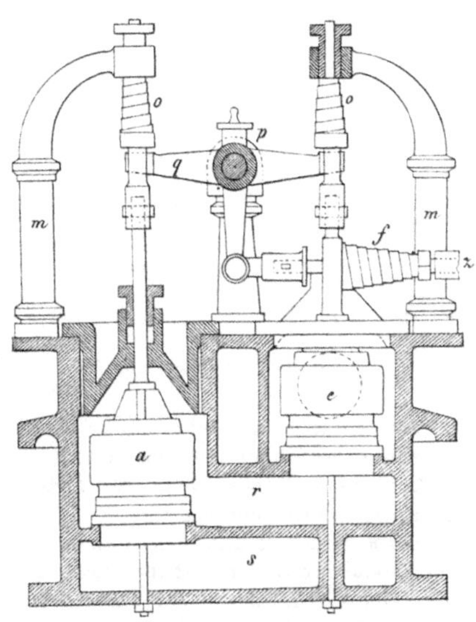

Fig. 149. Alte Klinksteuerung.

hat der Hammerführer den Hebel bei *h* herunterzudrücken, indem er die Spannung des Kautschukbandes überwindet, und erst dann loszulassen, wenn der nächste Schlag erfolgen soll.

Zur Betätigung dieser Steuerung ist bereits weniger Kraft erforderlich als zu jenen ohne Federwirkung, da hier nur soviel von der Federspannung zu überwinden ist, als dem widerstandslosen Heben der Steuerteile entspricht. Noch weniger mühevoll ist die Betätigung der Klinksteuerungen, die, in den verschiedensten Formen gebaut, alle den Endzweck hatten, den Bär ungehindert fallen zu lassen. Heute noch werden solche Hämmer häufig in alten Puddelwerken angetroffen; daher sei eine derartige Handsteuerung mit Ausklinkung, welche Ventile betätigt, hier zur Darstellung gebracht. Fig. 147 bis 150. Ein- und Auslaßventil *e* und *a* sind in ähnlicher Weise nebeneinander angeordnet wie beim einfachen Nasmyth-Hammer auf S. 82; die Spindeln *o* werden durch den Doppelhebel *q* erfaßt, der mittels Winkelhebels von der Stange *z* betätigt wird. Die Feder *f* ist so eingebaut, daß sie das Einlaßventil stets zu öffnen trachtet. An der Stange *z* greift der Doppelhebel *bc* an, der an der vertikalen Stange *w* seinen Drehpunkt besitzt. Das Ende *c* des Doppelhebels trägt eine Rolle, auf welche beim Abwärtsgange des Bärs die vorspringende schiefe Leiste *l* anschlägt, wodurch der Hebel in der Richtung des Pfeils gedreht, die Federspannung *f* überwunden und das Einlaßventil geschlossen sowie das Auslaßventil geöffnet wird. Sinkt hierauf der Bär, so wird die Feder *f* wieder die ursprüngliche Ventilstellung herstellen und der Bär beim Fallen gehindert sein. Dies wird durch die Sperrklinke *n* verhindert, die von Hand aus mittels Gestänges *g* und *h*, wenn der Bär oben ist, derart nach links gezogen werden kann, daß sich der Hebel *d*, der auf der Welle *w* fest ist, gegen sie stützt und die Rückstellung der Steuerung verhindert. In den Zug der Stange *g* ist die Feder *i* eingebaut, wodurch die Einklinkung für gewöhnlich ausgerückt ist. Es wird dann der Bär nur „spielen", d. h. nicht auf das Schmiedestück auftreffen, da er durch den Gegendampf abgefangen wird. Zur Einstellung des Hubes läßt sich der Hebel *c* mittels eines Kettentriebes *w* verstellen.

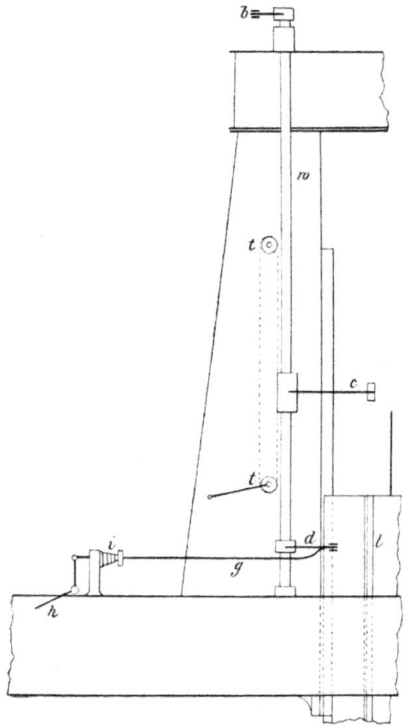

Fig. 150. Alte Klinksteuerung.

Der ganze Kraftaufwand zur Betätigung der Steuerung liegt in dem Überwinden der Federspannung *i*.

Nebst Schiebern und Ventilen kamen in den ersten Anfängen der Dampfhämmer auch bereits Hähne in Verwendung; von besonderer Verbreitung war der Wilsonsche Hahn, der nicht nur für Unterdampfhämmer, sondern auch andere Hammerarten in Verwendung stand und auf S. 86 zur Besprechung gelangt.

2. Unterdampfhämmer mit selbsttätiger Steuerung.

Schon zu Nasmyths Zeiten zeigte sich das Bedürfnis, die Hämmer selbsttätig zu steuern und Wilson (angeblich Cheftechniker des Nasmytschen Werkes, nach anderen Quellen Ingenieur der Low-Moor-Works in Bradford, soll nach den auf S. 15 genannten amerikanischen Quellen die erste selbsttätige Steuerung erdacht haben, die im folgenden, mehr aus historischem Interesse, beschrieben ist (s. Fig. 151 und 152). Es ist eine Klinksteuerung und so umständlich konstruiert, daß sie sich für den derben Hammerbetrieb nicht eignen kann und daher heute wohl überhaupt nicht mehr gebaut wird.

Im übrigen berichten Killer, Riedler und Seeberg[1]), daß in den siebziger Jahren des verflossenen Jahrhunderts die Nasmyth-Hämmer bereits fast ausschließlich mit Handsteuerung versehen waren.

Der Dampf tritt in den Schieberkasten *q* ein, von hier geht ein Kanal *c* unter den Kolben, ein zweiter, der durch den Hahn *n* abgesperrt werden kann, mündet in einen Ringkanal *a*, an den der Auspuffstutzen *r* anschließt. Vom Ringkanal führt eine Abzweigung *p* über den Kolben. In der tiefsten Stellung des Schiebers, welche in der Figur gezeichnet ist, strömt Dampf unter den Kolben, die höchste Stellung gibt den Auspuff frei.

An der Schieberstange ist oben ein kleiner Kolben befestigt, der in einem Zylinder spielt; das Rohr *b*, welches Frischdampf führt, mündet, durch ein Ventil *u* verschlossen, in den Raum über dem kleinen Kolben. Die beiden Kolbenseiten werden durch eine Bohrung miteinander in Verbindung gebracht, wenn die Nute *e*, die sich in der Wand des kleinen Zylinders befindet, mit dieser Bohrung übereinstimmt, was in der gezeichneten Höhenlage des Kolbens der Fall ist.

Wird der Schieber durch die äußere Steuerung vermittels seiner Stange bei *h* gehoben, so wird die Verbindung der beiden Seiten des kleinen Kolbens unterbrochen, durch die Schieberstange das Ventil *u* aufgestoßen und durch den einströmenden Dampf ein Druck nach abwärts erzeugt, so daß die ursprüngliche Lage des Kolbens wieder hergestellt wird, wenn die äußere Steuerung die Schieberstange frei gibt.

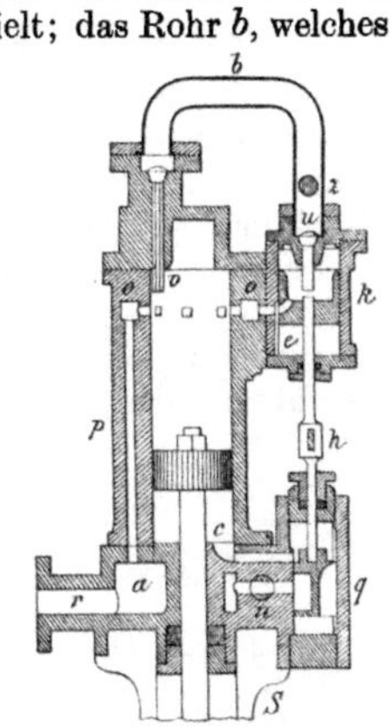

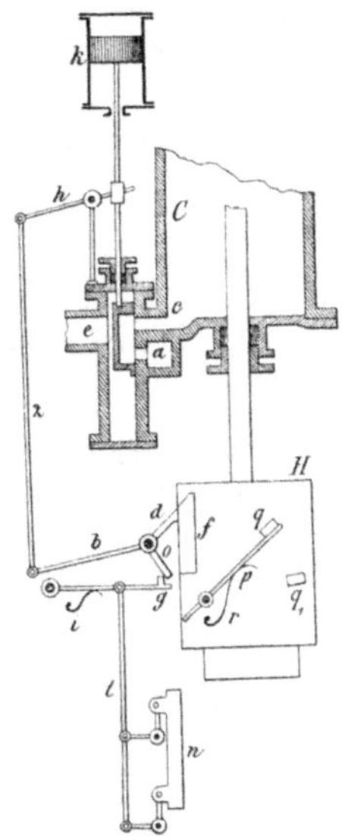

Fig. 151 u. 152. Selbsttätige Dampfhammersteuerung von Wilson.

Die äußere Steuerung ist aus Fig. 152 ersichtlich. Durch den zweiarmigen Hebel *h* wird die Stange *z* bewegt, die an dem Doppelhebel *bd* angreift. In der Vertikalebene des Hebelarmes *d* befindet sich, am Bär befestigt, der Anschlag *f*. Durch das Aufwärtssteigen des Bärs wird also der Schieber in seine höchste, in Fig. 152 gezeichnete Stellung gebracht, in welcher er den Auspuff frei gibt. Es muß nun verhindert werden, daß der Hebel *d* beim Fallen des Bärs dem Anschlag *f* folge, da sonst wieder unten Einströmung erfolgen müßte. Dies geschieht dadurch, daß an dem Doppelhebel *bd* noch der Arm *o* sich befindet, der durch das Vorschnappen eines Klinkenzahnes *g* an der Rückdrehung verhindert wird. Ist der Anschlag erfolgt, so hat der Zahn *g* den Hebel *o* freizugeben. Hierfür muß die Spannung der Feder *i* überwunden werden, was durch Herabziehen der Stange *t* möglich ist. Diese wird dann heruntergezogen, wenn die Schiene *n* nach links gedrückt wird. Diese Parallelverschiebung der Schiene *n* erfolgt durch den Doppelhebel *p*, der in derselben Vertikalebene am Bär befestigt ist. Der Hebel kann sich zwischen zwei Anschlägen *q* und *q'* bewegen und wird in der Regel durch die

[1]) Dampfhämmer, Graz 1871, fast völlig verschwundene Veröffentlichung.

Feder r an den oberen Anschlag gedrückt. Trifft jedoch der Bär auf das Werkstück auf, so wird infolge der Massenträgheit der Hebel p, dessen Schwerpunkt im längeren Hebelarm liegt, nach abwärts bewegt, schlägt an q' an und kehrt durch die Feder r veranlaßt wieder nach oben zurück. Durch den Abwärtsgang des Hebels wird nun vom kürzeren Hebelende die Schiene n nach links gedrückt, der Zahn g gesenkt und der Hebel o freigegeben. Da nun infolge des auf den kleinen Kolben k von oben lastenden Dampfdruckes der Hebel o das Bestreben hat, sich im Sinne des Uhrzeigers zu drehen, so schnappt er ein und gibt den Dampfeinlaß unter den Hammerkolben frei, so daß der nächste Schlag eingeleitet ist.

3. Dampfhämmer mit Überströmung sowie anderen Anordnungen zur Schlagverstärkung.

(Hämmer von Daelen, Türck und Farcot.)

Da die ersten Dampfhämmer nicht ganz befriedigten, insbesonders weil sie matt und langsam schlugen, zeigten sich sofort Bestrebungen, die Schlagstärke zu erhöhen und die Schläge rascher aufeinander folgen zu lassen; das letztere wurde durch die im vorigen beschriebenen ziemlich flott arbeitenden Steuerungen zum Teil erfüllt, während für die Erzielung eines kräftigeren Schlages eine Reihe von Vorschlägen zur Ausführung kamen.

Die eine Lösung, die Daelen (Hermannshütte bei Hörde) im Jahre 1852 zum Urheber hat, ging dahin, den während des Falles unten abströmenden Dampf, der

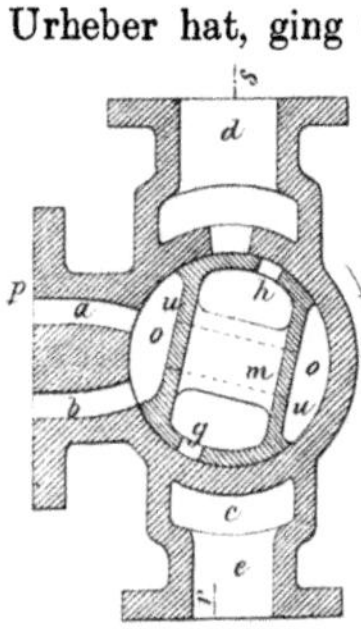

Fig. 153.

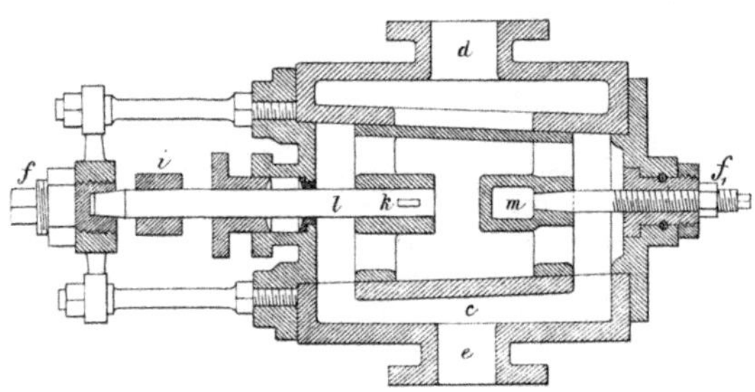

Fig. 154.

Fig. 153—155. Der Wilsonsche Hahn für überströmenden Dampf.

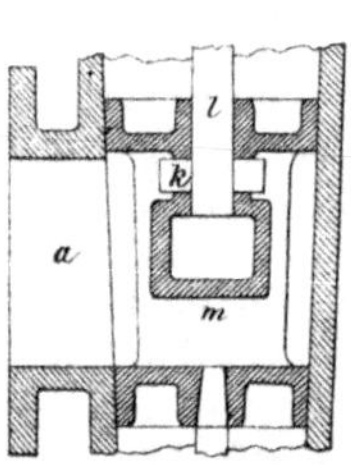

Fig. 155.

also bereits seine Hebearbeit geleistet hat, nach der oberen Zylinderseite zu führen. Während früher durch den Gegendruck des abströmenden Dampfes die Schwerkraftswirkung vermindert wurde, wird hier, infolge des Unterschiedes der freien Kolbenflächen auf Unter- und Oberseite, ein Überdruck von oben erzielt. Diese mit Überströmung arbeitenden Dampfhämmer Daelens führten meist den Namen Hämmer mit expandierendem Oberdampf, weil der Dampf beim Überströmen infolge der Vergrößerung des Hubvolumens expandiert[1]).

Die beliebteste Steuerung für die Daelen-Hämmer war der Wilsonsche Hahn, der ursprünglich für Nasmyth-Hämmer bestimmt war; derselbe ist in Fig. 153 bis 155 dargestellt[2]).

[1]) Eine noch heute gebaute Anwendung des Daelenschen Gedankens ist der Hammer von Ringhoffer, s. S. 108.

[2]) s. auch Zeitschr. d. Ver. deutsch. Ing. 1858, 119.

Der Wilsonsche Hahn.

Die Achse des konischen Hahnes steht senkrecht zur Zylinderachse; mit dem Flansch *P* wird das Gehäuse angeschraubt, so daß *b* an den unter, *a* an den ober den Kolben führenden Kanal anschließt, *e* ist der Dampfeintritts-, *d* der Austrittsstutzen. Der bei *e* eintretende Dampf strömt durch den Kanal *c* von beiden Seiten in das Innere des Hahnkükens. Durch die beiden Längswände *u* und entsprechende Stirnwände sind die Seitenräume *o* vom Inneren des Hahnes abgeschieden, so daß in diese der Frischdampf nicht eintritt. Untereinander sind die Seitenräume *o* durch den Kanal *m* verbunden. Das Hahnküken wird bei *i* von einem Hebel, der von Hand aus betätigt wird, erfaßt und zur Durchführung eines Hammerspieles hintereinander in die folgenden Stellungen gebracht.

Für das Heben des Bärs wird der Hahn so gestellt, daß der Kanal *g* mit *b* übereinstimmt; hierbei ist der Raum ober dem Kolben durch Kanal *a*, Raum *o* und den Stutzen *d* mit dem Auspuff verbunden.

Für den Schlag wird der Hahn dem Uhrzeigersinne entgegen in die gezeichnete Stellung gebracht, in welcher der Dampf von der Unterseite durch *b*, *o* und *a* auf die Oberseite geführt wird. Zur vollkommenen Entlastung des Hahnes, die für die auszuübende Kraft von Wichtigkeit ist, befindet sich gegenüber von *g* ein gleicher Schlitz *h*. Da die Konizität eine geringe ist, sind auch die Wände *v* ziemlich gleich groß, so daß bloß ein geringer achsialer Schub auftritt. Die Hahnspindeln *f* und *f'* sind stellbar, so daß das Küken so eingestellt werden kann, daß der Hahn leicht geht und doch möglichst dicht arbeitet.

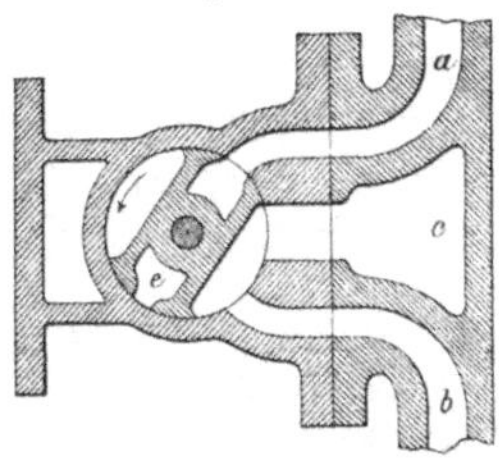

Fig. 156. Der Wilsonsche Hahn für frischen Oberdampf.

Der Wilsonsche Hahn ist auch für reine Unterdampfhämmer, sowie für die noch zu besprechenden Hämmer mit frischem Oberdampf verwendbar, wenn man bei den ersteren den Auspuffstutzen an den Kanal *a* anschließt, bei den letzteren die Anordnung nach Fig. 156 trifft.

Der Hahn erhält als äußere Steuerung entweder reine Handsteuerung oder eine Sicherheitsumsteuerung nach Art der Anordnung in Fig. 152.

Türck in Chartres führte 1854 die Verstärkung des Schlages gegenüber der reinen Schwerkraftswirkung in der Weise durch, daß er die Unterseite des Kolbens stets mit dem Kessel in Verbindung ließ und für den Schlag auch auf die Oberseite Dampf wirken ließ, so daß die verstärkende Oberdampfwirkung in dem Unterschiede der Kolbenflächen gelegen war.

Farcot änderte 1854 die Türcksche Anordnung in der Weise ab, daß er mit Dampf von verschiedener Spannung arbeitete; zum Heben wurde niedrig gespannter (1 at Überdruck), zum Niederschlagen höher gespannter (5 at Überdruck) Dampf verwendet. Der hohle Ständer war als Behälter für den niedrig gespannten Dampf ausgebildet.

Da die Systeme von Türck und Farcot heute nur mehr geschichtliche Bedeutung besitzen, sei von der Besprechung der für sie geeigneten Steuerungen hier abgesehen.

4. Die Hämmer von Condie, Voisin, Thwaite und Carbutt.

Der Hammer von Condie in Glasgow 1846 (Fig. 157 und 158) kehrt den Dampfhammer kinematisch um, indem er die Kolbenstange festhält und den Zylinder, als Bär ausgebildet, schlagen läßt. Man bekommt dadurch wohl ein großes Fallgewicht, setzt jedoch ein teueres und empfindliches Stück den Schlägen aus. Der Dampf muß durch die hohle Kolbenstange geleitet werden. Der Hammer war meist einfachwirkend, erhielt also bloß Dampf auf die Oberseite des Kolbens, doch sind auch doppeltwirkende Condie-Hämmer bekannt geworden. Dem Gedanken des Condie-Hammers können gewisse Vorzüge nicht abgesprochen werden, insbesondere war die Stabilität durch den tief liegenden Schwerpunkt eine gute. Über die Steuerung der Hämmer siehe Näheres in Hauers Hüttenwesensmaschinen[1]).

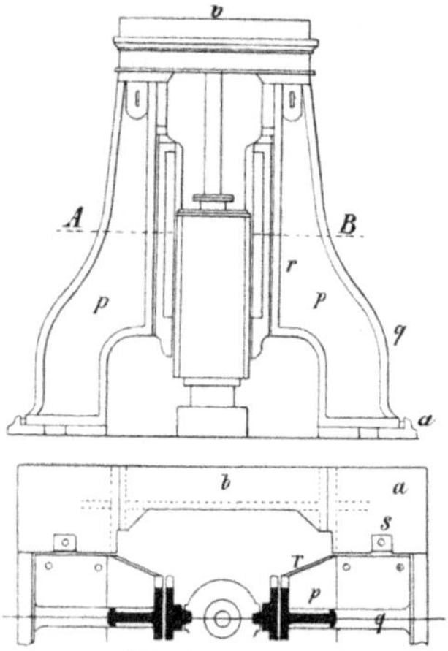

Fig. 157 u. 158.
Dampfhammer von Condie.

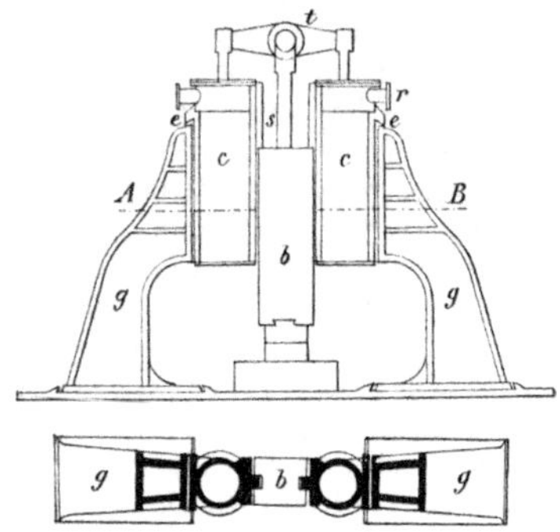

Fig. 159 u. 160.
Dampfhammer von Voisin.

Der Hammer von Voisin (Fig. 159 und 160) besitzt zwei Zylinder, an deren nach oben austretenden Stangen mittels eines Querbalkens der Bär befestigt ist. Die Verbindungen der Kolbenstangen mit dem Querbalken, sowie der Bärstange mit dem Querbalken waren, im Gegensatze zu dem sonst gleichartigen Hammer von Thwaite & Carbutt[2]), beweglich, um durch ungleichmäßige Beschleunigungen der Kolben keine Beanspruchungen ins Gestänge zu bringen. Die Voisin-Hämmer waren für schwere Schmiedearbeiten bestimmt, an Bauhöhe der Ständer wurde gespart.

Die Bauarten von Condie und Voisin, sowie eine Reihe anderer ähnlicher Anordnungen haben sich wegen ihrer Umständlichkeit nicht lange behauptet.

5. Die Horizontalhämmer von Clay und Ramsbottom[3]) wirken derart, daß die Richtung des Stoßes wagrecht ist. Sie dienten besonderen Zwecken, wie Stauchen von langen Wellen usw. Der Hammer von Clay bestand im wesentlichen aus einem Zylinder mit horizontaler Achse, der in ähnlicher Weise wie unsere Worthington-Pumpen gesteuert wurde. Die Schläge wurden recht und schlecht von einem festgeschraubten Amboß aufgenommen. Besser war in dieser Hinsicht der Hammer von Ramsbottom, der aus zwei gegeneinander arbeitenden Horizontalhämmern bestand, zwischen welchen das Werkstück bearbeitet wurde. Der Gedanke hat dadurch etwas Bestechendes, daß ein Amboß und daher auch jedwede besondere Gründung vermieden wird, da eine Auflage für das Werkstück genügt. Es scheint dem Verfasser, als ob für besondere Gesenkarbeiten dieser Hammer in zeitgemäßer Form eine Wiederbelebung verdienen würde.

---

[1]) Leipzig 1876, 428; Konstruktionen s. Rittingers Erfahrungen 1852/53.

[2]) Der Hammer von Voisin, sowie jener von Thwaite und Carbutt ist im Werke von Hauer ausführlich beschrieben. Konstruktionen s. Revue universelle Bd. 3 bzw. Dinglers polytechn. Journ. 1867.

[3]) Hauer, Hüttenwesensmaschinen.

B. Hämmer mit frischem Oberdampf.

Diese Hämmer werden in der Literatur meist dadurch gekennzeichnet, daß gesagt wird, sie hätten die gleiche Dampfverteilung wie eine Betriebsdampfmaschine. Diese Kennzeichnung ist jedoch unrichtig und wird der Unterschied in dem Kapitel S. 113 hervorgehoben.

Hier sei nur bemerkt, daß dieser Gruppe von Hämmern Frischdampf abwechselnd auf die Unter- und Oberseite des Kolbens zugeführt wird, wodurch der Bär gehoben und niedergeschlagen wird.

Die Steuerungen dieser Hämmer sind Selbststeuerungen, kombinierte Hand- und Selbststeuerungen oder reine Handsteuerungen.

1. Die Selbststeuerungen.

a) Die älteren Selbststeuerungen.

Naylor baute 1857 den ersten auf diesem Grundsatze konstruierten Dampfhammer[1]); die Steuerung wurde durch vier Ventile besorgt, die mittels zweier in verschiedenen Vertikalebenen liegender Anschläge betätigt wurden, die in gleicher Weise arbeiteten wie die Umsteuerungen unserer Hobelmaschinen. Indem die eine am Bär befindliche Nocke den oberen Anschlag beim Aufwärtsgange traf, wurden das untere Auslaßventil und das obere Einlaßventil geöffnet, sowie das untere Einlaßventil geschlossen; traf die zweite Nocke den unteren Anschlag, wurde entsprechend umgesteuert. In ähnlicher Weise arbeiteten die Hämmer von Vanderelst und Revollier.

In Anbetracht der bedeutenden Bärgeschwindigkeit und der großen Gewichte der umzusteuernden Teile ist eine zwangläufige Betätigung der Steuerteile, wie sie zum ersten Male bei einem doppeltwirkenden Morrison-Hammer angewendet wurde, vorzuziehen. Die Betätigung der Steuerung erfolgte dadurch, daß an der oberen Führung der Kolbenstange ein Bolzen saß, der eine Kulisse betätigte, welche zwei Schieber antrieb, die für die Ober- und Unterseite vorhanden waren.

b) Neuzeitliche Selbststeuerungen.

Richtunggebend wirkte die Steuerung von Keller & Banning, jetzt I. Banning A.-G., in Hamm i. Westfalen, die heute noch für kleine Hämmer als ebenso neuzeitlich gilt, wie zur Zeit ihres Entstehens, etwa den siebziger Jahren des 19. Jahrhunderts. Sie wird von vielen Firmen gebaut.

Mit dem Begriffe der Banning-Steuerung ist meistens der Gedanke an eine Steuerung mit totem Gange im Antrieb verbunden, doch ist dieser ursprünglich nicht vorhanden gewesen und wird auch jetzt häufig weggelassen. Das Wesen der Steuerung ist vielmehr die verkleinerte Übertragung der Bewegung des Bärs auf das Steuerorgan mit Hilfe eines zweiarmigen Hebels, der in einer Tasche gleitet, die am Bär drehbar befestigt ist. Eine einfache und solide Form erhält die Steuerung für den Antrieb von Hähnen, die — allerdings nicht ganz begründet — derzeit für Dampfhämmer stark aus der Mode gekommen sind, da dort die Bogenbewegung (sinus versus) des kürzeren Hebelarmes ohne Geradeführung am Hahn angreifen kann, während bei Schiebern eine Geradeführung vorhanden sein muß. Schematisch ist die Steuerung in Fig. 161 dargestellt; man sieht, daß die Schieberstange in ihrem unteren Teile eine Erweiterung *k* trägt, in welche das klobig verdickte Ende des kurzen Hebelarmes lose angreift. Es erfolgt dies vielfach in der

[1]) Killer, Riedler, Seeberg, Dampfhämmer, Graz 1871.

Weise, daß das klobige Hebelende in die Erweiterung nicht eingepaßt ist, sondern reichlich Luft hat, so daß in die Steuerung der vorerwähnte tote Gang hineinkommt. Der am Ständer befindliche Drehpunkt i des Doppelhebels ist nicht fix, sondern kann mit Hilfe eines Exzenters, das durch den Hebel h eingestellt wird, in der Höhenlage verschoben werden. Die Verstellung der Höhenlage des Drehpunktes zieht eine Änderung der Mittelstellung des Schiebers nach sich, wodurch eine Regelung der Schlagstärke, sowie ein Anpassen an verschiedene Werkstückhöhen möglich ist. Man hat sich die Regelung jedoch nicht während des Schmiedens vorzustellen, es wird vielmehr der Hebel h meist in einem Führungsbogen mittels Rasten festgestellt.

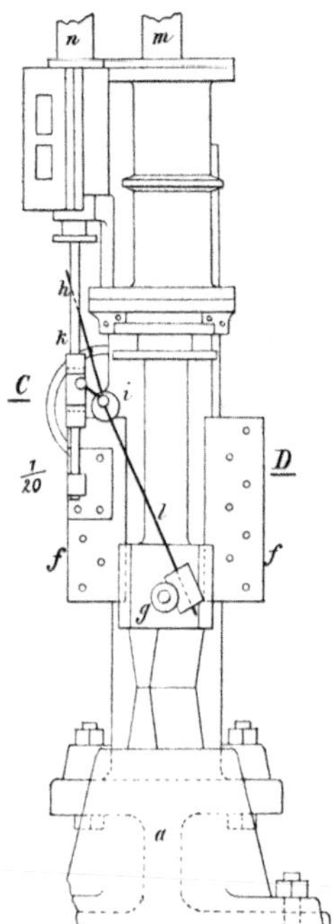

Fig. 161. Dampfhammersteuerung von Banning.

Fig. 162. Dampf-Schnellhammer mit 200 kg Fallgewicht, 400 mm Hub und 225 mm Zylinderdurchmesser, gebaut von der Eschweiler-Ratinger-Maschinenbau-A.-G.[1])

Der Ausschlag des längeren Hebelarmes erfolgt wegen des hochgelegenen Drehpunktes unsymmetrisch, der Ausschlag des kurzen Hebels wird deshalb symmetrisch eingerichtet, damit das klobige Ende nicht aus der Schieberstange herausspringe. Da der Hebel l beim Aufwärtsgange des Bärs stark aus der Tasche g heraustritt, muß, um einer Gefährdung des Arbeiters vorzubeugen, eine Verschalung (im Bilde nicht gezeichnet) vorgebaut werden, die häufig die Zugänglichkeit des Hammers be-

[1]) Die Firma hat in letzter Zeit die Maschinenerzeugung und daher auch die Herstellung von Dampfhämmern aufgegeben.

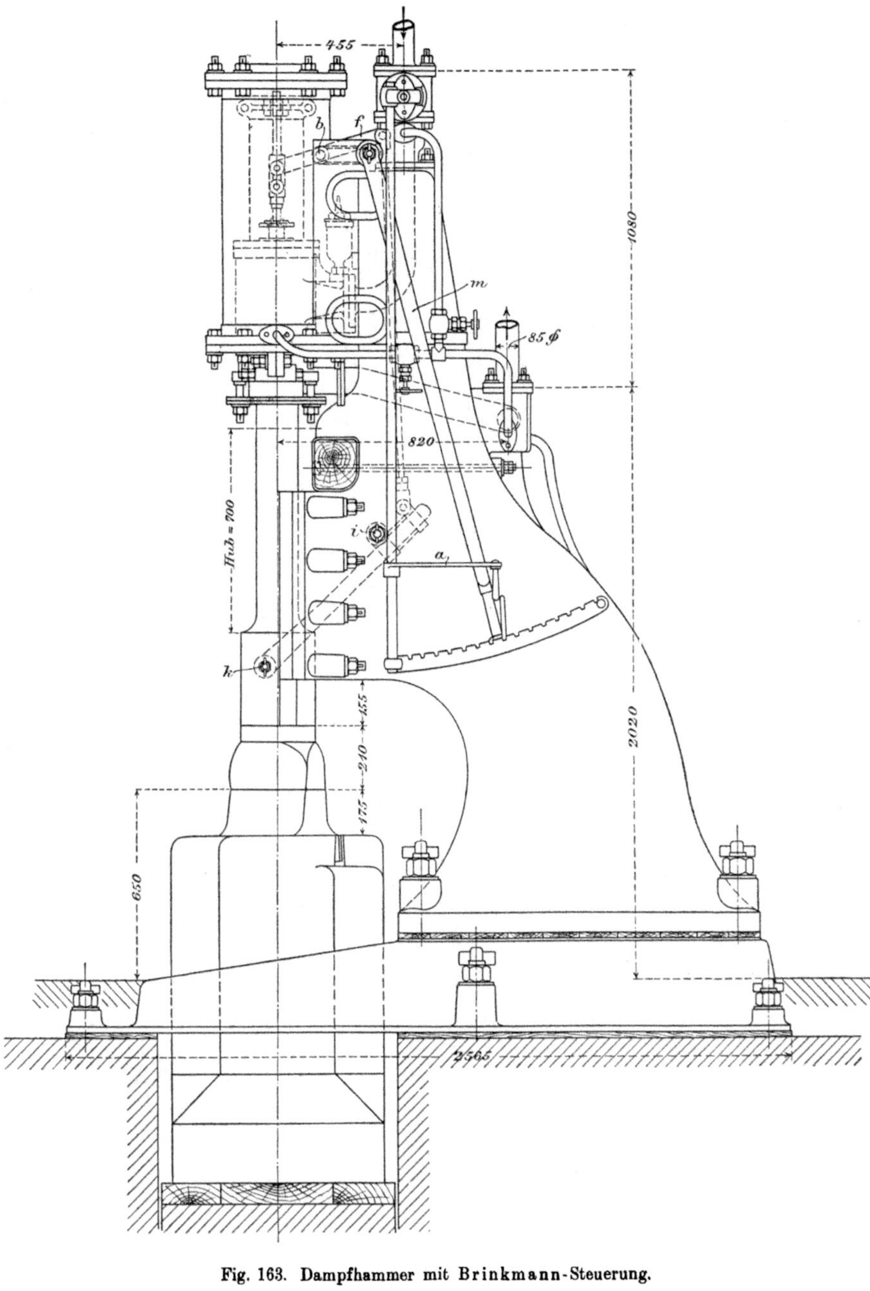

Fig. 163. Dampfhammer mit Brinkmann-Steuerung.

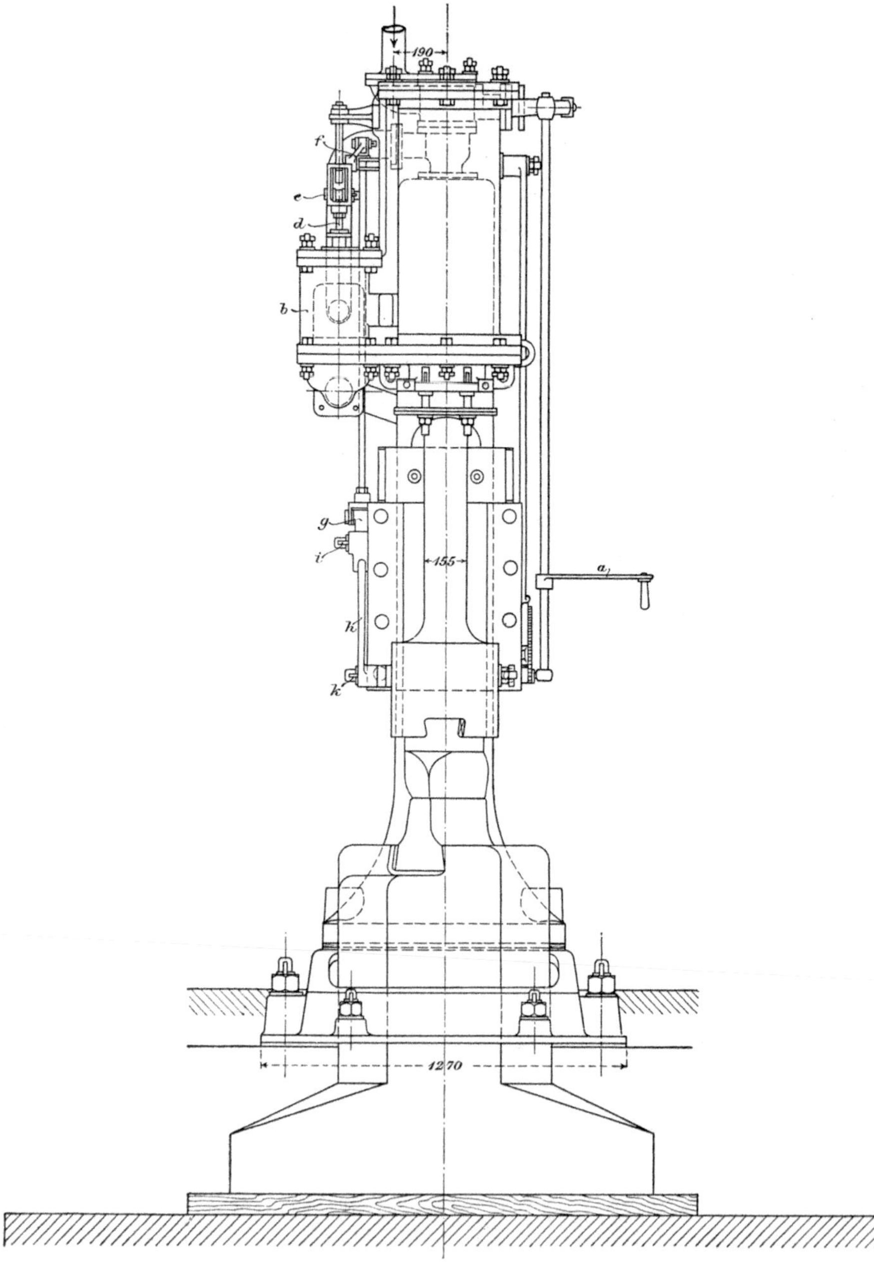

Fig. 164. Dampfhammer mit Brinkmann-Steuerung.

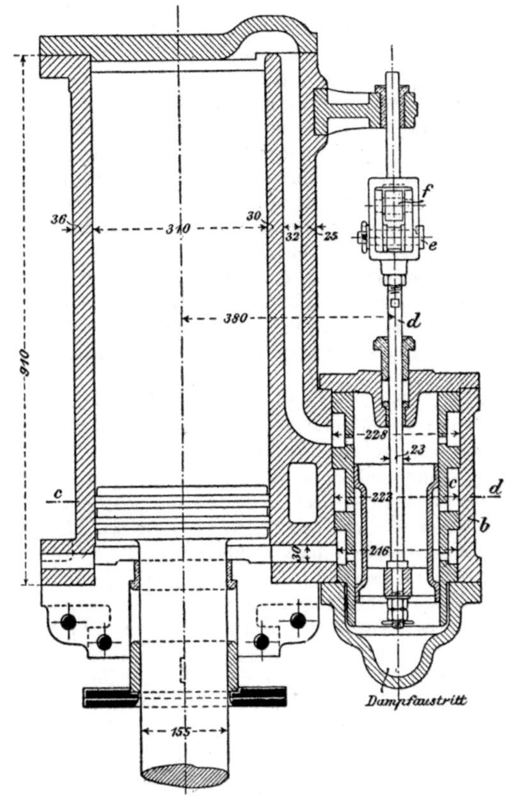

Fig. 165. Dampfhammer mit Brinkmann-Steuerung.

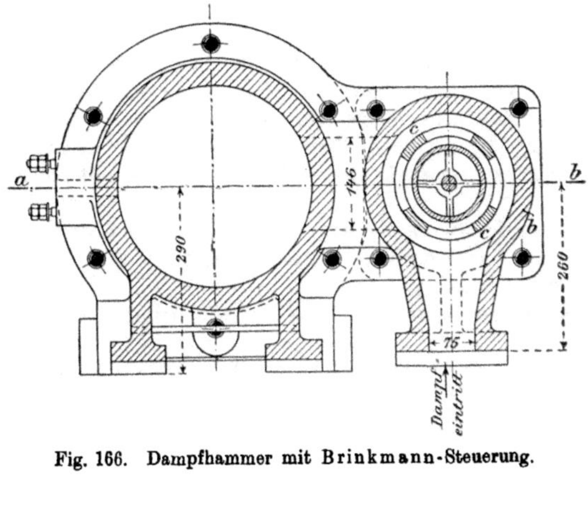

Fig. 166. Dampfhammer mit Brinkmann-Steuerung.

hindert. Des weiteren hat die Tasche ein ziemlich bedeutendes Gewicht, was infolge der Vernichtung der lebendigen Kraft im Augenblick des Aufschlagens nicht unbedeutende Beanspruchungen des am Bär befestigten Zapfens nach sich zieht. Aus diesen Gründen empfiehlt es sich, insbesondere für das Schmieden harter Stähle, von der Banningschen Form abweichend, die Tasche nach oben an den Drehpunkt des Doppelhebels zu verlegen, da dies auch häufig bereits über Mannshöhe ist, wo ein Herausfahren des Hebels weiter nichts zu bedeuten hat (s. Fig. 162).

Die Einzelheiten eines solchen Hammers, der vom Verfasser für das Schmieden harter Werkzeugstähle konstruiert wurde, sind in den Fig. 210 und 211 dargestellt. Der Banning-Hammer findet für kleine Einheiten bis etwa 400 kg Fallgewicht, bei den kleinsten Typen mit Flachschieber, Verwendung.

Die Steuerung von Gustav Brinkmann & Co., G. m. b. H. in Witten a. Ruhr[1]), stammt ebenfalls aus den siebziger Jahren des verflossenen Jahrhunderts, wird aber heute noch von vielen Firmen, zum Teil in geänderter Ausführung, gebaut[2]). Sie ist in Fig. 163 u. 164 an einem Hammer von 500 kg Fallgewicht, 700 mm Hub dargestellt.

Die Tasche ist gegenüber der Banningschen Anordnung vom Bär weg nach oben verlegt, so daß der Hebel *h* bei *k* nur gelenkig an den Bär angeschlossen ist, und besitzt einerseits eine Hülse *i* für den Drehpunkt des Hebels, anderseits ein Auge *g* zum Angriff einer senkrechten Stange, die oben an einem Doppelhebel *f* angeschlossen ist, der bei *b* seinen Drehpunkt besitzt und mit seinem anderen Ende mittels eines Gelenkstückes *e* die Schieberstange *d* erfaßt. Der Drehpunkt *b* ist nicht fest, sondern in seiner Höhenlage dadurch verstellbar augeordnet, daß er in einem Doppelhebel gelagert ist, der bei *f* seinen am Zylinder befindlichen Drehpunkt besitzt und mittels seines zweiten langen Hebels an einem Führungsbogen feststellbar eingerichtet ist. Der Zweck dieser Höhenverstellung des Punktes *b* ist der gleiche wie jener der exzentrischen Lagerung des Hebels beim Banning-Hammer; es wird dadurch die Mittellage des Schiebers für Zwecke der Regelung verstellt. Als Anlaßorgan ist ein Hahn oder Schieber vorhanden, der vermittels des Handhebels *a* betätigt wird. Der Zylinder, der eine Bohrung von 310 mm besitzt, ist in Fig. 165 u. 166 dargestellt. Er besitzt Kolbenschieber mit Innenkantensteuerung (über die Ausmittlung siehe S. 113), das heißt die inneren Kanten steuern den Einlaß, die äußeren den Auslaß. Da der Schieber in der untersten Stellung des Bärs den unteren Zylinderkanal offenhalten muß und beim Aufwärtsgange derselbe zu schließen ist, so muß bei tiefster Bärstellung auch der Schieber in seiner tiefsten Stellung sein.

Kolben und Schieber sind daher beim Innenkantenschieber gleichläufig, während sie beim Außenkantenschieber (Einlaß durch die Außenkante gesteuert) gegenläufig sind. Aus dieser Überlegung folgt, daß etwa ein Banning-Hammer nur einen Außenkantenschieber haben kann.

Man könnte die Brinkmann-Steuerung wegen der leichten im Betriebe durchführbaren Regelbarkeit auch als kombinierte Hand- und Selbststeuerung bezeichnen.

Durchaus eigenartig ist die Sellers-Steuerung, die wohl wegen ihrer Umständlichkeit, hoher Bauart und schwieriger Wartung nicht als neuzeitlich gilt, immerhin aber noch heute auch in Europa vereinzelt gebaut wird[3]). Sie sei hier schematisch durch Fig. 167 u. 168 und durch Lichtbild Fig. 169 dargestellt.

[1]) Man könnte diese Steuerung wegen der auch leicht im Betriebe möglichen Regelbarkeit mit Berechtigung als kombinierte Hand- und Selbststeuerung bezeichnen.

[2]) In Österreich in unveränderter Form von der Maschinenfabrik A.-G. „Vulkan" in Wien XVI, von der Maschinenfabrik Andritz A.-G bei Graz u. a. m.

[3]) Maschinenfabrik A.-G. „Vulkan", Wien XVI.

Die Kolbenstange *d* ist durch den oberen Zylinderdeckel geführt; auf dem Zylinder befindet sich ein Aufsatz *a*, welcher der abgeflachten Stange Führung verleiht und sie an der Drehung verhindert. In die Abflachung ist eine schiefe Nute *l* eingearbeitet; in dieser bewegt sich ein Stein, der an dem Arm eines Doppelhebels befestigt ist, dessen Drehungsachse *k* abgedichtet aus dem abnehmbaren Deckel *c*

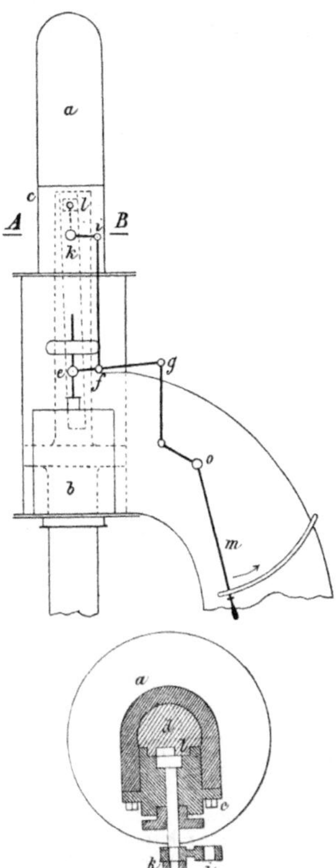

Schnitt A—B.

Fig. 167 u. 168. Dampfhammersteuerung von Sellers.

Fig. 169. Dampfhammer mit etwa 600 kg Fallgewicht von Sellers & Co., Philadelphia.

heraustritt und an dessen außen befindlichem anderen Hebelarme *i* eine Zugstange hängt, die bei *f* an einem einarmigen Hebel anfaßt, der bei *g* seinen Drehpunkt besitzt und bei *e* die Schieberstange trägt. Da die in der Kolbenstange befindliche Nute gegen die Vertikale geneigt ist, wird der obere Doppelhebel bei der Bewegung des Bärs gedreht und bewegt dadurch den Schieber.

Durch das Gestänge *g*, *o*, *m*, in welchem *o* ein fixer Drehpunkt ist, läßt sich *g* in der Höhenlage verstellen, wodurch in bekannter Weise die Mittelstellung des Schiebers zu Regelzwecken verschoben werden kann.

Der Hammer der Buffalo Foundry & Machine Co. in Buffalo, N. Y., Fig. 170, zeigt, daß man bei Verwendung eines Rundschiebers nach Art des Wilsonschen Hahnes überhaupt keine Tasche braucht, wenn man den Steuerhebel *a* mittels einer Lasche *b* gelenkig befestigt. Der Punkt *m* ist hierbei als Fixpunkt anzusehen, kann aber verstellt werden. Es geschieht dies mittels eines Handhebels *c*, der um n drehbar ist und in einer bestimmten Lage mittels der Flügelmutter d in einem Schlitz festgeklemmt werden kann. Das Anlaßorgan ist hier ebenfalls ein Hahn, der sich über dem Steuerhahn befindet und mittels des Handhebels e betätigt wird.

Selbststeuerung der Sächsischen Maschinenfabrik vorm. Richard Hartmann, A.-G., Chemnitz. Die Firma führt ihre Hämmer (s. Fig. 171) mit Ventilsteuerung aus und zwar mit einem Einlaß- und einem Auslaßventil auf jeder

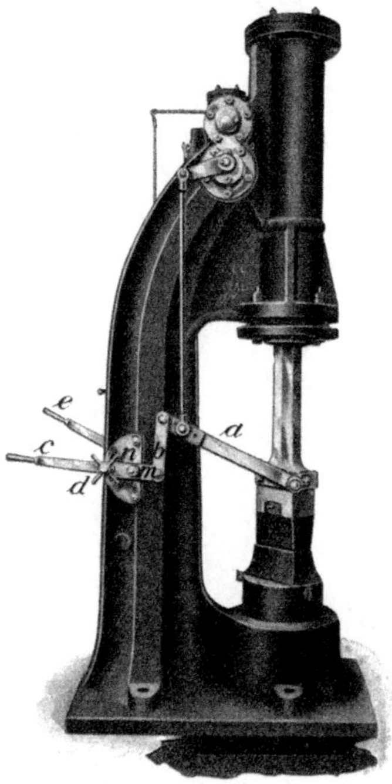

Fig. 170. Dampfhammer der Buffalo Foundry & Machine Co. in Buffalo.

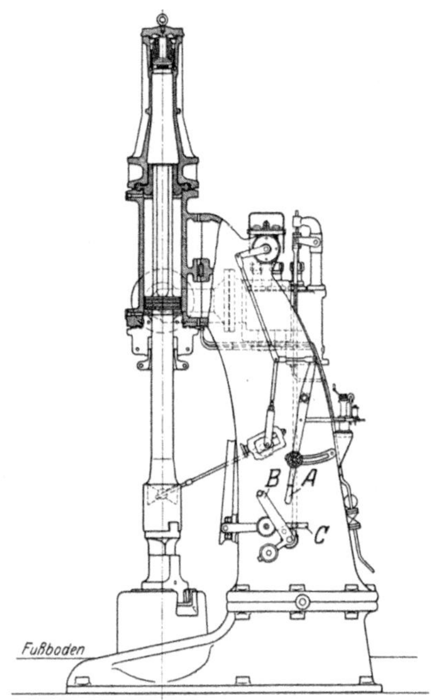

Fig. 171. Dampfhammer mit Selbststeuerung von der Sächsischen Maschinenfabrik vorm. R. Hartmann in Chemnitz. Vorderseite.

Kolbenseite. Die Bewegung des Bärs wird von einem an ihm befindlichen Bolzen mittels eines Hebels auf eine Tasche übertragen, wie dies in ähnlicher Weise bereits von der Brinkmann-Steuerung (S. 94) bekannt ist, oder ist die Übertragung, wie die Figur zeigt, in der Weise gelöst, daß der am Ständer drehbar aufgehängte Hebel durch eine entsprechend geformte Ausnehmung des Bärs gesteckt ist. Von der Tasche geht eine Zugstange zum Ventilgehäuse und öffnet stets gleichzeitig ein Ein- und ein Auslaßventil, während die beiden anderen Ventile geschlossen werden. Geregelt wird dadurch, daß die Zugstange, welche aus zwei Teilen besteht, durch eine Hebelanordnung vom Handhebel A aus durchgeknickt werden kann, wodurch die Mittellage der Ventilbewegung gegenüber der Bärbewegung abgeändert wird. Dadurch nähert sich diese Steuerung bereits der Gruppe der vereinigten Hand- und Selbststeuerungen (s. S. 99). Der Ventilhub kann dadurch geändert werden, daß der in der Tasche befindliche Stein, an welchem die Zugstange angreift, in der Tasche verschoben werden kann, wodurch das Übersetzungsverhältnis geändert

Fig. 172. Dampfhammer mit Selbststeuerung von der Sächsischen Maschinenfabrik vorm. R. Hartmann in Chemnitz. Rückseite.

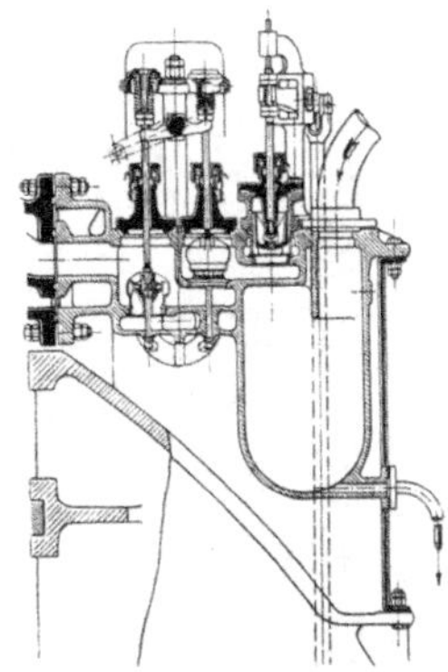

Fig. 173. Ventilkasten mit Absperrventil und Wasserabscheider vom Hartmann-Hammer.

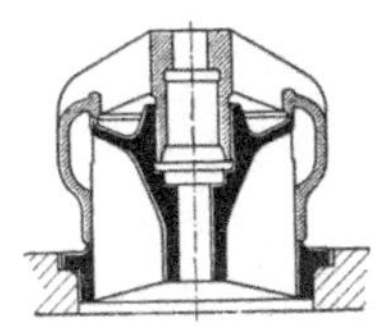

Fig. 174. Steuerventil vom Hartmann-Hammer.

wird. Hebel *B* führt zum Anlaßhahn, Hebel *C* dient dazu, eine Stütze unter den Bär zu bringen, um diesen in angehobener Stellung festzuhalten.

Fig. 173 zeigt den Ventilkasten eines Hartmann-Hammers mit dem Absperrventil und dem angebauten Wasserabscheider, an den ein Kondenstopf anzuschließen ist, Fig. 174 stellt ein Steuerventil dar, das als Doppelsitzventil ausgeführt wird und daher entlastet ist.

Bei Hämmern, die keine Bärführung erhalten, ist die Kolbenstange nach oben durch die Stopfbüchse geführt und mit einer Verschalung versehen.

Selbststeuerung von Eulenberg, Moenting & Co., m. b. H., in Mülheim-Rhein. Die Steuerung ist in mehrfacher Weise bemerkenswert. Im Gegensatze zu den bisher genannten Steuerungen ist der Antrieb des Steuerorgans kein starrer, wodurch Brüche vermieden werden. Die Mitnahme des Schiebers erfolgt dadurch (s. Fig. 175), daß sich ein schwertartig gekrümmter Hebel an eine am Bär befind-

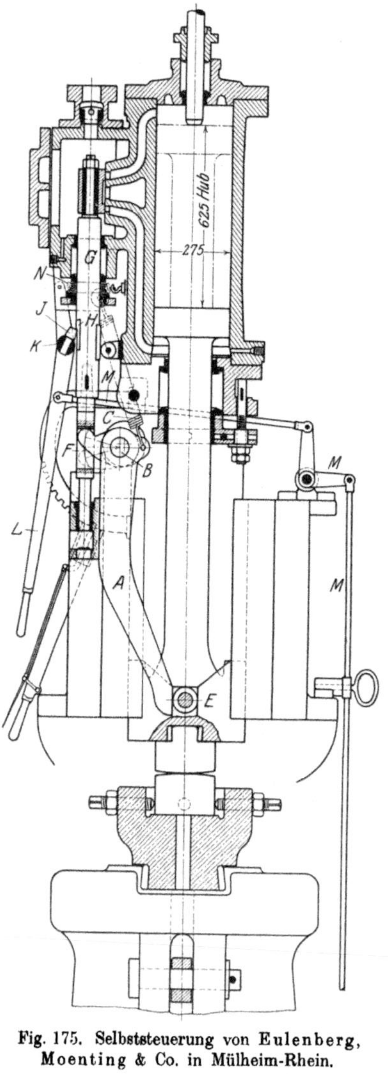

Fig. 175. Selbststeuerung von Eulenberg, Moenting & Co. in Mülheim-Rhein.

liche Rolle anlegt und die Bewegung des Bärs mittels eines Gestänges auf den Schieber überträgt. Solche Anordnungen sind seit langer Zeit bei den kombinierten Hand- und Selbststeuerungen üblich. Durchaus neu ist jedoch hier die Art, wie der schwertartige Hebel zur Anlage an den Bär gebracht wird, da dies durch Dampfwirkung erfolgt.

Dem Äußeren nach unterscheidet sich die Steuerung nicht wesentlich von anderen; ein schwertartiger zweiarmiger Hebel *A*, der in *B* seinen Drehpunkt hat, wird durch die Feder *C* stets gegen die am Bär befindliche Rolle *E* gedrückt. Der zweite kürzere Arm des Hebels endet in einem Daumen, der in eine Tasche *F* der Schieberstange eingreift. Diese Stange ist nicht durchgehend; sie ist unter dem Schieber bei *G* plungerartig erweitert. Der im Schieberkasten befindliche Frischdampf trachtet daher den Schieber samt Stange stets nach abwärts zu drücken, so daß die Oberkante der Tasche stets zur Anlage an die Knagge kommt. Die Aufwärtsbewegung des Schiebers erfolgt also durch das Schwert, die Abwärtsbewegung durch den Dampfdruck.

Der Vorteil dieser Anordnung liegt in folgendem.

Bei den Selbststeuerungen ist es meist unmöglich, den Bär in gehobener Stellung schwebend zu halten, was etwa für das Vorrichten der Gesenke wünschenswert ist. Dies kommt daher, weil einer bestimmten Stellung des Bärs zwangläufig eine bestimmte Stellung des Steuerorgans entspricht. So ist das Steuerorgan, das den Eintritt des Dampfes über den Kolben steuert, in gehobener Stellung des Bärs ganz geöffnet, um den Niedergang des Bärs einzuleiten. Das Schwebendhalten des Bärs ist jedoch nur möglich, wenn in gehobener Stellung des Bärs der unter den Kolben führende Dampfkanal geöffnet ist.

Bei der Steuerung von Eulenberg, Moenting & Co. ist es nun möglich, den Schieber in einer bestimmten Lage festzuhalten, während der Bär sich von ihm mechanisch unabhängig bewegt. Die Feststellung des Schiebers erfolgt mittels einer, in einen Vorsprung *H* einfallenden Stahlknagge *I*, die an einem Hebel angebracht ist, der in *K* am Ständer seinen Drehpunkt besitzt und entweder von Hand aus bei *L*, oder durch Fußtritt mittels eines Gestänges *M* betätigt wird. Die Knagge schnappt, durch die Feder *N* veranlaßt, ein, wenn der Hebel oder Fußtritt losgelassen wird. Auf diese Weise wird der Schieber bei seinem Abwärtsgange in einer solchen Lage festgehalten, daß der unter den Kolben führende Kanal gerade nur so weit geöffnet wird, daß der Bär langsam sich in seine höchste Lage bewegen kann. Der obere Zylinderdeckel ist so ausgestaltet, daß eine eingebaute Feder einen Bolzen nach abwärts drückt; geht der Kolben zu hoch hinauf, wird daher durch Anschlag an diesen Bolzen lediglich die Feder zusammengedrückt und ein metallisches Anschlagen von Kolben und Zylinder verhindert (s. auch Fig. 178 und 179).

Für die Veränderung des Hubes ist der Schwerthebel exzentrisch aufgehängt und kann in bekannter Weise mittels des Hebels *O* verstellt werden.

In Fig. 175 ist der Hammer mit Flachschiebersteuerung ausgeführt, doch liefert ihn die Firma auch mit Kolbenschiebersteuerung, die für halbwegs größere Ausführungen wegen ihrer Entlastung vorzuziehen ist. Die Erzeugerin empfiehlt den Hammer besonders für Gesenkarbeit.

2. Vereinigte Hand- und Selbststeuerungen.

Für Hämmer mittlerer und größerer Type ist es meist wünschenswert, nebst der selbsttätigen Steuerung, die sich vornehmlich für Streckarbeit eignet, noch die Möglichkeit zu besitzen, einzelne Schläge zu führen, um auch Gesenkarbeiten vorteilhaft durchführen zu können. Daher erhalten diese Hämmer gewöhnlich auch eine Handsteuerung.

Die Vereinigung von Hand- und Selbststeuerung kann in zweierlei Weise erfolgen. Entweder ist der Antrieb des Steuerorgans vom Bär aus ein starrer, dann muß dafür Sorge getragen werden, daß ein Zwischenglied derart in den Mechanismus geschaltet ist, daß durch Ausrücken desselben die Mitnahme des Steuerorgans unterbrochen wird. Oder ist in den Antriebsmechanismus ein elastisches Mittelglied eingeschaltet; dann ist es bloß erforderlich, die Spannung des federnden Teiles von Hand aus zu überwinden, wenn die selbsttätige Mitnahme des Steuerorgans unterbrochen werden soll. Die Darstellung einzelner Beispiele soll dies näher erläutern.

Die Steuerung von F. Ringhoffer in Prag-Smichow, nunmehr Vereinigte Maschinenfabriken A.-G., ist in Fig. 176/177 dargestellt. Der Antrieb des Steuerschiebers bei Verwendung der Selbststeuerung erfolgt entweder nach Art der Banning-Steuerung mittels Tasche und geschlitzter Zugstange, oder auch so, daß der Bogenbewegung des Steuerhebelendes derart Rechnung getragen wird, daß der Hebel nicht unmittelbar an einem Zapfen des Bärs angeschlossen ist, sondern eine Lasche zwischengeschaltet wird, wie es bei dem dargestellten Hammer von 1000 kg Fallgewicht und 900 mm Hub der Fall ist.

Die Bewegung des Schiebers erfolgt ohne toten Gang im Gestänge. Soll von Hand gesteuert werden, so wird eine Beilage *F* aus dem Schlitz der Zugstange *B* herausgezogen, der unter dem klobigen Ende des kurzen an der Tasche befindlichen Hebel *A* sitzt. Hierdurch ist man in der Lage, von Hand aus die Stange und dadurch auch den Steuerschieber unabhängig von der Bärbewegung zu betätigen, da in diesem Falle das Hebelende von *A* in dem Schlitze sich frei bewegen kann. Jedoch diese Bewegung ist nur in gewissem Sinne eine freie, denn die Stange *B* muß stets mindestens so hoch stehen, wie es ihrer augenblicklichen Stellung bei Selbststeuerung entsprechen würde, da nur unter, jedoch nicht über dem Kloben durch das Herausziehen der Beilage *F* in dem Schlitz Luft geschaffen wird. Auf diese Weise ist eine Sicherung gegen das Durchgehen des Bärs auch bei Verwendung der Handsteuerung beibehalten, da Füllung, Expansion und Ausströmung auf der Unterseite sich der Willkür des Hammerführers entzieht. Er kann bloß die

Zugstange höher heben, als ihr nach der Bärstellung zukommen würde; tut er dies, wenn der Bär oben ist, indem er den Handhebel rasch nach unten drückt, so gibt er mehr Oberdampf und kann auf diese Weise besonders kräftige und sorgfältig abgestufte Einzelschläge geben. Ist der Schlitz in der Stange genügend weit nach

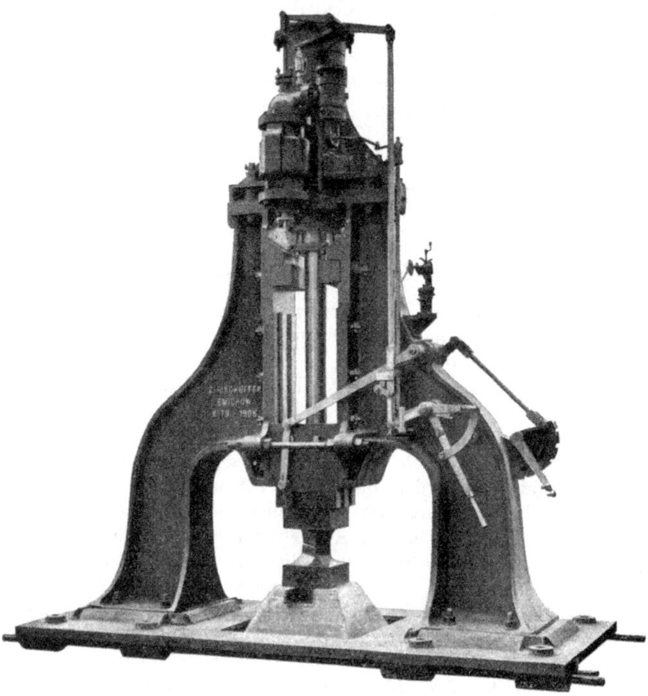

Fig. 176. Dampfhammer mit vereinigter Hand- und Selbststeuerung, Bauart Ringhoffer.

unten ausgebildet, so kann er während des ganzen Abwärtsganges des Bärs Oberdampf geben und das Werkstück auch unter Dampf auf dem Amboß festhalten, was für Biegearbeiten sehr erwünscht ist.

Konstruktiv ist die äußere Steuerung des Hammers sehr elegant, wenn auch nicht ganz einfach gelöst.

In Fig. 177 ist der wesentliche Teil der Steuerung dargestellt. *A* ist der in ein klobiges Ende ausgehende kurze Hebel, welcher mit der an den Bär angelenkten Steuerstange aus einem Stücke ist, *B* die Zugstange, die an einem Doppelhebel *K* anschließt, welcher an seinem anderen Ende zwei Rasten eingearbeitet hat; das Beilagstück *F* ist an dem Doppelhebel *E* angebracht, der wiederum vermittels Lasche *G* und Doppelhebel *L* in der Weise betätigt werden kann, daß *L* in einer der beiden Rasten fixiert wird. Stellt man Hebel *L* mittels des an ihm befindlichen Handgriffes in die obere Rast, so schiebt sich die Beilage *F* unter den Kloben des Steuerhebels und wird der Hammer selbsttätig gesteuert. Stellt man ihn in die untere Rast und läßt gleichzeitig die Falle *N* in die Zahnlücke des lose auf Bolzen *O* sitzenden einarmigen Hebel *I* einschnappen, so ist einerseits die Beilage ausgerückt, anderseits der Hebel *I*, der als Handsteuerhebel dient, durch Vermittlung von *K* mit der Schieberzugstange *B* gekuppelt, so daß der Schieber unabhängig von der Bärbewegung für Einzelschläge betätigt werden kann.

Um den Hammer auch durch Bearbeitung besonders hoher Werkstücke und durch kräftige Setzschläge forcieren zu können, wurde vom Verfasser die Aufhängung des Steuerhebels auf einem exzentrischen Bolzen angeordnet, wie aus Fig. 176 ersichtlich ist. Das Lichtbild zeigt die Einstellung der Exzentrizität mittels eines Handhebels und entsprechenden Führungsbogens mit mehreren Rasten.

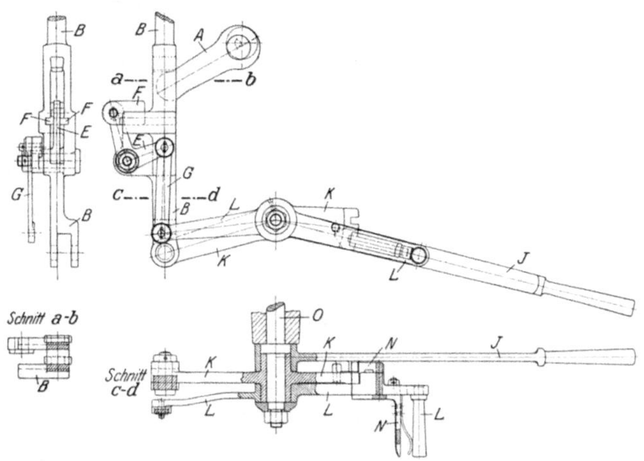

Fig. 177. Hand- und Selbststeuerung von Ringhoffer, Prag-Smichow[1]).

Bemerkenswert sind die am Ständer angebrachten Hartholzklötze, die eine Sicherung gegen das „Durchgehen" des Bärs bieten sollen (siehe auch den Hammer Fig. 196/197). Bei einer richtigen Bemessung der Steuerung sind solche Sicherungen überflüssig.

Die vereinigte Hand- und Selbststeuerung von Eulenberg, Moenting & Co., m. b. H., Mülheim-Rhein, Fig. 178, stellt einen Übergang von der starren kombinierten Steuerung zur elastischen dar, da hier wohl eine starre Steuerstange, doch ein elastisches Zwischenglied in der Steuerung vorhanden ist.

Es ist eine Brinkmann-Steuerung (siehe S. 94) mit exzentrischer Aufhängung des Drehpunktes, jedoch langer Tasche in der Schieberstange und einem nach Art der Selbststeuerung derselben Firma durch den Dampfdruck stets nach aufwärts gedrückten Kolbenschieber. Der Dampfwirkung ist hier durch eine am unteren Ende der Schieberstange angebrachte Spiralfeder nachgeholfen. (Diese Feder ist offenbar nur dann möglich, wenn der Schieberweg ein kurzer ist, was geringe Ausnutzung des Dampfes durch Expansionswirkung zur Bedingung macht.) Die Handsteuerung ist dadurch ermöglicht, daß am unteren Ende der Schieberstange eine zweite Tasche *A* angebracht ist, in welche ein Daumen eingreift, der durch einen Doppelhebel *B* mittels Handgriffes betätigt wird. Dadurch kann, nach Überwindung des Dampfdruckes und der Federspannung, der Schieber mechanisch unabhängig von der Bärbewegung betätigt werden.

[1]) Die Firma führt seit ihrer Vereinigung mit Skoda, Ruston und Bromovsky meist eine einfache Steuerung der Brinkmann-Type aus.

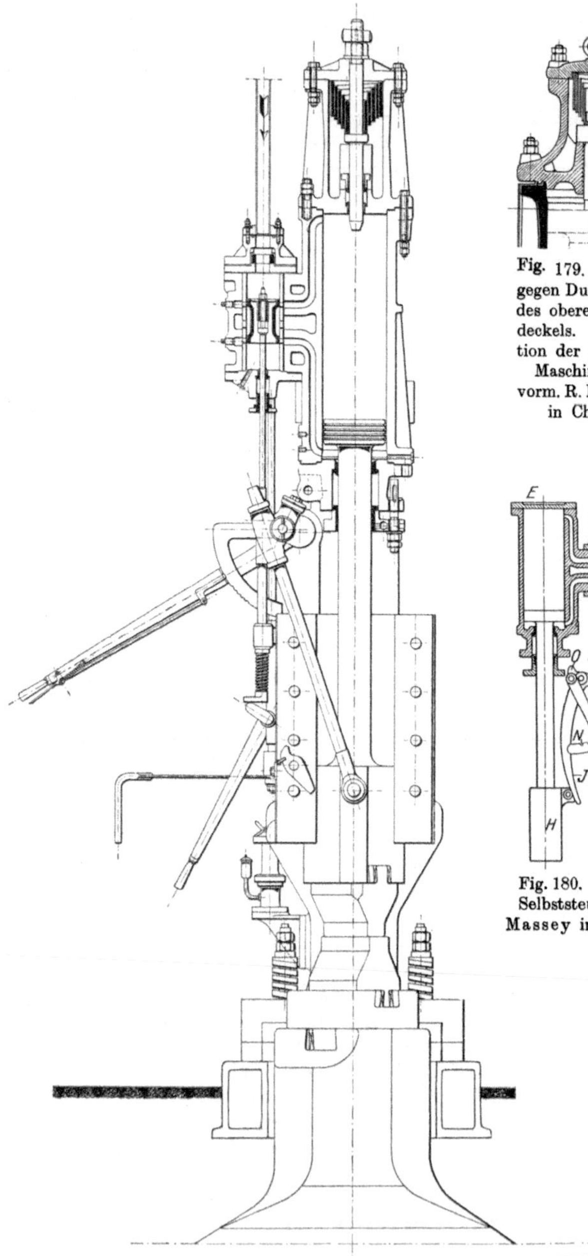

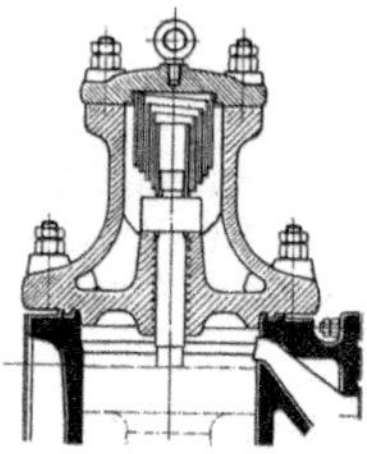

Fig. 179. Sicherung gegen Durchschlagen des oberen Zylinderdeckels. Konstruktion der Sächsischen Maschinenfabrik vorm. R. Hartmann in Chemnitz.

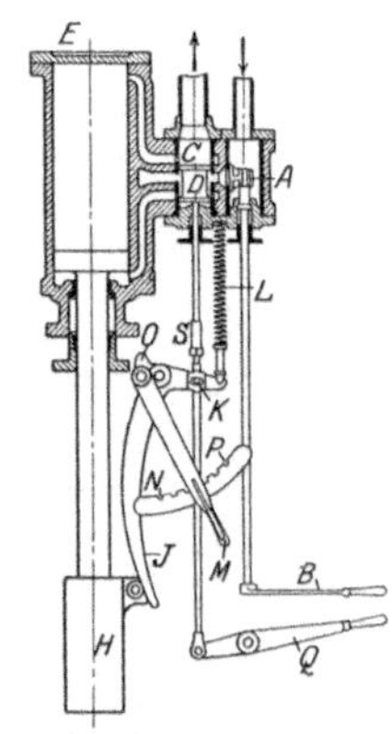

Fig. 180. Hand- und Selbststeuerung von Massey in Manchester.

Fig. 178. Vereinigte Hand- und Selbststeuerung von Eulenberg, Moenting & Co. in Mülheim-Rhein.

Bemerkenswert ist die Sicherung gegen Durchschlagen des oberen Zylinderdeckels, die hier mittels einer Kegelfeder gelöst wird, sowie die elastische Verbindung zwischen Ständer und Grundplatte, über die auf S. 125 Näheres mitgeteilt wird.

In fast gleicher Weise wird die Sicherung des oberen Zylinderdeckels von der Sächsischen Maschinenfabrik vorm. R. Hartmann in Chemnitz gelöst, die aber statt der Stopfbüchse im Deckel eine Labyrinthdichtung wählt und die aufgesetzte Haube nach oben völlig abschließt (s. Fig. 179).

Für die elastischen Steuerungen kennzeichnend ist die Hand- und Selbststeuerung von B. & S. Massey in Manchester (Fig. 180). Diese Steuerung ist seit den siebziger Jahren des verflossenen Jahrhunderts in unveränderter Weise in Verwendung.

Das Steuerorgan ist ein Kolbenschieber mit Innenkantensteuerung. Der Bär

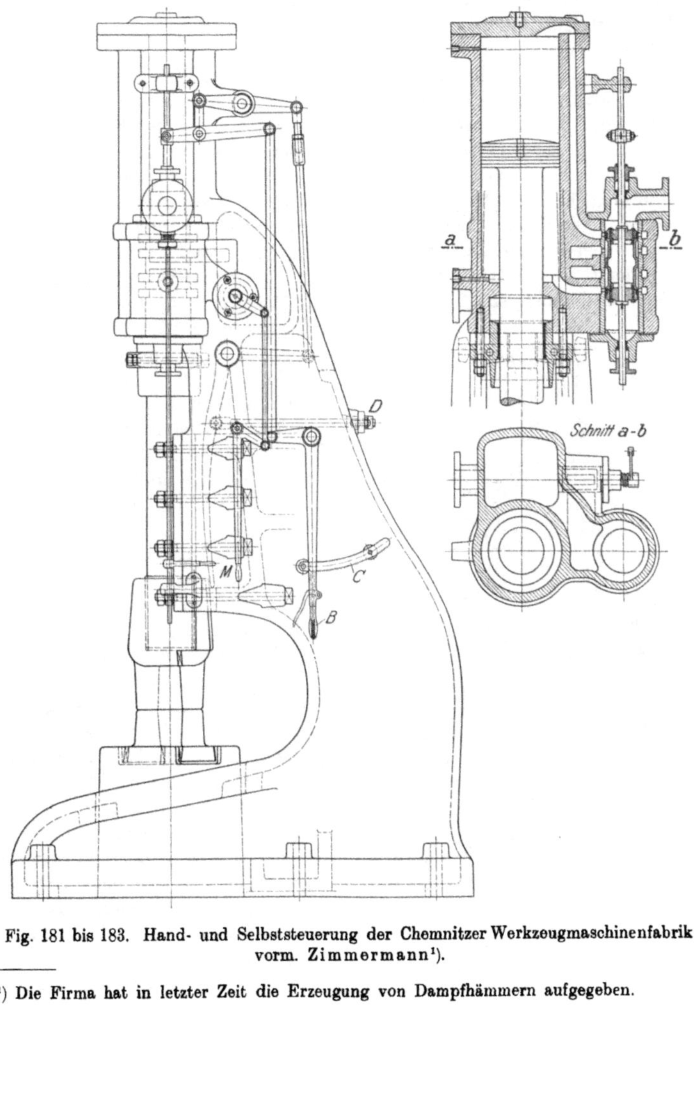

Fig. 181 bis 183. Hand- und Selbststeuerung der Chemnitzer Werkzeugmaschinenfabrik vorm. Zimmermann[1]).

[1]) Die Firma hat in letzter Zeit die Erzeugung von Dampfhämmern aufgegeben.

trägt eine drehbare Rolle, gegen die sich ein schwertartiger Hebel I stützt, der zweiarmig ist und in O am Ständer exzentrisch aufgehängt wird. Im kürzeren Hebelsarm ist bei K die Schieberstange S gelenkig angeschlossen. Am Ende dieses Armes wirkt eine Feder L, die das Schwert stets gegen die Rolle zu drücken trachtet. Die Krümmung des Schwertes bestimmt daher im Verein mit der Schieberform die Dampfverteilung für die Selbststeuerung.

Die Handsteuerung wird dadurch ermöglicht, daß die Federspannung von Hand aus überwunden wird, so daß sich das Schwert von der Rolle abhebt. Dies geschieht durch direkte Betätigung des Schiebers mittels des Handhebels Q.

Infolge der exzentrischen Aufhängung des zweiarmigen Schwerthebels kann man durch verschiedene Einstellung des Hebels M den Drehpunkt des Schwerthebels heben oder senken, wodurch die gegenseitige Lage von Bär und Schieber abgeändert wird; dies wirkt auf die untere Füllung derart ein, daß längere und kürzere Hübe erfolgen.

Der Hebel B betätigt den Anlaßhahn A.

Vereinigte Hand- und Selbststeuerung der Chemnitzer Werkzeugmaschinenfabrik vorm. Joh. Zimmermann. Die Steuerung, siehe Fig. 181 bis 183, wird von der Erzeugerin als verbesserte Sellerssteuerung (siehe S. 94) bezeichnet, hat jedoch mit der üblichen Sellers-Type nach Ansicht des Verfassers nichts gemein und ist im Wesen eine Schwertsteuerung, die eine Regelung ähnlich der Brinkmann-Steuerung besitzt. Durch die Betätigung des Schwertes wird der an der Schieberstange angreifende Hebel einarmig um den Drehpunkt bewegt. Dieser Punkt kann nach Art der Brinkmannsteuerung von Hand aus durch Betätigung des Handgriffes B in der Höhe verstellt werden. Es geschieht dies entweder durch Vermittlung des Zahnbogens C und einer am Handgriff angebrachten Falle für eine ganze Schmiedeperiode (Selbststeuerung) oder wird dieser Drehpunkt ständig verstellt, so daß hierdurch eine Steuerung von Hand ermöglicht wird.

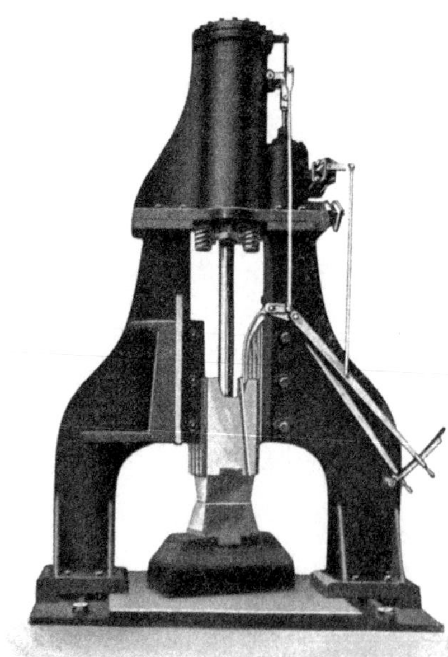

Fig. 184. Hand- und Selbststeuerung der Buffalo Foundry & Machine Co. in Buffalo.

Der äußersten Stellung rechts des Hebels B entspricht dann ein Schwebendhalten des Bärs in höchster Lage, der äußersten Stellung links der kräftigste Setzschlag. Bei D befindet sich eine Feder (in die Figur nicht eingezeichnet), die das Schwert ständig an den Bär drückt. Eine weitere Regelung ist hier dadurch möglich, daß der Auspuffdampf der Unterseite durch Betätigung des Hebels M mittels des in Schnitt $a\,b$ dargestellten Drosselschiebers gedrosselt werden kann, so daß man den Bär langsamer fallen lassen bzw. ganz abfangen kann. Bemerkenswert ist beim Steuerschieber die getrennte untere und obere Ausströmung, die lange Schieber erforderlich macht und wohl schwerlich irgendwelche Vorteile bietet. Der in der Mitte desselben befindliche Lappen ist wohl nur als Führung, nicht als Abdichtung aufzufassen.

Der Hammer der Buffalo Foundry & Machine Co. in Buffalo N. Y. (Fig. 184) ist im Wesen den beiden vorgenannten Hämmern gleich. An dem Bär befindet sich eine Leiste, die andrückende Feder greift oben am Schieber an. Es tritt hier eine neue, in Amerika beliebte Sicherung gegen das Durchgehen des Bärs in Form zweier am unteren Zylinderdeckel befestigten Spiralfedern auf (siehe andere Sicherungen in Fig. 176, 178, 179).

Besonders hervorragend in der soliden konstruktiven Durchbildung sind die Hämmer der Niles-Bement-Pond Co. in New York, die in gleicher Weise wie der vorgenannte Hammer ausgebildet sind.

3. Handsteuerungen.

Die Handsteuerung ist für große Hämmer bestimmt; unter 1000 kg Fallgewicht wird sie wohl selten verwendet werden.

Entweder ist zur Sicherheit eine selbsttätige Umsteuerung vorgesehen, oder entfällt auch diese und sind bloß hölzerne oder federnde Sicherheitsprellungen eingebaut, an die der Bär in der höchsten Stellung anschlägt; schließlich können auch diese entfallen, wenn man der Umsicht des Hammerführers genügend großes Vertrauen schenkt.

Als Steuerorgane sind heute Kolbenschieber und Doppelsitzventile üblich; durch sie erfolgt auch meist die ganze Regelung und ist dann das Anlaßorgan während der ganzen Schmiedeperiode, allfällig sogar während der ganzen Schicht unverändert offen. Da es also hier nicht auf rasche Betätigung ankommt, werden in diesem Falle meist Ventile als Absperrorgane gewählt, da sie besser dicht halten als die für selbststeuernde Hämmer üblichen Hähne.

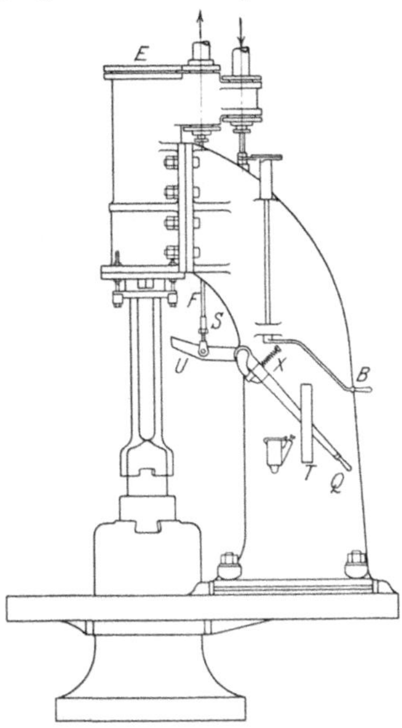

Fig. 185. Handsteuerung von Massey in Manchester.

Die Steuerung von B. & S. Massey in Manchester (s. Fig. 185) stellt eine Ausführung dar, die namentlich in England viel verbreitet ist. Das Steuerorgan ist ein Kolbenschieber mit Innenkantensteuerung; an seiner Stange greift unten ein zweiarmiger Hebel an, der am Ständer seinen Drehpunkt hat. Durch eine Feder x, die am Ständer aufgehängt ist und an dem einen Hebelende angreift, wird der Hebel in jeder Betriebspause in die gleiche Stellung zurückbewegt. An dieser Feder greift ein Handhebel Q an, so daß durch die Zwischenschaltung der Feder der zweiarmige Hebel und der Schieber betätigt werden kann. T ist ein Führungsbogen für Q; wird dieser Handhebel nach aufwärts bewegt, wird Unterdampf gegeben und der Bär steigt, ebenso kann durch Abwärtsbewegung Oberdampf gegeben werden. Ist der Bär kurz vor dem Hubende angelangt, so schlägt er an das Ende U des zweiarmigen Hebels an und steuert so um. Wegen der zwischen- geschalteten Feder wird der Schlag, den U erhalten hat, in der Hand des Hammerführers nur wenig gespürt.

Der Hebel B betätigt den Anlaßhahn, der hier also auch zur Regelung benutzt wird.

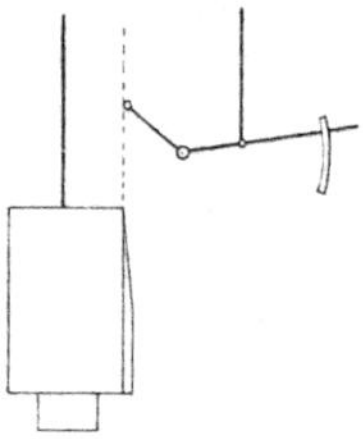

Fig. 186.

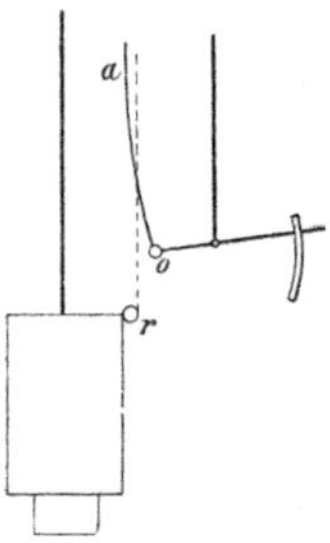

Fig. 187.

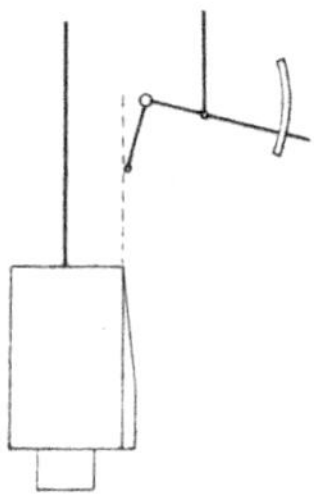

Fig. 188.

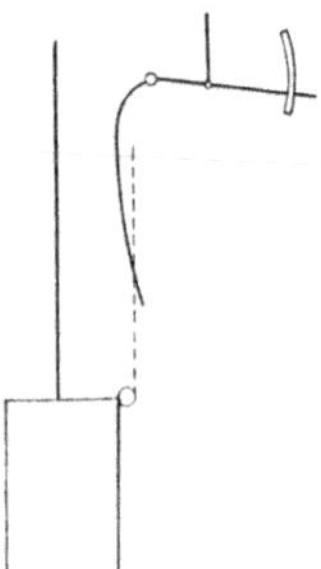

Fig. 189.

Fig. 186 bis 189. Verschiedene Formen von Dampfhammer-Handsteuerungen.

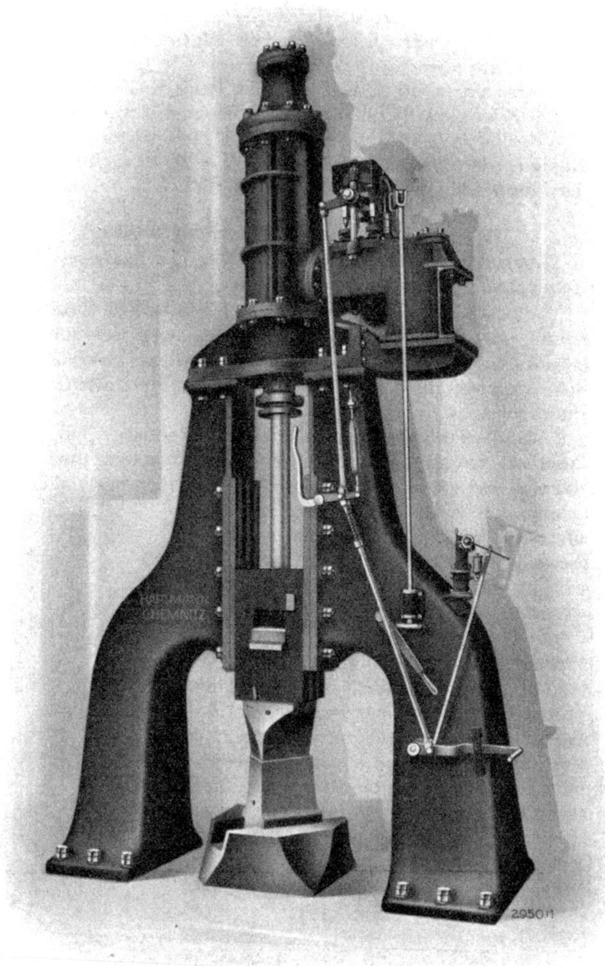

Fig. 190. Doppelständer-Dampfhammer mit von Hand betätigter Ventilsteuerung, gebaut von der Sächsischen Maschinenfabrik vorm. R. Hartmann in Chemnitz.

Fig. 191. Federndes Zwischenglied in der Steuerstange des Hartmann-Hammers.

Diese Steuerung ist überaus einfach und kann in den verschiedensten Formen ausgeführt werden, nach Fig. 186 und 187 für Außenkantensteuerung, nach Fig. 188 und 189 für Innenkantensteuerung mit schiefer Fläche oder Rolle am Bär. Durch die Neigung der am Bär befindlichen Fläche oder durch die Form des schwert-

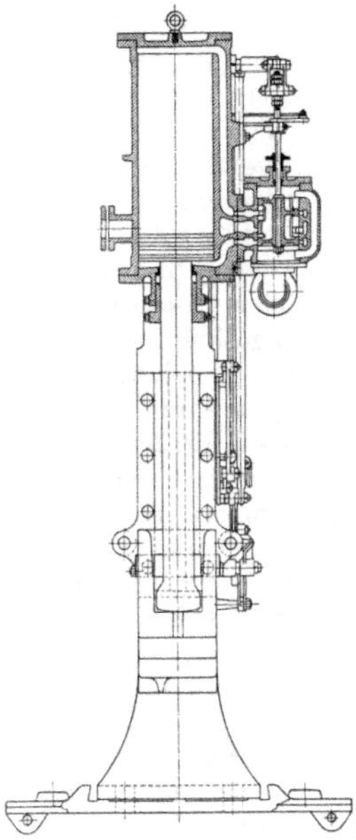

Fig. 192.

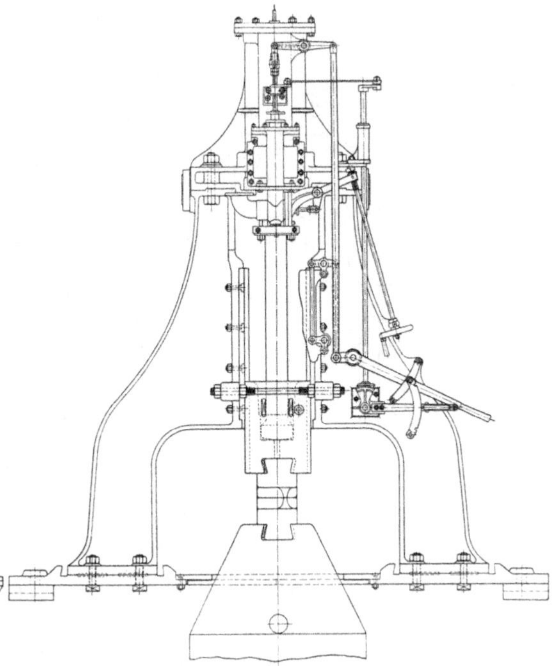

Fig. 193.

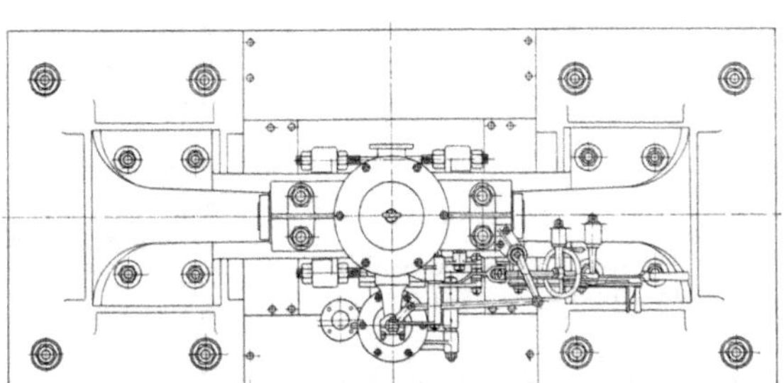

Fig. 194.

Fig. 192 bis 194. Handsteuerung von F. Ringhoffer (Vereinigte Maschinenfabriken A.-G.) in Prag-Smichow.

förmigen Hebels kann auf die Dampfverteilung Einfluß genommen werden. Die Einschaltung einer Feder in den Handhebelbetrieb nach Art der Masseyschen Ausführung und möglichst sanftes Anlaufen ist mit Rücksicht auf eine geringe Beschleunigung der Steuerung im Augenblicke der Umsteuerung dringendst zu empfehlen. Der Verfasser hatte Gelegenheit, einen englischen Hammer zu sehen, der den Hammerführer durch das unvermittelte Auftreffen des Bärs gefährdete und daher entsprechend umgebaut werden mußte. Solche Handsteuerungen werden auch bei Ventilbetrieb in Anwendung gebracht, wie der Hammer der Sächsischen Maschinenfabrik vorm. R. Hartmann in Chemnitz, Fig. 190, zeigt. Fig. 191 stellt das federnde Zwischenglied in der Steuerstange dar. Die Einzelheiten der Ventilsteuerung sind in Fig. 173 und 174 dargestellt.

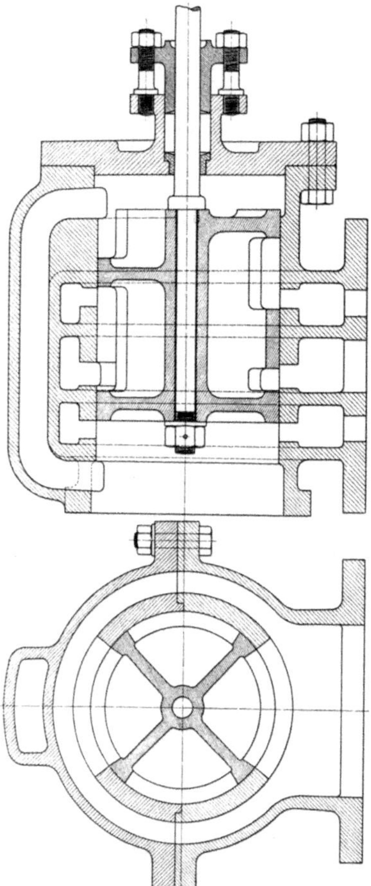

Fig. 195. Vierkammer-Schieber zum Ringhoffer-Dampfhammer.

Die Schiebersteuerung mit einschaltbarer Überströmung von F. Ringhoffer in Prag-Smichow (Vereinigte Maschinenfabriken A.-G.), die in Fig. 192 bis 194 an einem Hammer von 1000 kg Fallgewicht und 850 mm Hub dargestellt ist, besitzt einen Schwerthebel, der zwei schräge und zwei vertikale Kanten besitzt. Der Hebel ist an zwei Punkten vermittels zweier untereinander durch eine Lasche gekuppelter Doppelhebel aufgehängt und mit der Handsteuerung in Verbindung. Soll der Bär in die Höhe gehen, so wird der Handsteuerhebel gehoben; hierdurch geht die Zugstange nach abwärts und der Steuerschieber nach aufwärts. Beim Aufwärtsgange trifft der Bär vorerst an die untere schiefe Fläche des Schwerthebels und verschiebt diesen parallel zu sich selbst nach rechts. Dadurch wird aber die Zugstange nach aufwärts und der Schieber nach abwärts gezogen, so daß dieser den Unterdampf absperrt. Nunmehr kommt die Rolle am Bär an die senkrechte Fläche des Schwerthebels; dadurch bleibt der Schieber am selben Orte, während der Bär weiter nach aufwärts geht. Der Dampf expandiert unten, und zwar ist der Expansionsgrad ein größerer als der Überdeckung am Schieber entsprechen würde, da hier gewissermaßen eine Steuerung mit totem Gange vorliegt. Es folgt nun wieder eine schräge Fläche, die in eine senkrechte übergeht. Der Schieber gibt unten Ausströmung und oben Einströmung, wodurch die Umkehr des Bärs erzwungen wird. Natürlich kann der Hammerführer das Schwert beim Abwärtsgange beliebig weit von der Rolle abheben und dadurch kräftige Schläge erzielen. Als Anlaßorgan dient ein Ventil (s. Fig. 193) das mittels eines Handrades betätigt wird.

Besonders eigenartig ist hier die innere Steuerung ausgestaltet. Sie besteht aus einem Kolbenschieber, der um seine Achse durch einen Hebel vermittels eines Zahnsegmentes und Kegelrades nebst Gestänge gedreht werden kann. Der Schieber selbst, der in Fig. 195 abgebildet erscheint, ist im Querschnitt durch radiale Scheidewände in vier Kammern geteilt, von welchen je zwei einander gegenüberstehende in der gleichen Weise ausgebildet sind. Der Schieberspiegel ist entsprechend in der Weise ausgebildet, daß die Kanäle nur in zwei einander gegenüberliegenden Vierteln des Umfanges vorhanden sind.

Das eine Kammernpaar des Schiebers, der Außenkantensteuerung besitzt, ist wie bei einem gewöhnlichen Schieber, der Unterdampf und Oberdampf zu steuern hat,

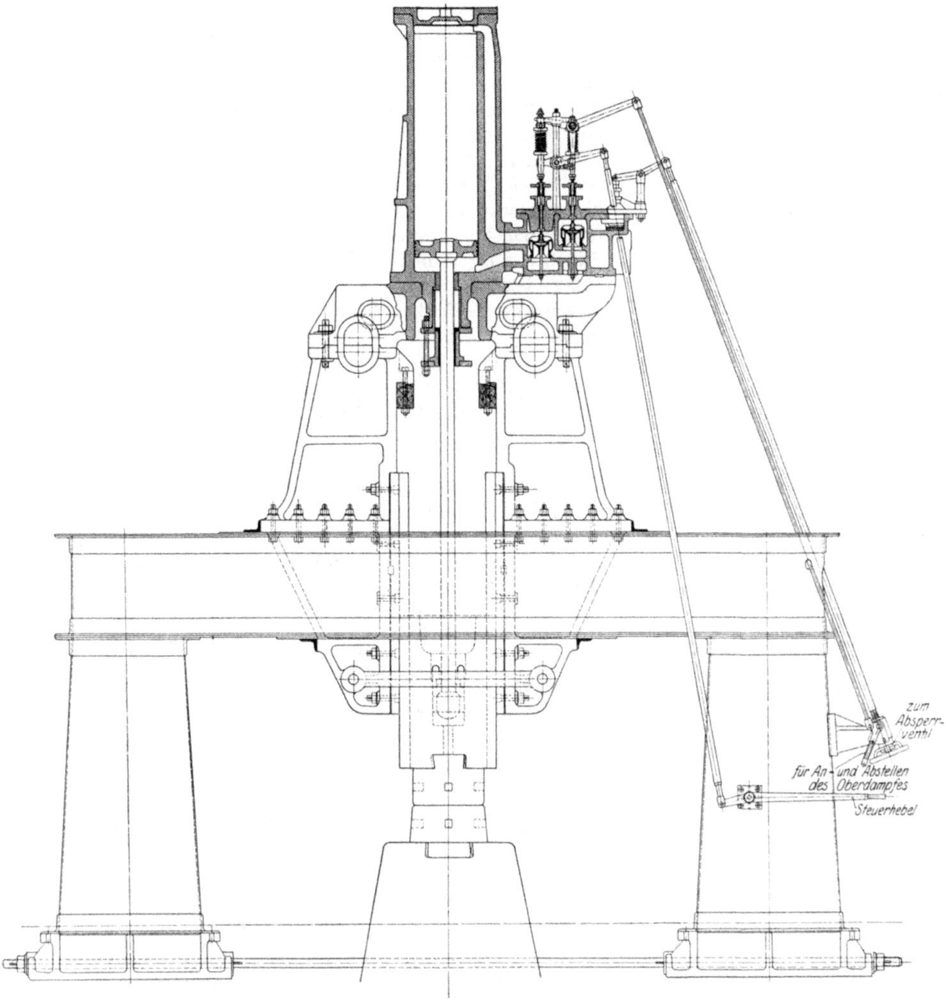

Fig. 196.

Fig. 196 u. 197. Ventilsteuerung an einem Dampfhammer von 2500 kg Fallgewicht der Eschweiler-Ratinger Maschinenbau-A. G.[1])

ausgebildet und wird der Hammer auch in dieser Weise gesteuert, wenn diese Kammern den Kanälen im Schieberspiegel gegenübergestellt werden.

Das andere Kammernpaar hingegen hat den oberen Lappen höher liegend und außerdem noch einen mittleren Lappen. Wird der Schieber so gedreht, daß das zweite Kammernpaar den Kanälen im Schieberspiegel gegenüberliegt, so wird wohl

[1]) Die Firma hat in letzter Zeit die Maschinenerzeugung und daher auch die Herstellung von Dampfhämmern aufgegeben.

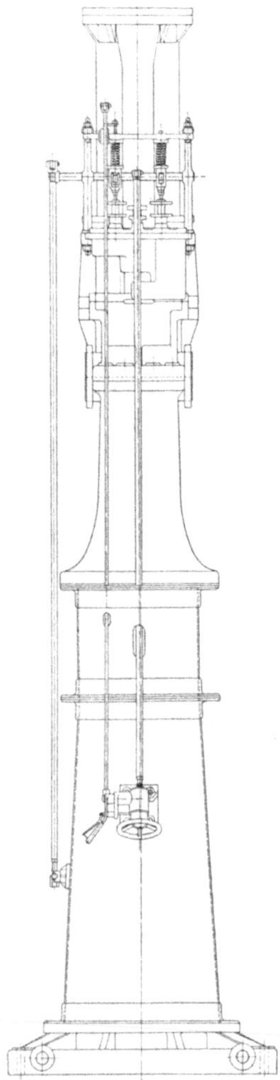

Fig. 197.

der Unterdampf in gewöhnlicher Weise gesteuert, jedoch wird bei der Eröffnung des unteren Auslasses der abströmende Dampf über den Kolben geleitet, wo er in gleicher Weise wie beim Daelen-Hammer (s. S. 86) den Fall beschleunigt. Sobald der Unterdampf wieder einströmt, tritt der Dampf über dem Kolben aus.

Durch entsprechendes Verdrehen des Schiebers sind auch Mittelstellungen möglich. Es sei jedoch hier bemerkt, daß diese Regelbarkeit dem Hammerführer manchmal unbequem ist und man daher solche Schieber findet, die eine vierkantige Führung ihrer Stange besitzen, welche sie in der normalen Stellung festhält, den Gedanken des Kehrschiebers also zunichte macht.

Schultz & Goebel in Wien, derzeit I. Brünner Maschinenfabrik-Ges., haben den Schieber gar dreiteilig gemacht, so daß er auch bloß mit Unterdampf arbeiten kann[1]).

Ventilsteuerung mit abstellbarem Oberdampf der Eschweiler-Ratinger Maschinenbau-A.-G., Eschweiler-Aue (Deutschland).

Bei schweren Hämmern liebt man es vielfach wohl für die Verwendung des Oberdampfes vorzusorgen, um ihn bei schweren Setzschlägen benutzen zu können, ihn jedoch für den gewöhnlichen Betrieb abzustellen. Fig. 196 und 197 zeigt die Gesamtansicht eines Hammers von 2500 kg Fallgewicht, der eine solche Ventilsteuerung besitzt. Vier Ventile besorgen, von Hand betätigt, in üblicher Weise die Steuerung. Die Abstellung erfolgt in der Weise, daß durch Ausrücken einer Knagge das Heben des oberen Einlaßventils unterbrochen wird, während gleichzeitig die Ventilspindel des oberen Auslaßventils in gehobener Stellung festgestellt ist, so daß der dieses Ventil steuernde Doppelhebel in dem Schlitze der Spindel freies Spiel hat.

4. Verbund-Dampfhämmer.

Der in Fig. 198 und 199 dargestellte Verbund-Dampfhammer der märkischen Maschinenbauanstalt Ludwig Stuckenholz A.-G., Wetter (Ruhr), stellt eine neue Form des alten Daelen-Hammers (s. S. 86) dar; der Dampf, der den Bär gehoben hat, wirkt nachher von oben auf einer größeren Kolbenfläche schlagverstärkend. Konstruktiv ist er umständlicher dadurch geworden, daß statt eines Zylinders deren zwei in Anwendung kommen, was natürlich auch die Standfestigkeit beeinflußt. Der Dampf strömt unter den Kolben des kleinen Hochdruckzylinders, hebt den Bär und tritt dann über den großen Niederdruckkolben, wodurch der Bär fällt. Dem Hammer werden seitens der Erzeugerin vielfache wärmetechnische und mechanische Vorzüge gegenüber den einzylindrigen Hämmern nachgerühmt. Die Zylinderwandungen seien vor Abkühlung geschützt, da der Raum über dem Hochdruck-

[1]) Stahl und Eisen 1894, 922.

kolben von Dampf nicht erfüllt wird. Da dieser Zylinder nur einfach wirkend arbeitet, sind nach Ansicht des Verfassers diese Verluste höher und nicht geringer als bei gewöhnlichen doppeltwirkenden Zylindern zu veranschlagen. Des weiteren ist die Oberfläche zweier Zylinder natürlich ungleich größer als die eines einzigen, was die Abkühlungsverluste gewiß nicht verringert. Endlich ist der Niederdruckzylinder unten offen, was wohl in dieser Hinsicht auch nicht von Vorteil sein kann.

Bezüglich der von der Firma gerühmten mechanischen Vorteile wird der Wegfall der unteren großen Stopfbüchse, die nur durch kräftiges bremsendes Anziehen dicht zu halten sei, genannt.

Statt einer großen, bringt der Verbundhammer zwei kleinere Stopfbüchsen; in welchem Falle die Reibung kleiner ist, scheint nicht ohne weiteres erwiesen.

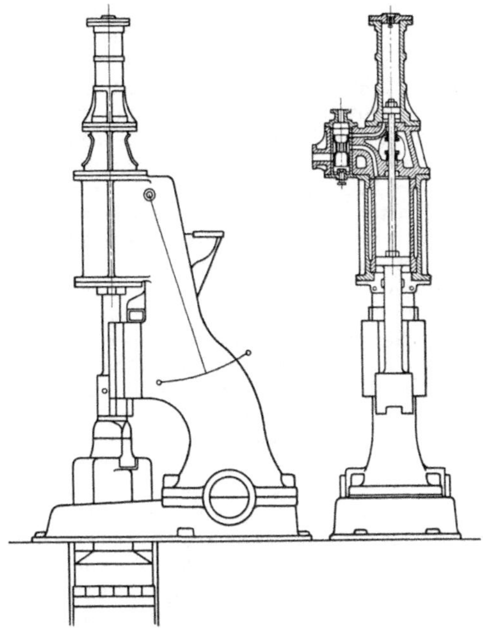

Fig. 198 u. 199. Verbund-Dampfhammer von Stuckenholz in Wetter (Ruhr).

Die Behauptung der Firma, die Verbundwirkung bringe eine Dampfersparnis von 50 vH., entbehrt jeder Begründung und wäre erst an Hand von Verbrauchsversuchen zu erweisen.

Es will dem Verfasser auf Grund seiner eingehenden theoretischen und praktischen Studien scheinen, daß auf diese Art[1]) der Verbrauch der Hämmer ebensowenig herabzumindern ist, wie etwa durch die in letzter Zeit bekannt gewordenen „Sparschieber“ (s. S. 122). Die Wege wirtschaftlich zu arbeiten, werden in dem Kapitel IV. C. 5 gewiesen.

C. Bemessung und konstruktive Durchbildung der Einzelheiten[2]).

1. Beziehungen zwischen Fallgewicht und Hub, sowie Bemerkungen über die Kolbenstange.

Die Dampfhämmer werden ausschließlich durch die Angabe von Fallgewicht und Hub gekennzeichnet, darnach bewertet und verkauft, wenngleich hierdurch nur die potentielle Energie des angehobenen Bärs gekennzeichnet wird und der Einfluß der Dampfwirkung auf das Arbeitsvermögen hierin nicht berücksichtigt wird. Die Wahl des Größenverhältnisses zwischen Fallgewicht und Hub ist in erster Reihe durch konstruktive, in zweiter Reihe durch Festigkeits-Rücksichten eingeengt. Das Fallgewicht, Kolben, Stange und Bär, muß vor allem entsprechend

[1]) Ähnlich wirkt auch der Verbundhammer von Reinecker in Chemnitz, s. St. u. E. 1890, 358.

[2]) Bezüglich der Bemessung der für eine bestimmte Arbeit nötigen Dampfhämmer finden sich Hinweise im Aufsatze von Siebel in Werkstattstechnik 1920, 529.

untergebracht werden. Ein großer Hub kann zur Folge haben, daß die lange Stange einen zu großen Teil des Fallgewichtes beansprucht, und dies um so mehr, als sie bei größerer Länge mit Rücksicht auf die Gefahr des Knickens entsprechend stärker gehalten werden muß, so daß der Bär zu kurz ausfällt, um eine genügend solide Führung zu ermöglichen. Auf diese ist jedoch großer Wert zu legen; ein Werkstück mit schiefer Oberfläche kann derart einseitige Beanspruchungen in die Stange bringen, daß diese bei mangelhafter Führung des Bärs bricht oder gar ein Teil der Führung abgebrochen wird. Im übrigen erfordert ein Hammer mit längerem Hub natürlich auch kräftige, standfeste Ständer, der Hub entscheidet in erster Reihe, ob ein Hammer etwa noch einständrig ausgeführt werden kann, oder ob zwei Ständer erforderlich sind.

Die Gefahr des Brechens der Kolbenstange hat bereits in den ersten Anfängen des Dampfhammerbaues zur Durchführung der verschiedensten Gedanken geführt. Die ersten Nasmyth-Hämmer mit reiner Unterdampfsteuerung hatten durchwegs ganz dünne und daher leichte Kolbenstangen, um die Gefahr des Knickens infolge der lebendigen Kraft der Stange beim Stoß zu vermindern. Anders wurde dies bei jenen Hämmern, bei welchen während des Niederganges des Bärs auch von oben ein Dampfdruck wirkte, daher mit einer nicht unbedeutenden Knickbeanspruchung gerechnet werden mußte. Die Stangen wurden jetzt stark gehalten, woran auch noch heute festgehalten wird[1]).

Morrison[2]) führte sogar die starke Stange durch den oberen Zylinderdeckel durch, ließ die Bärführung weg und brachte über dem Zylinder eine Führung an. Durch den Wegfall der Bärführung wurde der Raum unten zugänglicher; da der Bär infolge der starken Stange und dem Mangel einer unteren Führung kurz ausfiel, konnte der Zylinder tiefer gesetzt werden, wodurch die Konstruktion an Standfestigkeit gewann. Hingegen wird die ganze Bauhöhe größer. Andere Ausführungen der Morrison-Hämmer ließen daher die obere Führung auch weg, hinderten den Bär durch eine Abflachung des oberen Stangenendes am Verdrehen und wählten lange Stopfbüchsen, um eine möglichst sichere Führung zu erhalten. Diese Form der Ausführung gilt auch heute als völlig neuzeitlich (s. Masseys Konstruktionen).

Es ist nach dem hier Angedeuteten nicht möglich, ein bestimmtes Verhältnis zwischen Fallgewicht und Hub festzusetzen; als Faustregel möge hier nur angedeutet werden, daß es meist nicht vorteilhaft ist, wenn die Zahl der mm Hub jene der kg Fallgewicht um ein bedeutendes überschreitet, wenn auch derartige Verhältnisse bis 1,5 : 1 vorkommen und unter Umständen bei tadelloser Führung des Bärs noch gebilligt werden können.

2. Beziehungen zwischen Fallgewicht und Zylinderdurchmesser.

Selbstverständlich muß der Zylinderdurchmesser dem Fallgewichte angepaßt werden. Maßgebend ist natürlich hierfür die Spannung des Betriebsdampfes. Je größer der Zylinderdurchmesser, desto größer im allgemeinen bei selbststeuernden Hämmern, unter sonst gleichen Verhältnissen, die minutliche Schlagzahl; da die größeren Kolbendrücke größere Geschwindigkeiten mit sich bringen, wird auch die Schlagarbeit in gewissen Grenzen erhöht. Immerhin ist dies aber nicht so bedeutend als zu erwarten stünde, da die Bremsungen in gleicher Weise wachsen; bei Hämmern mit Handsteuerung und Oberdampf wächst die Leistungsfähigkeit des Hammers mit der Größe des Zylinderdurchmessers bedeutend.

---

[1]) Schweißguth empfiehlt in der Z. d. V. d. I. 1919, 1108, die Herstellung der Stangen aus Chromnickelstahl mit 80 kg/qmm Festigkeit.

[2]) Zeitschr. d. Ver. deutsch. Ing. 1864, 150 und 1865, 622.

Es gibt Firmen, die auch tatsächlich ihre Hämmer mit Handsteuerung mit größeren Zylindern versehen als die gleiche Type mit Selbststeuerung.

Es genügt nicht, die freie untere Zylinderfläche so zu wählen, daß das Fallgewicht bei normaler Spannung gerade noch gehoben wird, weil es so unmöglich wäre, den Bär höher zu heben als auf jene Strecke, auf welcher Füllung unten gegeben wird. Die Unterdampfwirkung muß vielmehr so groß sein, daß der Bär die genügende Geschwindigkeit erhält, um bei Handsteuerung den ganzen Hub zu vollführen, also auch während der Expansions- und Ausströmperiode unten, weiter nach aufwärts zu gehen, bei Selbststeuerung überdies noch die Bremswirkung der oberen Voreinströmung zu überwinden.

Hierfür ist eine freie Kolbenfläche erforderlich, die etwa doppelt so viel Admissionsdruck liefert als zum Anheben des Fallgewichtes erforderlich wäre. Soll dann der Bär bloß angehoben werden und vorerst für das Vorrichten zur Schmiedearbeit oben bleiben, so ist mittels des Anlaßorgans der Eintrittsdampf soweit zu drosseln, daß die Spannung gerade zum Heben des Bärs hinlangt. Bei selbststeuernden Hämmern erhebt er sich dabei bloß zum Ende der Füllungsperiode.

Nachstehend folgen einige Abmessungen, die den gangbaren Hämmern der Firma Massey in Manchester entsprechen.

Fallgewicht kg	Zylinder ϕ mm	Hub mm	Fallgewicht kg	Zylinder ϕ mm	Hub mm	Fallgewicht kg	Zylinder ϕ mm	Hub mm
25	108	280	200	203	485	500	305	685
50	133	305	250	229	535	600	308	685
75	152	330	300	241	560	750	340	760
100	165	355	350	254	610	1000	368	840
150	191	430	400	254	610	1250	400	915

3. Ausmittlung der Steuerung.

Für die Erkenntnis der richtigen Dampfverteilung, die Hand in Hand geht mit der Ausmittlung der Steuerung, sei hier der schwierigste Fall, ein selbsttätig gesteuerter Hammer mit frischem Oberdampf, also ein sogenannter Schnellhammer, angenommen. Alle anderen Steuerungssysteme lassen sich dann um so leichter erfassen und behandeln.

Will man sich in der Wirkungsweise eines Dampfhammers mit selbsttätiger Schiebersteuerung zurechtfinden, so tut man gut daran, von vornherein den Gedanken an einen Vergleich mit der normalen Dampfmaschine zurückzudrängen und findet die Art seiner Dampfverteilung höchstens ein Gleichnis in der seinerzeitigen Gräbner-Maschine, bei welcher der Kolben selbst die Steuerung des Dampfes besorgte[1]), und in der Stumpf-Maschine[2]) hinsichtlich ihrer Auslaß-Steuerung. Der wesentliche Unterschied gegenüber der normalen Dampfmaschine liegt darin, daß bei derselben der Kolben und das Steuerungsorgan, z. B. der Schieber, die Endlagen ihrer Bewegung nicht gleichzeitig erreichen, sondern eine Verschiebung der Bewegungsphasen besitzen, wie sie durch Aufkeilen des Steuerexzenters unter einem Winkel gegen die Kurbel erzeugt wird. Beim Dampfhammer jedoch, bei dem die Schieberbewegung ohne Zwischenschaltung einer drehenden Bewegung (bei der Dampfmaschine Kurbel- bzw. Steuerwelle) direkt von der Bärbewegung abgeleitet ist, bewegen sich Kolben und Schieber synchron. Strenge Gültigkeit hat dies einzig und allein nicht für Hammersteuerungen mit totem Gang, wie sie etwa von der Fa. Keller & Banning nach Art der alten Dampfmaschinen — Schleppschiebersteuerungen ausgeführt wurden[3]).

[1]) s. Matschoss, Die Entwicklung der Dampfmaschine, Berlin, Julius Springer, II, 219. — [2]) s. Ztschr. d. V. d. Ing. 1909, 1114. — [3]) s. etwa Hauer, Die Hüttenwesensmaschinen, 2. Aufl., 1876, S. 376.

Die Dampfverteilung erfolge durch einen Kolbenschieber mit Innenkanten — Steuerung; Kolben und Schieber sind also gleichläufig.

Die **untere Innenkante** steuert beim Aufwärtsgange die Einströmung unter den Kolben, beim Abwärtsgange den Gegendampf unten,

die **untere Außenkante** steuert den Auslaß unten,

die **obere Innenkante** steuert beim Aufwärtsgange den Gegendampf oben, beim Abwärtsgange den Einlaß oben,

die **obere Außenkante** steuert den Auslaß oben.

Eine Vergrößerung oder Verkleinerung der Füllung beim Aufwärts- oder Abwärtsgange zieht also eine gleich große Vergrößerung oder Verkleinerung des Gegendampfes, der Bremsung, beim Abwärts- oder Aufwärtsgange nach sich. Diese für die Dampfverteilung unliebsame Abhängigkeit läßt die scheinbar so einfachen Verhältnisse nicht gar so klar überblicken, nimmt aber einen wesentlichen Einfluß auf die Leistung.

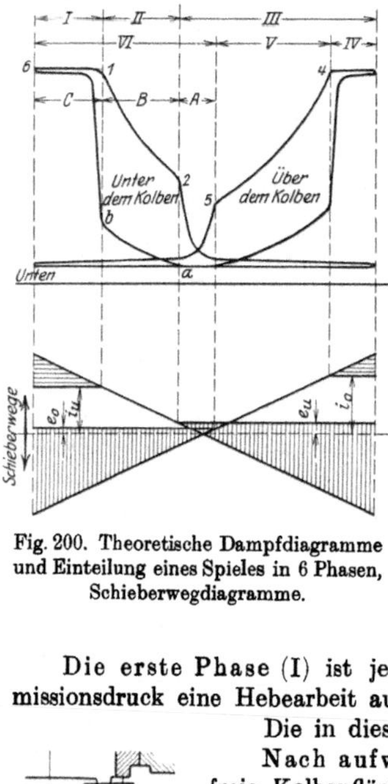

Fig. 200. Theoretische Dampfdiagramme und Einteilung eines Spieles in 6 Phasen, Schieberwegdiagramme.

Der **Schlageffekt** ist von zwei Faktoren abhängig; von der **Schlagarbeit**, oder wie öfters nicht ganz richtig gesagt wird, von der Schlagkraft und von der maximalen **Schlagzahl** per Minute.

Behufs **Untersuchung der bei einem Spiele sich ereignenden Vorgänge** sei dasselbe **in sechs Phasen zerlegt**; dieselben sind aus Fig. 200 zu erkennen: in derselben sind oben theoretische Dampfdiagramme konstruiert, unten die Schieberwegdiagramme entwickelt. In den letzteren bedeuten die Buchstaben i_u, i_o die inneren, e_u, e_o die äußeren Überdeckungen. Durch die symmetrische Aufteilung des Schieberweges von der Mittellage aus ist die Annahme getroffen, daß die Schieberbewegung von der Bärbewegung ohne Schränkung abgeleitet ist.

Die horizontal schraffierten Flächen stellen die Eröffnungen für die Füllung bzw. den Gegendampf dar, die vertikal schraffierten jene für den Auslaß.

Die erste Phase (I) ist jene der **Füllung unten**; in ihr leistet der Admissionsdruck eine Hebearbeit auf den Kolben.

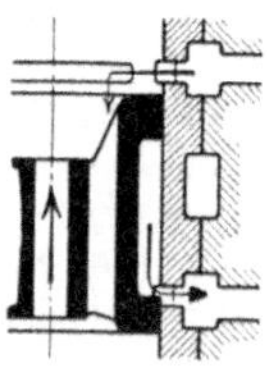
Fig. 201. I. Phase.

Die in dieser Phase wirkenden Kräfte sind:

Nach aufwärts: der Dampfdruck $O_u p$, wobei O_u die untere freie Kolbenfläche bedeutet,

nach abwärts, bzw. der Bewegung entgegen, das Fallgewicht (Bär, Kolbenstange und Kolben) G, die Kolben- und Stopfbüchsenreibung R, und der Druck des ober dem Kolben abströmenden Dampfes $O_o p_a$.

Die Kraft, die den Kolben aufwärts treibt, ist also

$$P_I{}^{1)} = O_u p - G - R - O_o p_a.$$

Die dem Kolben erteilte Beschleunigung ist gleich:

$$g_I = \frac{g}{G}\left[O_u p - (G + R + O_o p_a)\right].$$

[1]) Die den einzelnen Größenbezeichnungen beigefügten römischen Indizes beziehen sich auf die auf Fig. 200 ersichtlichen Phasen, die arabischen Ziffern bezeichnen die bezüglichen Diagrammpunkte.

Bezeichnet s_I den zurückgelegten Weg, so ist die Geschwindigkeit

$$c_I = \sqrt{2 g_I s_I}$$

und die Zeit

$$t_I = \frac{2 s_I}{c_I}.$$

Die zweite Phase (II) ist jene der Expansion unten.

Bezeichnet v die Dampfvolumina, so ist die vom expandierenden Dampfe erzeugte Arbeit gleich $p v_1 \log\text{nat} \frac{v_1 + v_2}{v_1}$.

Für $\frac{v_1 + v_2}{v_1}$ oder — nach Fig. 200 — auch $\frac{I + II}{I}$ sei i_u eingeführt: der Expansionsgrad; es sei hier jedoch ausdrücklich auf den Unterschied gegenüber dem so bezeichneten Ausdruck im Dampfmaschinenbau hingewiesen, der dort unter Vernachlässigung des Vorausströmens das Verhältnis zwischen Hub und Füllungsstrecke bedeutet.

Die mittlere Spannung der Expansion ist nun

$$p_{eu} = \frac{p v_1 \log\text{nat}\, i_u}{v_2} = p \frac{\log\text{nat}\, i_u}{i_u - 1}.$$

Die mittlere Beschleunigung ist gleich

$$g_{II} = \frac{g}{G}\left[O_u p_{eu} - (G + R + O_o p_o)\right].$$

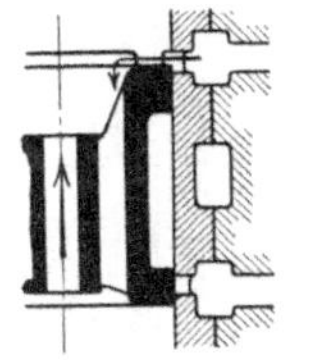

Fig. 202. II. Phase.

Hierbei ist die Voraussetzung getroffen, daß während der ganzen Dauer der unteren Expansion die Spannung oberhalb des Kolbens konstant bleibt, d. h. daß die Kompression oben noch nicht eingetreten ist. Bei etwas größer gewählten Füllungen und Expansionsgraden wäre daher allfällig eine Zwischenphase zu untersuchen.

Ferner ist

$$c_2 = \sqrt{c_1^2 + 2 g_{II} s_{II}}$$

und

$$t_{II} = \frac{2 s_{II}}{c_2 + c_1}.$$

Diese Bestimmung der Zeit ist natürlich nicht völlig einwandfrei, da hier mit der mittleren Beschleunigung gerechnet ist; wenn auf mathematische Genauigkeit Wert gelegt wird, empfiehlt es sich graphisch vorzugehen:

$$\frac{ds}{dt} = c; \qquad t = \int \frac{1}{c}\, ds.$$

Der Ausdruck $\frac{1}{c}$ wird unter Zugrundelegung der Formel

$$\frac{Mc^2}{2} = \int p\, ds$$

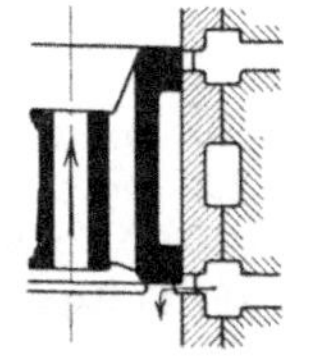

Fig. 203. III. Phase.

punktweise nach der Expansionskurve ermittelt, und die $\frac{1}{c}$-Kurve mit dem Weg als Abszisse aufgetragen. Die Fläche zwischen $\frac{1}{c}$-Kurve und Abszissenachse gibt dann die Zeit.

Die dritte Phase (III) ist jene der Bremsung oben. Sie umfaßt die Kompression des Dampfes ober dem Kolben und anschließend das Voreinströmen. Dieses hat die Aufgabe, die überschüssige lebendige Kraft aufzuzehren; der Kolben erhält also am Ende der dritten Phase die Geschwindigkeit Null

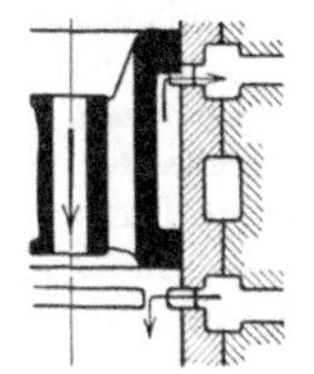

Fig. 204. IV. Phase.

$$c_3 = 0$$

$$t_{III} = \frac{2 s_{III}}{c_2}.$$

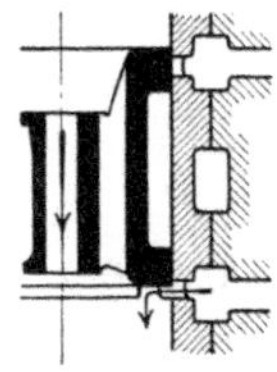

Fig. 205. V. Phase.

Die vierte Phase (IV) ist jene der Füllung oben. Mit ihr beginnt der Abwärtsgang.

Es wirken folgende Kräfte:

nach abwärts:

der Dampfdruck der Admission und das Fallgewicht,

nach aufwärts:

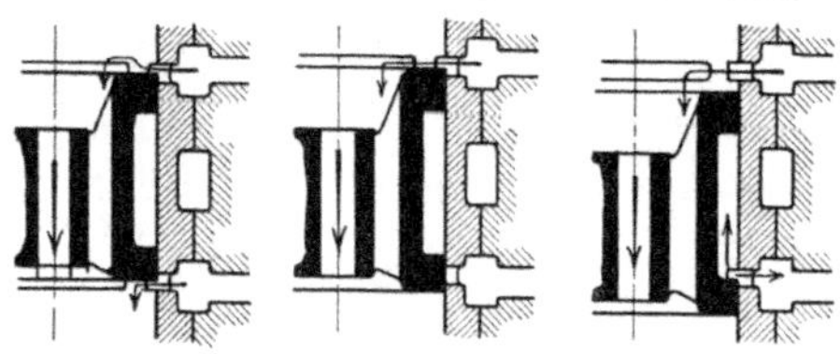

Fig. 206 bis 208. VI. Phase.

der Druck des unten abströmenden Dampfes und die Reibung.

P_{IV}, G_{IV}, c_4, t_{IV} sind ohne weiteres zu ermitteln.

Die fünfte Phase (V) ist jene der Expansion oben.

Sie verläuft wie die zweite.

Die sechste Phase (VI) ist jene der Bremsung unten.

Sie zerfällt in drei Perioden; in denselben ist oben durchwegs Ausströmung, unten ist in der ersten Periode Ausströmung, in der zweiten Kompression, in der dritten Voreinströmung des Frischdampfes. (Bei entsprechend großen Füllungen und Expansionsgraden kann Periode A, bzw. A und B entfallen.)

Nach aufwärts wirkt während der ganzen Phase die Reibung, abwärts die Schwerkraft.

$$g_A = \frac{g}{G}[p_a O_o + G - (p_a O_u + R)]$$

$$c_a = \sqrt{c_5^2 + 2 g_A s_a}$$

$$t_A = \frac{2 s_a}{c_a + c_5}$$

und ebenso für die beiden anderen Perioden.

Für den einen Faktor des Schlageffekts, die Schlagarbeit, kommen lediglich in direkter Weise die Phasen IV, V und VI in Betracht.

$$\text{Die Schlagarbeit} = GH + O_o p s_{IV} + O_o p_{eo} s_V + O_o p_a s_{VI}$$
$$- (O_u p_a s_{III} + O_u p_{eu} s_{II} + O_u p s_I + RH).$$

Der andere Faktor, die Schlagzeit, ergibt sich durch Addition von t_I bis t_{IV}. Vernachlässigt man die Zeit, während welcher der Bär zwischen zwei Schlägen auf dem Amboß ruht, so läßt sich auch die maximale minutliche Schlagzahl angeben.

Es sei nun der Einfluß einer Änderung der Füllung auf die Schlagarbeit und Schlagzahl bei gleichbleibendem Expansionsverhältnis untersucht, sowie anderseits der Einfluß einer Änderung des Expansionsgrades bei gleichbleibender Füllung erwogen.

Die mannigfaltige Abhängigkeit der einzelnen Größen der beiden zu untersuchenden Ausdrücke läßt eine Betrachtung in allgemeiner Form nicht zu; es wurden daher einzelne Fälle durchgerechnet. Die aus diesen Betrachtungen gezogenen Schlüsse lassen jedoch den Anspruch auf Allgemeinheit sehr wohl zu.

Hier sei der folgende kleine Hammer betrachtet:

Beispiel.

Zylinder Dtr. = 160 mm,
Kolbenstange (nur unten) = 80 mm Dtr.
Hub = 320 mm,
Fallgewicht = 100 kg,
Betriebsspannung = 6 at Überdruck.

Zur besseren Übersicht sind im folgenden die Rechnungen vollständig zum Abdruck gebracht.

Kolbenfläche unten $O_u = 150\ \text{cm}^2$
" oben $O_o = 200\ \text{cm}^2$.

$$\text{Expansionsverhältnis unten} = \frac{\text{Füllungs-} + \text{Exp.-Strecke}}{\text{Füllungsstrecke}} = \frac{I + II}{I} = i_u = 2{,}1$$

$$\text{" oben} = \text{"} = \frac{IV + V}{IV} = i_o = 3{,}5$$

Diese Expansionsverhältnisse, für die man sich bei Ausführung des betrachteten Hammers entschied, sollen nunmehr festgehalten und die Füllungen abgeändert werden. Nach Annahme der unteren Füllung ist die obere bereits bestimmt, und man erhält einen guten Überblick über den Einfluß der Größe der Füllung auf Leitung und Wirtschaftlichkeit.

I. Annahme: 10 vH. Füllung unten
d. i. = 3,2 cm
Expans. unten = 3,2 × 2,1 — 3,2 = 3,5 cm.

Nach aufwärts wirkt der Unterdampf; von seiner Hebewirkung ist die Schwerkraftswirkung des Fallgewichts und die Reibungsarbeit in Abzug zu bringen.

Die mittlere Spannung:

v_1 = das während der Füllung vom Kolben durchlaufene Volumen,
v_2 = " " " Expansion " " " "
v_s = " Volumen des schädlichen Raumes.

Nach Doerfel:
$$p_m = p_{ad} f'$$
wobei
$$f' = f - \frac{v_s}{v_1 + v_2}(1 - f)$$
und
$$f = \frac{4{,}06}{i + 2{,}8},$$
$$i = \frac{v_s + v_1 + v_2}{v_s + v_1}.$$

Der schädliche Raum beträgt bei dem Hammer unten 435 cm³.

Der mittlere Überdruck von Füllung und Expansion unten beträgt nach obenstehenden Formeln 5,44 at.

Die Arbeit des Unterdampfes beträgt nun

$$150\ \text{cm}^2 \times 6{,}7\ \text{cm} \times 5{,}44\ \text{kg} = 5467\ \text{kgcm}.$$

Für Kolben- und Stopfbüchsenreibung ist nach Hrabak etwa

$$p_r^{\text{at}} = \frac{0{,}025}{\text{Dtr.}} = \frac{0{,}025}{0{,}16} = 0{,}15\ \text{at.}$$

von der Dampfspannung in Abzug zu bringen; die Reibungsarbeit beträgt also auf dem ganzen Hub ca. 800 kgcm. Die Schwerkraftswirkung: 32 cm × 100 kg = 3200 kgcm.

Es bleiben demnach von der Unterdampfarbeit 1367 kgcm übrig.

Die Arbeit des nunmehr unten abströmenden Dampfes wird durch die des gleichzeitig oben abströmenden Dampfes ausgeglichen.

Nachdem der Kolben vom unteren Bewegungs-Umkehrpunkte aus, also von der Geschwindigkeit Null an, die Unterdampfarbeit konsumierte, ist dieselbe nach dem Satz: — Arbeit ist die Zunahme an lebendiger Kraft — gleich der lebendigen Kraft bei Beginn Auslaß unter dem Kolben.

Dieser muß nun derart gebremst werden, daß die lebendige Kraft tatsächlich nach Zurücklegung des beabsichtigten Hubes gleich Null ist, also die Umkehr der Bewegung eingeleitet wird, und ein „Durchgehen" des Hammers unmöglich ist.

Die Bremsung erfolgt durch die Kompression des Dampfes oberhalb des Kolbens und das Einströmen des Frischdampfes dorthin; nachdem nun dieselbe Kante, die den bremsenden Frischdampf steuert, auch die Füllung oben beeinflußt, und von dieser andererseits die Größe der Schlagarbeit abhängt, so könnte man — falls der Hub nicht verkürzt werden soll — auch wenn vorläufig die unvermeidliche beträchtliche Kompressionswirkung vernachlässigt wird, bloß 1 cm Füllung oben geben. (Beträgt an Bremsarbeit 200 cm² × 6 at × 1 cm = 1200 kgcm.)

Wie ohne weiteres zu erkennen, würden durch eine so kleine Füllung nicht einmal die Bewegungswiderstände überwunden werden, und von einer Schlagwirkung könnte keine Rede sein.

Dieses Beispiel zeigt, daß bei selbststeuernden Hämmern eine untere Grenze für die Füllung unten besteht.

II. Annahme: 20 vH. Füllung unten

d. i. = 6,4 cm

Expans. unten = 6,4 × 2,1 — 6,4 = 7 cm.

Die Rechnung erfolgt wie bei der ersten Annahme.

Die mittlere Spannung hat sich nun verkleinert, da der Einfluß des schädlichen Raumes bei der größeren Füllung ein verhältnismäßig geringer ist; die Rechnung ergibt 5,15 at Überdruck.

150 cm² × 13,4 cm × 5,15 =	10,351 kgcm
ab für das Bärgewicht =	3,200 kgcm
ab für die Reibung =	800 kgcm
Rest =	6,351 kgcm

Durch wiederholtes Versuchen mit verschiedenen Füllungen ergibt sich bei Festhaltung am Expansionsgrad $i_o = 3{,}5$, die Füllung ober dem Kolben, welche diese lebendige Kraft aufzehrt, mit 4,3 cm; die Expansion währt dann 3,5 × 4,3 — 4,3 = 10,7 cm. Für 4,3 cm obere Einströmung beträgt die Arbeit, die der Kolben leisten muß, um auf dieser Strecke den Dampf von 6 at Überdruck auf der Fläche von 200 cm² in die Leitung zurückzurücken,

4,3 cm × 6 at × 200 cm² = 5160 kgcm.

Die lebendige Kraft, die der Kolben beim Komprimieren des im Zylinder vom vorhergehenden Abwärtsgange rückständigen Dampfes abgibt, entspricht dem Produkte aus mittlerer Kompressionsspannung, der während der Kompression zurückgelegten Hubstrecke und der Kolbenfläche.

Der schädliche Raum oben ist 855 cm³, also ziemlich bedeutend, und zwar einerseits, weil der Schieberkasten sich am unteren Zylinderende befindet, andererseits der obere Zylinderdeckel 15 mm vom Ende des Hubes entfernt ist, was durch Sicherheitsrücksichten begründet ist.

Unter Zugrundelegung des Mariotteschen Gesetzes ergibt sich die mittlere Kompressionsspannung mit 0,6 at Überdruck:

0,6 at × 10,7 cm × 200 cm² × 1284 kgcm.

Die Summe dieser Arbeiten — 1283 kgcm + 5160 kgcm = 6444 kgcm — gleicht also die überschüssige lebendige Kraft von 6351 kgcm aus.

Gleichartige Rechnungen ergeben bei Annahme von 25 vH. und 30 vH. Füllung unten die folgenden Werte:

Bei 25 vH.			Bei 30 vH.		
Füllung unten	8	cm	Füllung unten	9,6	cm
Expansion „	9	„	Expansion „	10,5	„
Füllung oben	6,2	„	Füllung oben	8	„
Expansion „	15,5	„	Expansion „	20	„

Für die obere Zylinderseite ergibt sich die mittlere Expansionsspannung nach analoger Rechnung bei

20 vH. Füllung unten mit	3,6 at Überdruck
25 „ „ „ „	3,3 „ „
30 „ „ „ „	3,0 „ „

Die mittlere Kompressionsspannung unten beträgt in sämtlichen drei Fällen 0,5 at Überdruck.

Die Schlagarbeit ergibt sich nach vorstehendem:

	20 vH.	25 vH.	30 vH.
$G \times H =$	3,200 kgcm	3,200 kgcm	3,200 kgcm
$O_o\, p\, s_{IV} =$	5,160 „	7,440 „	9,600 „
$O_o p_{eo} s_V =$	7,704 „	10,230 „	12,000 „
$O_o p_a s_{VI} =$	680 „	412 „	160 „
	16,744 kgcm	21,282 kgcm	24,960 kgcm

Hiervon ab:

$O_u p_a s_{III} =$	558 kgcm	450 kgcm	357 kgcm
$O_u p_{eu} s_{IV} =$	525 „	674 „	784 „
$O_u p\ s_I =$	5,760 „	7,200 „	8,640 „
$RH =$	800 „	800 „	800 „
	7,643 kgcm	9,124 kgcm	10,581 kgcm

Die Schlagarbeit beträgt also

9,101 kgcm 12,158 kgcm 14,379 kgcm.

Die Schlagzeit wird in besprochener Weise berechnet und es ergeben sich für 20 vH. Füllung unten die folgenden Werte:

$g_I = 72.10$ m
$c_1 = 3{,}03$ m/sec
$t_I = 0{,}0516$ sec.

$g_{II} = 47{,}08$ m
$c_2 = 3{,}97$ m/sec
$t_{II} = 0{,}0200$ sec.

$t_{III} = 0{,}0937$ sec.

$g_{IV} = 122{,}13$ m
$c_4 = 3{,}17$ m/sec
$t_{IV} = 0{,}0271$ sec.

$g_V = 77{,}97$ m
$c_5 = 5{,}16$ m/sec
$t_V = 0{,}0256$ sec.

$g_A = 8{,}33$ m
$c_a = 5{,}23$ m/sec
$t_A = 0{,}0069$ sec.

$g_B = 3{,}92$ m
$c_6 = 5{,}28$ m/sec
$t_B = 0{,}0133$ sec.

$g_C = -77{,}0085$ m
$c_6 = 4{,}25$ m/sec
$t_C = 0{,}0133$ sec

$$T = t_I + t_{II} + t_{III} + t_{IV} + t_V + t_A + t_B + t_C = 0{,}2422 \text{ sec.}$$

Die theoretisch, maximal mögliche Schlagzahl ist dann

$$n = \frac{60}{0{,}2422} = 247 \text{ per Min.}$$

Die erhaltene Endgeschwindigkeit c_6 läßt sich zur Kontrolle der Berechnung der Schlagarbeit heranziehen:

$$m = \frac{G}{g} = \frac{100}{9{,}81} = 10{,}1;\quad c_6^2 = 18{,}0625;\quad \frac{m c_6^2}{2} = 9121 \text{ kgcm.}$$

Die beiden unabhängig erhaltenen Werte für die Schlagarbeit stimmen also überein.

Wirft man nun die Frage auf, welchen Einfluß eine Änderung der Füllung unter Beibehaltung des Expansionsgrades auf die Schlagdauer ausübt, so läßt sich leicht überblicken, daß bei einer Vergrößerung der Füllung die fast gleichen Beschleunigungen in den maßgebenden Füllungs- und Expansionsperioden auf größere Strecken wirkend, größere Geschwindigkeiten erzeugen werden, als die Schlagdauer mit wachsender Füllung kleiner wird. Tatsächlich ergab die Rechnung für 30 vH. Füllung unter sonst gleichen Verhältnissen 0,2040 Sekunden Schlagzeit.

Hingegen bewirkt die Veränderung des Expansionsgrades bei gleichbleibender Füllung keine nennenswerte Änderung der Schlagzeit, da in den maßgebenden Expansionsperioden die Vergrößerung oder Verkleinerung des Weges durch die hervorgerufene Verkleinerung oder Vergrößerung der mittleren Spannung, also auch der Beschleunigung wieder annähernd ausgeglichen wird.

Für die Erkenntnis der zweckmäßigsten Dampfverteilung ist die Wirtschaftlichkeit von bedeutendem Einfluß; daher sei auch der nutzbare Dampfverbrauch berechnet.

Der nutzbare Dampfverbrauch ist gleich der Kolbenfläche mal der Füllungsstrecke weniger dem Rückstand, der im schädlichen Raume vom vorhergehenden Spiele enthalten ist.

Das Dampfvolumen der Füllung beträgt für:

20 vH. Füllung unten	25 vH. Füllung unten	30 vH. Füllung unten
D_u = 150 qcm × 6,4 cm = 960 ccm D_o = 200 qcm × 4,3 cm = 860 ccm	150 qcm × 8,0 cm = 1200 ccm 200 qcm × 6,2 cm = 1240 ccm	150 qcm × 9,6 cm = 1440 ccm 200 qcm × 8,0 cm = 1600 ccm
1820 ccm	2440 ccm	3040 ccm

Das spezifische Gewicht von Dampf von 6 at Überdruck beträgt 3,65 kg, das Gewicht der Füllung daher:

$$0{,}00182\ \text{cbm} \times 3{,}65\ \text{kg} = 0{,}006643\ \text{kg},$$
$$\text{bzw.}\ 0{,}00244\ \text{cbm} \times 3{,}65\ \text{kg} = 0{,}008906\ \text{kg},$$
$$\text{bzw.}\ 0{,}00304\ \text{cbm} \times 3{,}65\ \text{kg} = 0{,}011183\ \text{kg}.$$

Der schädliche Raum unten beträgt 435 ccm, oben 855 ccm.

Das spezifische Gewicht für 0,2 at Gegendruck ist 0,13 kg; daher beträgt das Dampfgewicht der beiden schädlichen Räume:

$$0{,}00129\ \text{cbm} = 0{,}13\ \text{kg} = 0{,}000167\ \text{kg}.$$

Der nutzbare Dampfverbrauch ist demnach:

für 20 vH. Füllung unten $0{,}006643 - 0{,}000167 = 0{,}006476$ kg,
für 25 vH. Füllung unten $0{,}008906 - 0{,}000167 = 0{,}008738$ kg,
für 30 vH. Füllung unten $0{,}011183 - 0{,}000167 = 0{,}011016$ kg.

Aus 1 kg Dampf werden somit:

$$9101 : 0{,}06476 = 14{,}05\ \text{mkg},$$
$$\text{bzw.}\ 12158 : 0{,}008739 = 13{,}91\ \text{mkg},$$
$$\text{bzw.}\ 14379 : 0{,}011016 = 13{,}05\ \text{mkg}$$

Schlagarbeitsvermögen erzeugt.

1 PS enthält $75 \times 3600 = 270000$ mkg/St; daher ergibt sich ein Dampfverbrauch von:

$$\frac{270000}{14{,}05} = 19{,}2\ \text{kg/PS}_i,$$
$$\text{bzw.}\ \frac{270000}{13{,}91} = 19{,}3\ \text{kg/PS}_i,$$
$$\text{bzw.}\ \frac{270000}{13{,}05} = 20{,}6\ \text{kg/PS}_i.$$

Aus den vorangehenden Betrachtungen seien hier nunmehr kurz die Schlüsse gezogen:

Es ist — vom wirtschaftlichen Standpunkte ganz abgesehen — klar, daß ein durch einen Muschelschieber zwangläufig gesteuerter Hammer ohne Anwendung der Expansion des Dampfes unmöglich ist, da die gesamte vom Oberdampf an den Kolben abgegebene Energie durch den bremsenden Unterdampf wieder aufgezehrt wird.

Für die Schieberabmessungen kommt Expansionsgrad und Füllung in Berücksichtigung.

Den Expansionsgrad unten wählt man am besten gering, damit beim Abwärtsgange die Bremsung auf eine möglichst kleine Strecke beschränkt wird, was einen günstigen Einfluß auf die Geschwindigkeit im Augenblicke des Aufschlages nimmt. Gänzlich jedoch auf eine Expansion des Unterdampfes zu verzichten erscheint einerseits mit Rücksicht auf die Wirtschaftlichkeit, anderseits mit Rücksicht auf die dann gebotene größere Füllung und die mit ihr Hand in Hand gehende kräftigere Bremsung nicht geboten, und ersetzt man lieber einen Teil der notwendigen Hebearbeit durch Expansionsarbeit, welche beim Abwärtsgange dann bloß einen verhältnismäßig geringen Betrag an Bremsarbeit durch Kompression verursacht.

Der Expansionsgrad oben kann und soll größer gewählt werden. Durch Vergrößerung dieses Expansionsgrades wird bei gleicher Füllung die Schlagkraft vergrößert, während die Schlagzahl unwesentlich beeinflußt wird.

Bezüglich des Dampfverbrauches wird bei einer bestimmten gewünschten Leistnng bei größerem Expansionsgrad nicht nur der Dampfverbrauch oben, sondern — durch die kleinere obere Füllung bedingt — auch der Dampfverbrauch unten vermindert.

Die Füllung.

Die Vergrößerung der Füllung unten bei gleichbleibender Expansion vergrößert die Schlagarbeit und die minutliche Schlagzahl. Der Dampfverbrauch per kgcm Arbeitsleistung wird allerdings, wenn auch sehr unbedeutend, unter dem Einfluß des schädlichen Raumes, der bei größerer Füllung natürlich verhältnismäßig kleiner wird, vergrößert. Wegen der nur unbedeutend geringeren Wirtschaftlichkeit wird es sich daher empfehlen, nach Annahme des Expansionsgrades die Füllung möglichst groß zu wählen.

Konstruktiver Ausbau des Zylinders.

Wenn man ohne Expansion arbeiten wollte, so würde der Bär bloß durch sein Gewicht nach abwärts gehen, wobei von dieser Schwerkraftswirkung noch ein beträchtlicher Teil durch Reibung verloren geht. Die Wirkung des Oberdampfes liegt vielmehr in dem Unterschied der Arbeiten des expanierenden Oberdampfes und des komprimierten Unterdampfes. (S. auch Hauer, Hüttenwesensmaschinen.) Je kleiner also die mittlere Kompressionsspannung, desto günstiger; dies führt zur Erkenntnis, daß die schädlichen Räume eines Hammers von einem ganz anderen Standpunkte anzusehen sind, als die bei einer Dampfmaschine. Während sie dort aus Gründen der Wirtschaftlichkeit tunlichst zu vermindern sind, ist es hier der Wunsch, den Schlag möglicht wenig zu schwächen, der für eine reichlichere Bemessung des unteren schädlichen Raumes spricht. Unterstützt wird diese Erwägung dadurch, daß es aus rein konstruktiven Gründen wünschenswert ist, zwischen tiefster Kolbenstellung und unterem Zylinderdeckel einen entsprechenden Zwischenraum zu lassen, um einer Senkung der Schabotte, falls diese vom Ständer getrennt ist — und dies ist wohl, um Stoßübertragung zu verhindern, meistens der Fall — Rechnung zu tragen.

Durch die Vergrößerung des schädlichen Raumes oben wird der Dampfverbrauch unten bei gleicher Schlagkraft vermindert, weil die geringer werdende obere Kompressionsspannung weniger lebendige Kraft aufzehrt; jedoch auch oben wird der Dampfverbrauch ein geringerer, weil die mittlere Spannung mit der Größe des schädlichen Raumes zunimmt. (Das letztere gilt natürlich auch für die untere Seite.)

Die Ermittlung der Schlagzeit und die hierbei gefundenen hohen Werte für die Kolbengeschwindigkeit lassen uns auf die genügend reichliche Bemessung der Dampfkanäle besonderes Augenmerk richten. In Hauer, Hüttenwesensmaschinen, findet sich für die Kanalbemessung der Wert $^1/_{18}$—$^1/_{20}$ des Zylinderquerschnittes. Dies würde in dem vorstehend betrachteten Falle bei $O = 200\,\text{cm}^2 \ldots 10\,\text{cm}^2$ Querschnitt betragen. Die mittlere Kolbengeschwindigkeit bei 30 vH. Füllung unten ist gleich

$$c_m = \frac{2 \times \text{Hub}}{\text{Schlagzeit}} = \frac{2 \times 0{,}32^{\text{m}}}{0{,}2040^{\text{sec}}} = 3{,}1\ \text{m/sec}.$$

Die Gleichung $O \text{ cm}^2 \times c_m = 10 \text{ cm}^2 \times v_m$ ergäbe dann für die Dampfgeschwindigkeit $v_m = \frac{3,1 \times 200}{10} = 62$ m/sec. Dieser hohe Wert zeigt, daß es gut sein dürfte, die Kanalquerschnitte nicht als Bruchteile des Zylinderquerschnittes zu bestimmen, sondern — wie bei den Dampfmaschinen — für eine Dampfgeschwindigkeit von 30—40 m/sec zu bemessen. Eine große Rolle spielt auch die Größe des Schieberweges. Mehrfach wird als Schieberweg $^1/_{10}$ des Hubes angenommen, um die Verhältnisse bei der Steuerungsausmittlung leichter überblicken zu können. Es wird hierbei also keine Rücksicht genommen, ob selbst bei der größten Füllung die Dampfkanäle auch vollkommen eröffnet werden, was tatsächlich auch vielfach auf diese Weise nicht der Fall ist, und Droßlungen beim Ein- und Auslaß zur Folge hat. Es ist also der Schieberweg tunlichst so groß zu bemessen, daß auch bei den kleineren Füllungen keine zu starken Droßlungen auftreten.

Bezüglich der Bemessung der Kanalquerschnitte verweise ich noch auf meine experimentelle Untersuchungen[1]), die eine besonders reichliche Bemessung des Kanals auf der Unterseite verlangen. Auch auf die Notwendigkeit einer zweckmäßigen Entwässerung des Zylinders wird dort besonders aufmerksam gemacht (s. auch S. 125).

Den Schieberkasten schließlich verlege man, wenn dies möglich, grundsätzlich ans andere Zylinderende, da eine bedeutendere Vergrößerung des oberen schädlichen Raumes von größerer Wichtigkeit ist.

Die bei Durchrechnung des vorstehenden Beispieles aufgestellte Dampfverteilung bedingt einen unsymmetrischen, unsymmetrisch ausschlagenden Schieber; unsymmetrisch wegen der für beide Seiten verschiedenen Expansion, unsymmetrisch ausschlagend wegen der verschieden großen Füllungen oben und unten. In der Praxis ist jedoch ein symmetrischer, symmetrisch eingestellter Schieber üblich. Die Folge einer symmetrischen Einstellung bei gleichen Schieberlappen ist, daß der Bär vor Beendigung des vollen Hubes umkehrt, was tatsächlich vielfach zu beachten ist; der Grund hierfür liegt hauptsächlich in dem bedeutenden Unterschied der Kolbenflächen, hervorgerufen durch die starke Kolbenstange. Stellt man den symmetrischen Schieber so ein, daß die Füllungsstrecken für beide Seiten verschieden groß sind und der Hub voll ausgenützt wird, so ergibt dies gegenüber dem unsymmetrischen Schieber wesentlich ungünstigere Verhältnisse in bezug auf die erzielbare Schlagarbeit und den Dampfverbrauch per kgcm Schlagarbeit. Die angestellten Rechnungen ergaben, daß der im vorstehenden ausgemittelte Schieber gegenüber einem symmetrischen Schieber, der den gleichen Schieberlappen für die untere Zylinderseite besitzt, eine Erhöhung der erzielbaren Schlagarbeit um etwa 15 vH. und eine Erniedrigung des Dampfverbrauches um etwa 20 vH. zuläßt.

4. Die „Spar"-Schieber.

Es sei von vornherein bemerkt, daß bei den dem Verfasser bekannten, mit viel Reklame in Szene gesetzten „Spar"-Schiebern die Sparsamkeit bloß in dem Namen ihren Ausdruck findet.

Der Sparschieber Patent Schuberth der Firma Schmidt & Wagner in Berlin, D.R.P. 14207 und 194915[2]) soll gegenüber den von Lindner angegebenen Idealziffern[3]) noch eine Ersparnis von 40 vH. aufweisen. Fig. 209 zeigt den Schieber für Innenkantensteuerung. Er ist ein Kolbenschieber, dessen den Einlaß unter den Kolben steuernde Kante zungenförmige Ansätze hat, so daß bei der Eröffnung nicht der volle Umfang des Kanals freigegeben wird. Dies hat eine Doppelung des eintretenden Dampfes zur Folge.

[1]) Ztschr. d. Ver. d. Ing. 1911, 1161.
[2]) Zeitschr. f. Werkzeugmasch. u. Werkz. 8, 229.
[3]) Zeitschr. d. Ver. deutsch. Ing. 1902, 37.

Aus der Verminderung der Admissionsspannung unter dem Kolben leitet nun der Erfinder eine Reihe von Vorteilen ab: Dadurch daß der Bär infolge der kleineren Spannung mit einer geringeren Geschwindigkeit hinaufgeht, sei oben weniger Gegendampf nötig, um ihn im bestimmten Punkte abzufangen, man erspare also erstens unten an Dampf (wohl weil nach dem Mariotteschen Gesetz der Dampf bei Reduktion seiner Spannung an Volumen zunimmt) und zweitens oben, weil weniger Bremsdampf benötigt werde. Dies ist nun bloß scheinbar korrekt. Es ist eben nicht richtig zu meinen, es sei einerlei wie der Bär gehoben wird, denn es handelt sich bei dem Hammer mit Oberdampf nicht bloß darum, dem Fallgewicht die gewisse potentielle Energie zu geben, da die Art des Hebens ganz wesentlich den Schlag beeinflußt. Wird nämlich der Bär z. B. rascher gehoben, so ist auf einer größeren Strecke Bremsdampf erforderlich, um ein „Durchgehen" zu verhindern, und da nun diese Strecke — wie früher erwähnt — gleich jener ist, auf der oben die Füllung für den Schlag gegeben wird, so wird dieser bei sonst gleichen Verhältnissen ein stärkerer werden. Die erwähnte Dampfersparnis beim Heben wird demnach nur eine scheinbare sein, da nicht die gleiche Schlagstärke erzielt wird. Die Ersparnis an Bremsdampf beruht noch mehr auf einem Irrtume, da es sich hier durchaus nicht um einen Verbrauch handelt, weil dieser Dampf doch durch den aufwärts gehenden Kolben wieder in die Leitung zurückgedrückt wird. Als weiterer Vorzug ist ferner angeführt, daß der Schlag durch den unter den Kolben tretenden Dampf weniger geschwächt werde, da dieser eine geringere Spannung habe. Leider wird auch dies in Wirklichkeit nicht eintreten, sondern eher im Gegenteil der heruntergehende Kolben infolge des verengten Querschnitts den Dampf noch auf eine höhere Spannung komprimieren, der Schlag also durch den unteren Bremsdampf wohl noch mehr geschwächt werden als bei einem normalen Schieber.

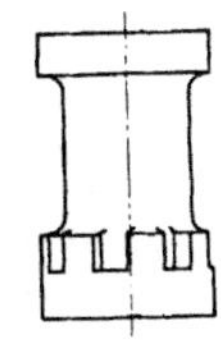

Fig. 209. „Spar-" Schieber Patent Schuberth.

Als weiterer Nachteil des Patentschiebers ist zu erwarten, daß infolge des langsameren Hebens eine kleinere minutliche Schlagzahl erreichbar sein wird.

Erscheint nach dem hier Gesagten der leitende Gedanke der Erfindung infolge unangenehmer Folgeerscheinungen kein glücklicher, so wäre noch zu bemerken, daß sich ähnliche Wirkungen auch mit einem normalen Schieber erreichen ließen, indem die Füllung für das Heben entsprechend klein gewählt wird, und wäre hierbei noch der allfällige Nachteil der erhöhten Bremsung unten (infolge Fortfalls der Droßlung) ausgeschaltet — allerdings wäre ein solcher Schieber nicht patentfähig.

Der Grundgedanke des Schiebers beruht zum Teil auf einer völligen Unkenntnis der beim selbsttätig gesteuerten Dampfhammer in Betracht kommenden Verhältnisse, insbesondere der Ursachen der auf der Unterseite auftretenden Bremsung, was vom Verfasser an anderer Stelle[1]) eingehender dargelegt wurde.

Die Frage der Nützlichkeit der „Spar"-Schieber hat zu einem durch Verbreitung von Flugschriften geführten erbitterten Kampf zwischen den Firmen Gustav Brinkmann & Co. in Witten a. d. Rh. und I. Banning A.-G. in Hamm (Westf.) geführt; Brinkmann bestreitet den Wert der Sparschieber, Banning tritt für dieselben ein.

Ohne in die Einzelheiten eines durch Flugschriften geführten Streites eingehen zu wollen, möchte sich der Verfasser an dieser Stelle dagegen verwahren, daß rein wissenschaftliche Untersuchungen mit bewußten Entstellungen zu geschäftlichen Machenschaften ausgenutzt werden, und stellt namentlich entgegen den Mitteilungen der Firma Banning fest, daß die von dieser Firma aus seiner Druckschrift:

[1]) Rundsch. f. Techn. u. Wirtsch. 1908, 411.

„Theoretische und kinematographische Untersuchung von Dampfhämmern“[1]) ohne Angabe der Quelle als Spiegelbild wiedergegebenen Diagramme von keinem Brinkmann-Hammer stammen.

5. Gesichtspunkte für die konstruktive Durchbildung von Steuerung und Regulierung.

Sämtliche Steuer- und Regulierorgane müssen derart ausgebildet sein, daß ein Mann sie ohne besondere Anstrengung während der ganzen Schicht bedienen und mit feinem Gefühl der jeweiligen Arbeit entsprechend einstellen kann.

Selbstverständlich müssen daher die inneren Organe tunlichst entlastet sein; aus diesem Grunde sind nur für die kleinsten Typen, also bis zu 100 kg Fallgewicht, Flachschieber am Platze. Von da ab sind als Steuerorgane Kolben-(Röhren-) Schieber oder Doppelsitzventile zu wählen. Kolbenschieber sind den Ventilen im allgemeinen vorzuziehen, da sie besser dicht halten. Die Schieber sind grundsätzlich mit Ringen zu versehen, wenn auch infolge der hierdurch nötigen Schieberbüchsen eine Erhöhung der Erzeugungskosten eintritt.

Die selbststeuernden Hämmer verlangen ein empfindlich einstellbares Anlaßorgan, das schnell geöffnet und geschlossen werden kann, da mit ihm nicht bloß angelassen, sondern auch geregelt wird. Gut dicht halten konische Hähne, deren Küken in achsialer Richtung einstellbar eingerichtet sind, vorausgesetzt, daß die Hähne tadellos gedreht, geschliffen und geschmiert sind.

Für Handsteuerung läßt sich ein Anlaßventil verwenden, da hier während längerer Zeit der Dampfeintritt zum Steuerorgan geöffnet bleiben kann, weil durch den Schieber selbst angelassen und geregelt wird.

Die äußere Steuerung soll möglichst ausbalanciert sein, damit sie leicht betätigt werden kann.

Bei Selbststeuerung sollen alle Teile, auf die Stöße unmittelbar übertragen werden können, leicht und fest konstruiert sein. Besondere, nicht zu unterschätzende Sorgfalt ist auf die Durchbildung jenes Hebels zu richten, der die Bewegung des Bärs auf die Steuerung überträgt, sowie auf den Zapfen, der sich am Bär befindet. Es wird hierbei an jene Steuerungen gedacht, wo die Übertragung der Bärbewegung ohne Zwischenschaltung einer Feder erfolgt. Wird mit einem solchen Hammer ein Schlag geführt, so wird die lebendige Kraft des Fallgewichtes, also in erster Reihe der bedeutenden Masse des Bärs, vernichtet, und zwar in einer um so kürzeren Zeit, je weniger plastisch das geschmiedete Material ist (s. Kap. B, S. 15). Der Zapfen samt dem an ihm befindlichen Gestänge trachtet jedoch weiterzugehen und beansprucht dadurch den Zapfen auf Biegung. Diese Schlagbeanspruchung ist um so größer, je bedeutender die Masse des Hebels und des Gestänges ist.

Es gibt unter den Schnellhämmern Typen, bei denen dieser Zapfen weit aus dem Bär herausragen muß, damit der Steuerhebel an der Führung vorbeikomme (s. z. B. Fig. 163, 176, 26a).

Hier ist es Aufgabe des Konstrukteurs, die Führung so knapp als möglich zu halten und den Zapfen so zu bemessen, daß das Biegemoment möglichst klein bleibe; heftige, nie zu vermeidende Prellschläge würden den Zapfen sonst ernstlich gefährden.

Das Richtigste ist, den Zapfen mit dem Bär aus einem Stück zu schmieden (s. Fig. 210) und den Hebel durch Ausfräsen leicht zu halten oder, noch besser, aus einem Preßrohr herzustellen (s. Fig. 211). Namentlich jene Hämmer, die zum

[1]) Julius Springer, Berlin 1909, 19.

Fassonschmieden der legierten Werkzeugstähle benutzt werden, erfordern eine solche Rücksichtnahme. Eine Verstärkung des Zapfens hat keinen nennenswerten Erfolg, da das Widerstandsmoment wohl mit der dritten Potenz des Zapfendurchmessers zunimmt, die Kraft als Maß des Zapfengewichtes, jedoch dabei ebenfalls mit der zweiten Potenz zunimmt und überdies noch durch die Vergrößerung des Hebelauges eine Erhöhung erfährt[1]).

Bei größeren Hämmern ist es vorzuziehen, die Mitnahme des Hebels nicht durch starre Verbindung, sondern durch Federdruck (Massey u. a. m.) oder durch Federdruck und Dampfpressung (Eulenberg, Moenting) besorgen zu lassen.

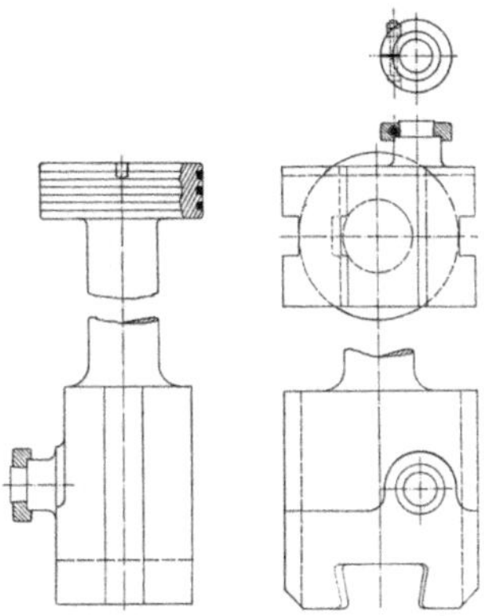

Fig. 210. Bär mit Stange und Kolben von einem einständigen Dampfhammer mit Banning-Steuerung.

Der Zylinder ist solide zu konstruieren und durch Rippen zu versteifen. Die Verbindung mit dem Ständer soll nicht bloß durch gesicherte Schrauben (s. Fig. 212), sondern auch durch Schrumpfringe (Fretten) erfolgen.

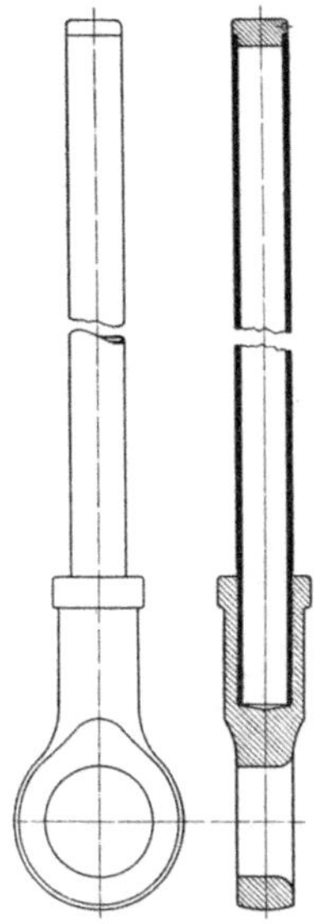

Fig. 211. Hebel einer Banning-Steuerung.

Im Gegensatze zu diesem Streben, eine möglichst starre Verbindung herzustellen, steht eine in letzter Zeit aufgekommene elastische Befestigungsart. Wie Fig. 213 erkennen läßt, wird die Nachgiebigkeit dadurch erreicht, daß unter die Muttern der Verbindungsschrauben Spiralfedern gelegt werden. Dies hat den Zweck, beim „Durchgehen“ des Bärs und metallischem Anschlagen des Gestänges ein Atmen der Konstruktion zu ermöglichen. Auch die Verbindung zwischen Hammerständer und Grundplatte wird in gleicher Weise durchgeführt (s. auch Fig. 178). Prellschläge werden so nicht unmittelbar auf den Ständer und die Steuerung übertragen; auch die Abdichtungen halten besser. Bei Flanschverbindungen am Zylinder, die gedichtet werden müssen, und Muttersicherungen mittels Splinten daher unmöglich machen, sind Gegenmuttern zu verwenden. Der Schieber- (Ventil-) Kasten wird bei kleineren Hämmern mit dem Zylinder aus einem Stück gegossen, bei den größeren jedoch an diesen angeschraubt, um Reparaturen zu erleichtern und zu verbilligen. Die unteren Zylinderdeckel müssen aus Montierungsrücksichten oft zweiteilig sein, ebenso die Stopfbüchsen (s. Fig. 214 bis 217).

Eine Entwässerung des Zylinders an der tiefsten Stelle ist unbedingtes Erfordernis; die bezügliche Ablaßleitung kann eng gewählt werden, soll jedoch stets offen sein. Aber nicht bloß am unteren Zylinderdeckel ist ein Ablaß anzubringen, sondern auch der Raum über dem Kolben soll sorgfältig entwässert werden, damit keine Erhöhung der Auspuffspannung eintrete[2]), da der Bär in den seltensten Fällen

---

[1]) Rittershausen und Fischer berichten in „Stahl und Eisen“ 1921, 1689, über einen Dampfhammer zum Schmieden von Werkzeugstahl, bei dem die Lebensdauer des Schwinghebels dadurch wesentlich verlängert wurde, daß der Hebel aus im Einsatz gehärteten Sonderstahl hergestellt wurde. Dieses Material soll gegen Dauerschlagwirkungen einen größeren Widerstand aufweisen als ein Vergütungsstahl.

[2]) s. des Verfassers Untersuchungen in der Zeitschr. d. Ver. deutsch. Ing. 1911, 1161.

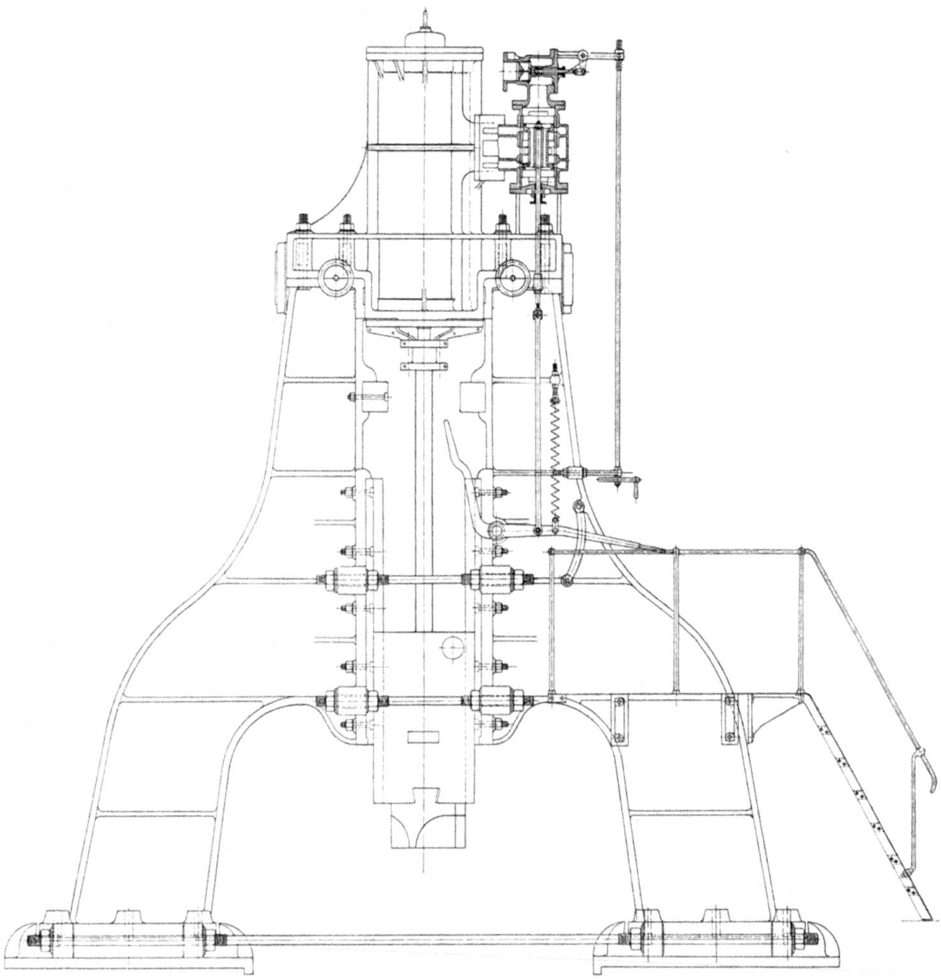

Fig. 212. Dampfhammer mit 3000 kg Fallgewicht. Zylinder und Ständer sind mit Schrauben und Schrumpfringen starr verbunden.

so hoch steigt, daß das über dem Kolben angesammelte Wasser kurzerhand aus dem Zylinder hinausgeschoben werden würde. Bei kurzhubigen Hämmern geschieht die Entwässerung am einfachsten durch Anbringung eines Ablasses in der Lauffläche des Zylinders über der Oberkante des in seiner tiefsten Stellung befindlichen Kolbens. Bei langhubigen Hämmern macht leider diese einfache Art der Entwässerung ungewöhnlich lange Kolben erforderlich, um wenigstens während der ganzen unteren Füllungsperiode beim Aufwärtsgange das Loch verschlossen halten zu können, was aus wirtschaftlichen Gründen nötig ist. Da die Entwässerung hauptsächlich in den Betriebspausen erforderlich ist, wäre zu erwägen, ob es bei langhubigen Hämmern nicht zweckmäßig sei, am Ablaß eine Absperrung anzubringen, die durch Betätigung des Hammeranlaßorgans zwangläufig geöffnet wird, wenn die Abstellung des Hammers erfolgt.

Von hoher Bedeutung wäre die Anbringung eines Dampfmantels mit strömendem Dampf, der den Zylinder umgibt und als ein Teil der Zuleitung und gleichzeitig als Wasserabscheider anzusehen ist. Der Zylinder bleibt dann während der Betriebspausen warm und wird dadurch nicht bloß die Wirtschaftlichkeit erhöht, sondern auch der Hammer jederzeit betriebsfähig gehalten, was sonst nicht der Fall ist, da der Zylinder erst durch einige leere Hammerspiele erwärmt werden muß. Natürlich muß in diesem Falle der Zylinder samt Mantel gut isoliert und verschalt werden, was übrigens stets, auch wenn kein Mantel vorhanden, zu empfehlen ist, leider jedoch vielfach verabsäumt wird.

Fig. 213. Dampfhammer von Eulenburg, Moenting & Co. mit elastischer Verbindung des Zylinders und der Grundplatte mit den Ständern.

Dem Verfasser ist nicht bekannt, daß Dampfmäntel bei Hämmern ausgeführt worden wären, ein diesbezüglicher Versuch würde sich zweifellos lohnen.

Daß die Zuleitung zum Zylinder isoliert und entwässert werden soll, scheint selbstverständlich zu sein, immerhin wird oft in dieser Hinsicht gesündigt. Auch am Auspuffstutzen des Hammerzylinders ist ein Ablaß anzubringen.

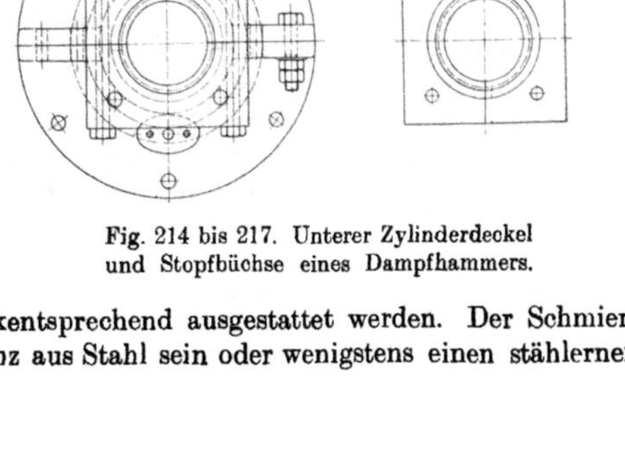

Fig. 214 bis 217. Unterer Zylinderdeckel und Stopfbüchse eines Dampfhammers.

Die Schmierung muß zweckentsprechend ausgestattet werden. Der Schmierhahn am Zylinder soll entweder ganz aus Stahl sein oder wenigstens einen stählernen

Gewindezapfen besitzen, da metallene Zapfen infolge der Erschütterungen leicht abbrechen. Eine selbsttätige Schmierpumpe soll nicht fehlen, sie erhält am besten von einem Steuerungsteil den Antrieb und soll in das Anlaßorgan des Hammers drücken. Die Pumpe ist leicht am Rücken des Hammers anzubringen (s. Fig. 176). Bei überhitztem Dampf empfiehlt es sich, auch unmittelbar in den Zylinder zu pressen.

D. Experimentelle Untersuchungen von Dampfhämmern.

Ebensowenig wie die anderen Hammerarten, oder in noch geringerem Maße, sind die Dampfhämmer bisher mit Erfolg untersucht worden.

Im Jahre 1902 hat G. Lindner Dampfhammeruntersuchungen veröffentlicht[1]). Er hat einen selbststeuernden Hammer in der bei Dampfmaschinen üblichen Weise indiziert; zur Bewegungsübertragung wurde eine hölzerne Hubverminderungsrolle benutzt, von der Schnüre zu den Indikatoren gingen. Die Schnüre und auch Drahtlitzen wurden locker und rissen, und nur dadurch, daß eine Pufferfeder in die Rolle eingebaut wurde, war die Abnahme von Diagrammen möglich (s. Fig. 218).

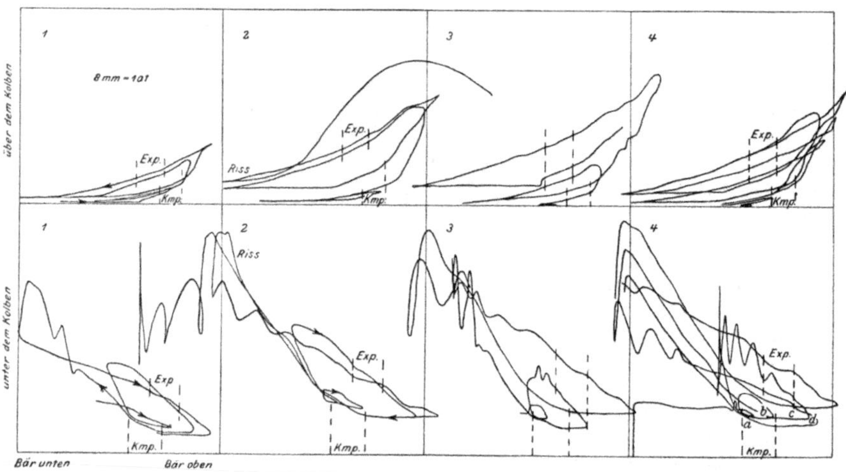

Fig. 218. Dampfhammerdiagramme, abgenommen von G. Lindner.

Die erhaltenen Linien sind nicht in sich geschlossen, was bei zwei aufeinanderfolgenden Spielen eines selbsttätig wirkenden Hammers wenigstens annähernd der Fall sein müßte. Lindner führt dies auf elastische Veränderungen in der Versuchseinrichtung zurück.

Die Schlingen in den Diagrammen der Unterseite dürften wohl auf Wasserschläge zurückzuführen sein, also mit der Dampfverteilung nichts zu tun haben. Eine eingehendere Kritik der Lindnerschen Versuche ist an anderer Stelle bereits gegeben worden[2]). Lindner stellt einen indizierten Verbrauch von 80 kg/PSst fest,

[1]) Zeitschr. d. Ver. deutsch. Ing. 1902, 37.

[2]) Fuchs, Theoretische und kinematographische Untersuchung von Dampfhämmern, Berlin 1909, Julius Springer.

für schwächere Schläge gar 130 kg/PSst. Diese außerordentlich hohen Ziffern kommen hauptsächlich dadurch zustande, daß in der bezüglichen Berechnung die Dampfrückstände in den schädlichen Räumen unberücksichtigt geblieben sind. Diese Vernachlässigung übt desto größeren Einfluß, je kleiner die untere Füllung gewählt wird, da dann der Bär weniger hoch steigt und sich der effektive obere schädliche Raum vergrößert. Zieht man die Rückstände in Rechnung, so vermindert sich die Zahl von 80 kg auf 30 kg. Auf diesen Fehler hat der Verfasser in der Zeitschr. d. Ver. deutsch. Ing. 1911, S. 1167 aufmerksam gemacht und hat ihn Lindner daselbst auf S. 1168 berichtigt.

Die Erfahrungen die Lindner, Doerfel und andere bei ihren Dampfhammer-Indizierungen machten, ließen im Verfasser den Wunsch nach einem Untersuchungsverfahren aufkommen, bei dem die Versuchseinrichtung durch die Schläge unbeeinflußt bleibt. Es wurde die Kinematographie zu Hilfe genommen und ein Verfahren ausgestaltet, das auch den Vorteil einer gleichzeitigen Messung der Schlagarbeit besitzt[1]).

Von der Überlegung ausgehend, daß eine unmittelbare Verbindung der die Drücke im Hammerzylinder aufzeichnenden Geräte mit dem Zylinder einerseits gefährlich sei, weil diese durch die auftretenden Stöße gefährdet werden, andererseits sich aus konstruktiven Gründen nicht empfehle, faßte ich die Frage ins Auge, eine elastische Verbindung durch Zwischenschaltung eines Spiralschlauches herzustellen. Vorher wurden jedoch eingehende Untersuchungen an einer Betriebsdampfmaschine vorgenommen, um den Einfluß eines solchen Rohres auf das Diagramm zu ermitteln und die günstigsten Bedingungen aufzusuchen. Es wurden an einer Zylinderseite zwei Indikatoren angebracht, der eine unmittelbar, der andere hinter einem Rohre, dessen lichte Weite und Länge wiederholt geändert wurden. Ebenso wurden Untersuchungen mit geheizten und auch mit isolierten Rohren vorgenommen und zwar bei einer Dampfspannung von 5 bis 6 at, die bei Hämmern üblich ist. Es traten interessante Verspätungs-Temperaturunterschieds- und Drosselungserscheinungen auf; sie wurden am geringsten, als die Leitung ohne jede Abweichung in der lichten Weite des Indikatorloches, d. i. 12 mm, gewählt wurde, und ließen erkennen, daß wohl bei der Versuchsanordnung der Hammerindizierung auf eine möglichst kurze Verbindungsleitung Wert zu legen sei, daß jedoch dann diese Erscheinungen ohne Bedenken vernachlässigt werden dürfen. Die Verbindungsleitung war bei der hier besprochenen Untersuchung etwa 500 mm lang. Die Versuchsanordnung bestand in folgendem.

Fig. 219. Druckaufzeichner für kinematographisches Indizieren. Versuche von Fuchs.

Ein ununterbrochen angetriebener Papierstreifen wird über die Trommeln zweier Indikatoren gezogen (s. Fig. 219), die mit den beiden Zylinderseiten verbunden sind; die Schreibstifte verzeichnen daher die Drücke als Ordinaten einer ununter-

[1]) Durch die Untersuchungen des Verfassers dürfte die Kinematographie zum erstenmal für technische Meßzwecke verwendet worden sein; gleichzeitig hat Frémont (Étude experimentale du rivetage, Paris 1906) den Vorgang beim Nieten kinematographisch untersucht.

brochenen Kurve. Den Antrieb des Papierstreifens besorgt ein Elektromotor, der mittels Vorgeleges auf eine Metallwalze arbeitet, die den Papierstreifen gegen eine Gummiwalze drückt und ihn so durch Reibung mitnimmt. Ein Uhrwerk, das einen Schreibstift, der eine gerade Linie am Papierstreifen schreibt, halbsekundlich durch eine Schnappvorrichtung aus seiner Bahn ablenkt, unterteilt die Druckkurven nach der Zeit[1]). Für die Indizierung interessieren jedoch nicht die Drücke, bezogen auf die Zeit, sondern auf den Kolben- bzw. Bärweg: Die Bewegungen des Bärs wurden nun kinematographisch aufgenommen, und zwar so, daß ein leichter Zeiger, der am Bär befestigt wird, auf einer Zentimeterteilung spielt. Ein jedes Filmbild zeigt dann den Zeiger in derjenigen Stellung, in welcher sich der Kolben augenblicklich befunden hat; zwei aufeinanderfolgende Bildchen lassen also den Weg erkennen, den Kolben und Bär in der Zeit zwischen zwei Aufnahmen zurückgelegt haben. Von Interesse ist es nun, diese Zeit zu kennen. Bei der Aufnahme wird der Film von Hand aus vorgeschoben, die Vorschubgeschwindigkeit ist daher willkürlich und nicht unbedingt gleichförmig, für strenge Untersuchungen also nicht ohne weiteres in Rechnung zu ziehen. Daher wurde am Druckaufzeichner eine Art Uhr angebracht, die auf dem Bilde miterscheint.

Fig. 220. Ein Stück Film. Versuche von Fuchs.

Auf dem Papierstreifen sind demgemäß die Drücke nach der Zeit, auf dem Filmbilde die Wege ebenfalls nach der Zeit vermerkt. Da der Uhrzeiger von dem Uhrwerk betätigt wird, das die Zeitimpulse aufschreibt, läßt sich ohne weiteres erkennen, wie die beiden Aufzeichnungen zusammengehören, d. h. welcher Druck zu einer bestimmten Kolbenstellung gehört.

Bezüglich der Versuchsanordnung ist noch ergänzend zu bemerken, daß der Druckaufzeichner knapp neben dem Hammer, jedoch vollkommen unabhängig von ihm auf einem Holzbock, dessen Füße mit starken Filzplatten zur Dämpfung der Erschütterungen versehen sind, aufgestellt wird. Die Aufnahmen werden mittels einer Amateur-Kinokamera von Ernemann mit einer Belichtungszeit von $^1/_{60}$ sek und einer Blendenöffnung $F:2$ hergestellt. Als Lichtquelle diente eine Regina-Lichtpausbogenlampe (8 Amp., 100 V.) mit Reflektor der E. A. G. vorm. Kolben & Co. in Prag-Wysotschan.

Ein Stück Film ist in Fig. 220 wiedergegeben; die schwarze Tafel rechts von der Mitte des Bildes ist die Hubskala mit Zentimeterteilung, auf welcher der am Bär befestigte weiße Zeiger spielt. Darüber, zur Linken, ist das Zifferblatt der am Druckaufzeichner befindlichen Uhr zu sehen. Darunter ist das Holzgestell ersichtlich. Die Beleuchtung durch die Bogenlampe wurde so eingerichtet, daß nur die interessierenden Gegenstände im Bilde vortreten.

Auf solche Weise wurden mehrere Hämmer untersucht; der Gang und die Ergebnisse einer solchen Untersuchung an einem selbststeuernden Hammer von 200 kg Fallgewicht sind in der Zeitschr. d. Ver. deutsch. Ing.[2]) ausführlich besprochen. Es sei hier nur auf einen im Laufe der Rechnung dort unterlaufenen Fehler hingewiesen. Die für den Rückprall aufgestellte Gleichung

[1]) Der Druckaufzeichner steht nun im Technischen Museum in Wien. [2]) 1911, 1161.

$v = v_r - \sqrt{2ghr}$ hat richtig $v = \sqrt{V_r^2 - 2ghr}$ zu lauten und die Gleichung $\xi\eta^2 = \text{konst.}$ zu entfallen. Auf die dort gewonnenen Ergebnisse bleibt dieser Fehler jedoch ohne Einfluß. Das erzeugte Schlagarbeitsvermögen erwies sich als rund zweimal so groß als das der Schwerkraft allein entsprechende. Der theoretische Dampfverbrauch bezogen auf das tatsächliche Schlagarbeitsvermögen, beziffert sich mit 18 kg/PSst, oder für 1 kgm Arbeitsvermögen werden 0,06 g Dampf gebraucht. Auf Grund angestellter Beobachtungen wurden die Verluste derart veranschlagt, daß der tatsächliche Verbrauch mit etwa 25 bis 35 kg/PSst oder 0,1 bis 0,12 g für 1 kgm Arbeitsvermögen bei Verwendung von trockenem gesättigtem Dampf von 6 at abs. in Anrechnung kommt.

E. Einiges über die größten ausgeführten Dampfhämmer.

Der 50-t-Hammer „Fritz" bei Friedrich Krupp in Essen.

Gebaut nach Angaben von Alfred Krupp, in Betrieb gesetzt am 16. September 1861, abgebrochen 1911[1]).

Abmessungen: Hub . . . . = 3140 mm
Zylinderdurchmesser . . . = 1386 mm
Kolbenstangendurchmesser = 268 mm.

Fig. 221 bis 223 gibt eine Zusammenstellung des Hammers. Es wurde ein torförmiger Aufbau gewählt. Jeder der beiden Ständer ist für sich auf einer Säule aufgesetzt, untereinander sind sie durch mehrere Laschen verbunden, an welchen der Bär Führung erhält.

Der Zylinder ist unabhängig von dieser Konstruktion auf einer Brücke aufgebaut, die auf Säulen ruht und auf der auch die zur Bedienung des Hammers erforderlichen vier Dampfkrane, 2 Stück mit 50000 kg, 2 Stück mit 30000 kg Tragfähigkeit, aufgebaut sind.

Der Hammer arbeitet nur mit Unterdampf, die Steuerung erfolgt von Hand aus in bekannter Weise (s. S. 81) durch zwei Ventile. Fig. 224 und 225 zeigen den Zylinder; er ist oben offen und besitzt in seinem oberen Teil am ganzen Umfange Ausnehmungen, durch die der Unterdampf, nachdem er sie überlaufen hat, in die oben aufgesetzte Blechhaube und von hier durch ein Rohr von 15 Zoll l. W. über Dach abzieht. Die Ventile haben Gewichtsbelastung, der Steuer-Doppelhebel hat in den Schlitzen der Ventilspindeln so viel Luft, daß auch eine Expansion des Dampfes möglich ist. Der Eintrittsstutzen hat $14^1/_8$ Zoll l. W., der Austritt erfolgt durch zwei Rohre von 12 Zoll l. W. Die Schabotte wiegt 1000000 kg.

Einen Dampfhammer von 50 t Fallgewicht besitzt auch I. Brown in Sheffield.

Dampfhammer von 100 t Fallgewicht von Schneider & Co. in Creusot.

Die Konstruktion des Hammers wurde im Jahre 1875 begonnen und derselbe am 23. September 1877 in Betrieb gesetzt; er wurde von den Werken in Saint-Chamond kurz nachher kopiert. Auch der Hammer von Bethlehem (s. S. 136) mit 120000 kg Fallgewicht ist nach dem Muster von Creusot gebaut.

[1]) Über die Entstehung des Hammers siehe des Verfassers Bemerkungen in „Rundschau für Technik und Wirtschaft" 1911, 131.

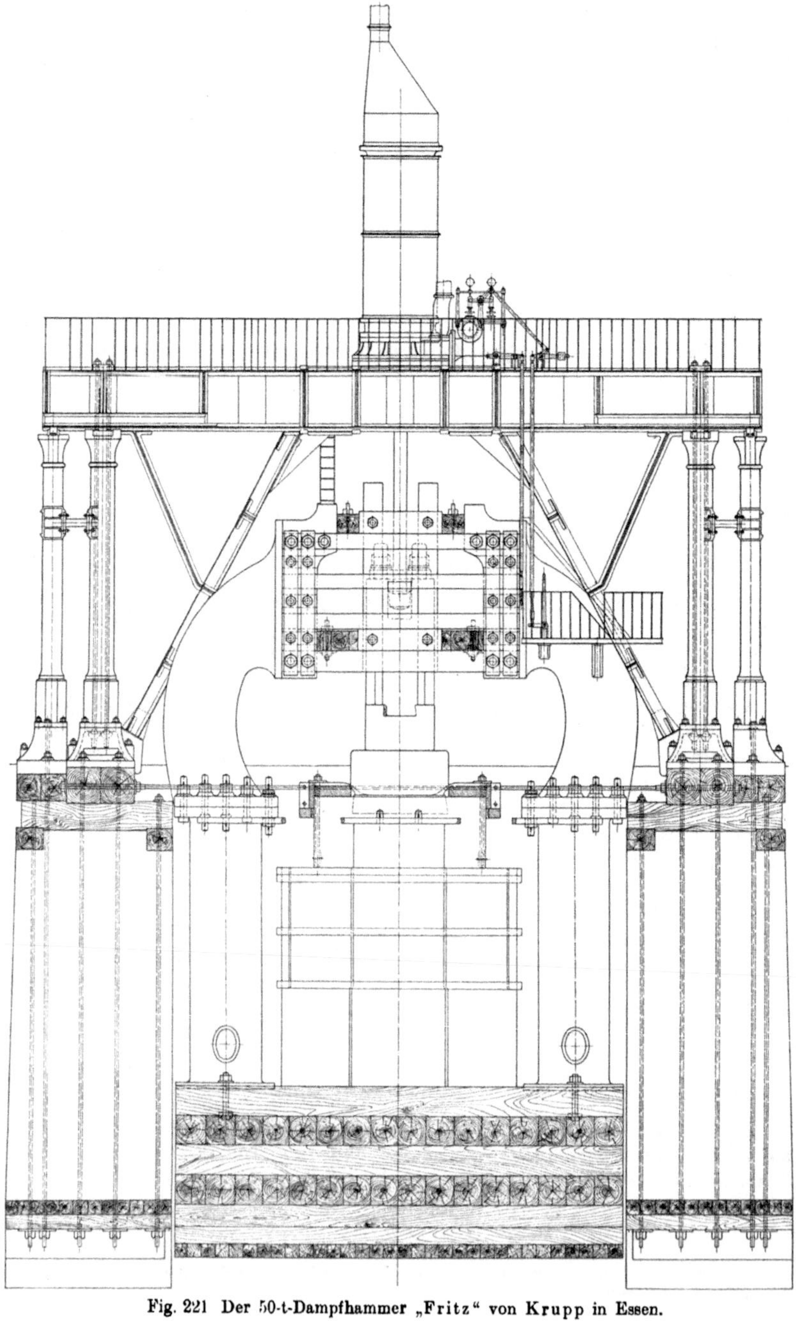

Fig. 221 Der 50-t-Dampfhammer „Fritz“ von Krupp in Essen.

Abmessungen: Hub . . . . = 5000 mm
Zylinderdurchmesser . . . . = 1900 mm
Lichte Weite zwischen den Ständern = 7520 mm
Bauhöhe über der Hüttensohle . . . = 21000 mm
Dampfeinströmleitung l. W. . . . . = 345 mm
Auspuffleitung . . . . = 470 mm.

Das Gewicht der Hammerkonstruktion ohne Schabotte beträgt 550000 kg.
Das Gewicht der Schabotte beträgt . . . . 750000 kg.

Die Konstruktion ist geschlossener (s. Fig. 226 bis 231) als bei „Fritz“, der Hammer bildet ein selbständiges Ganzes. Der Bär erhält an den Ständern die Führung, der Zylinder ist auf diese aufgesetzt.

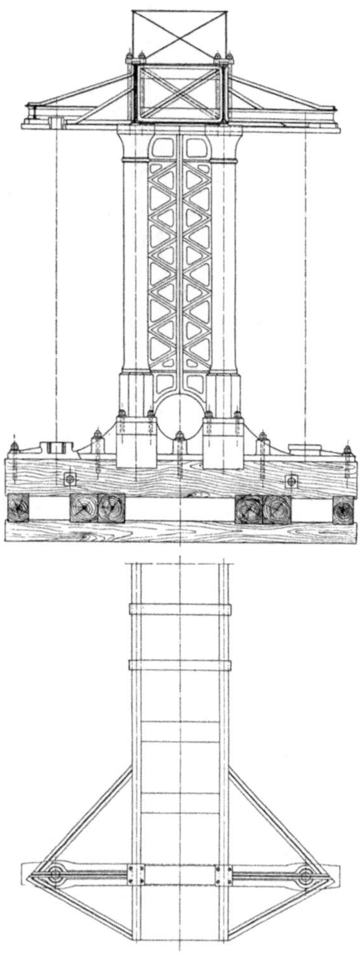

Fig. 222 u. 223. Der 50-t-Dampfhammer „Fritz“ von Krupp in Essen.

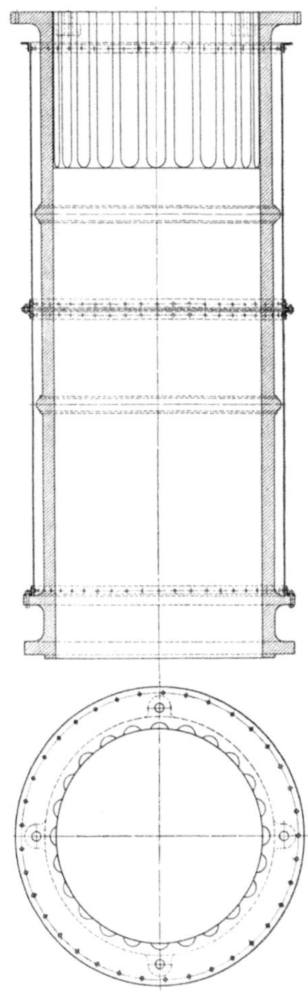

Fig. 224 u. 225. Zylinder des Dampfhammers „Fritz“.

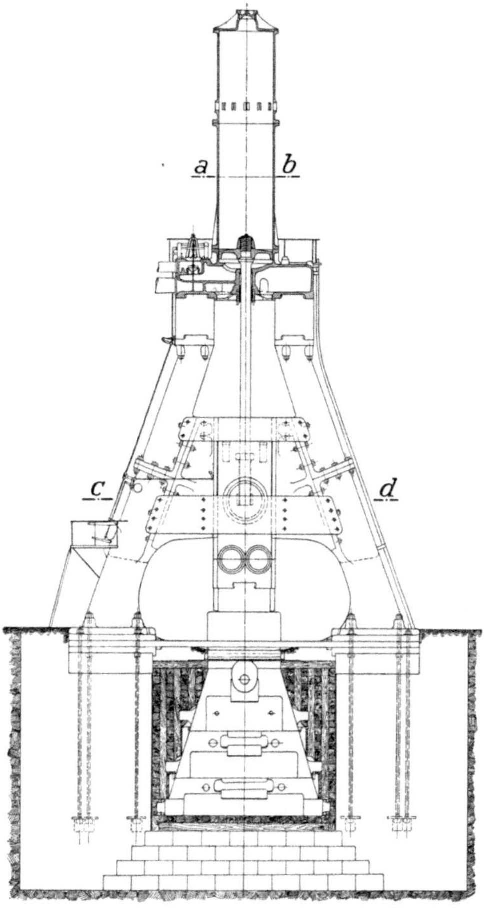

Fig. 226.

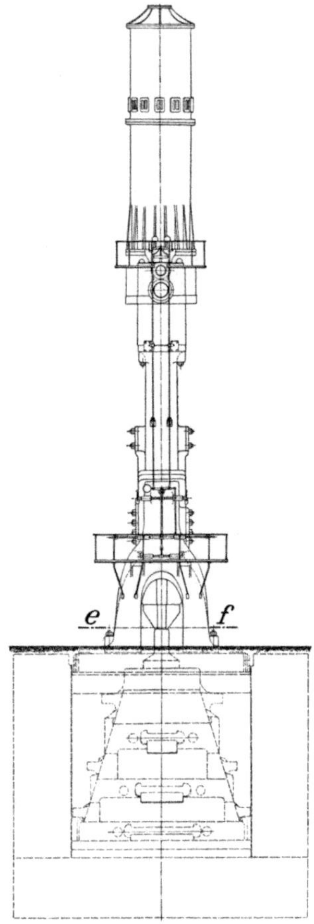

Fig. 228.

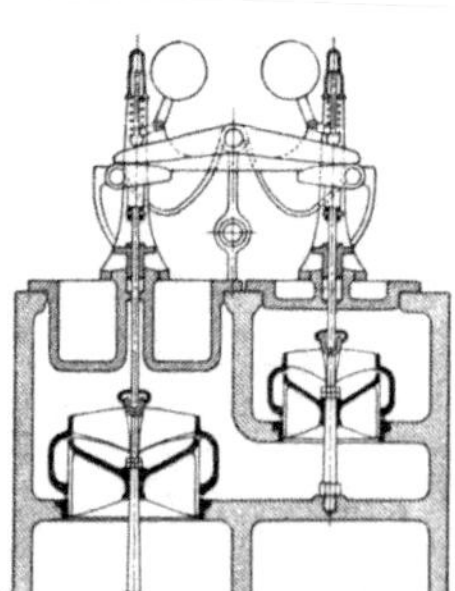

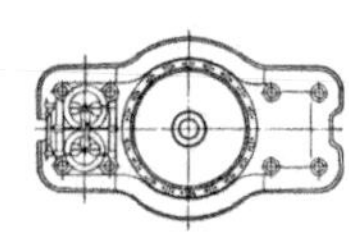

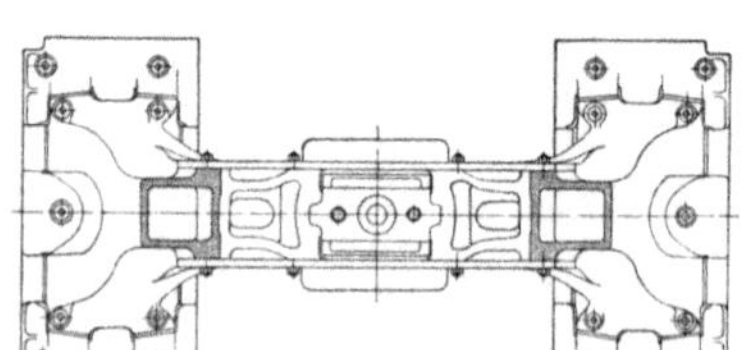

Fig. 227. Fig. 230. Schnitt *c—d*.

Fig. 226 bis 231. Dampfhammer von 100 t Fallgewicht von **S c h n e i d e r** in Creusot.

Der Hammer besitzt reine Unterdampfsteuerung, also ein Einlaß- und ein Auslaßventil. Die Steuerung erfolgt von Hand und wird von einer Galerie aus betätigt. Zwei Sicherheitsmaßregeln verhindern ein Durchgehen des Bärs; einerseits eine Klinke, die mittels eines Handhebels in die Bahn des Bärs gebracht wird und beim Anschlag die Steuerung auf Auslaß stellt, anderseits die Anordnung von Schlitzen im Zylinder, die vom Kolben überlaufen werden und den Dampf ausströmen lassen, gleichzeitig beim weiteren Aufwärtsgange des Kolbens über den Schlitten ein bremsendes Luftkissen schaffend.

Für die Bedienung des Hammers sind 3 Dampfkrane zu 100 Tons, einer für 150 Tons vorhanden.

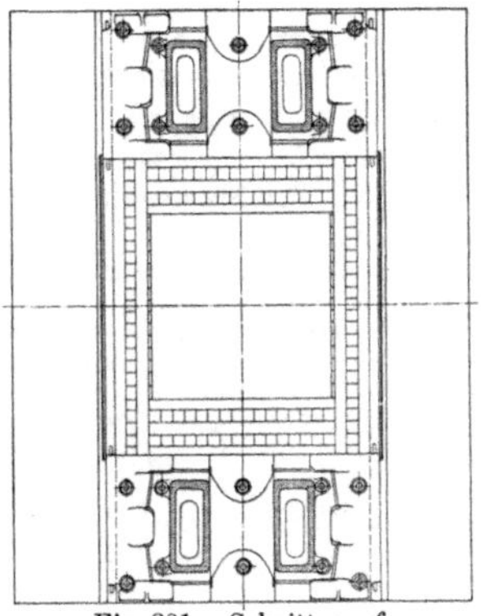

Fig. 231. Schnitt e—f.

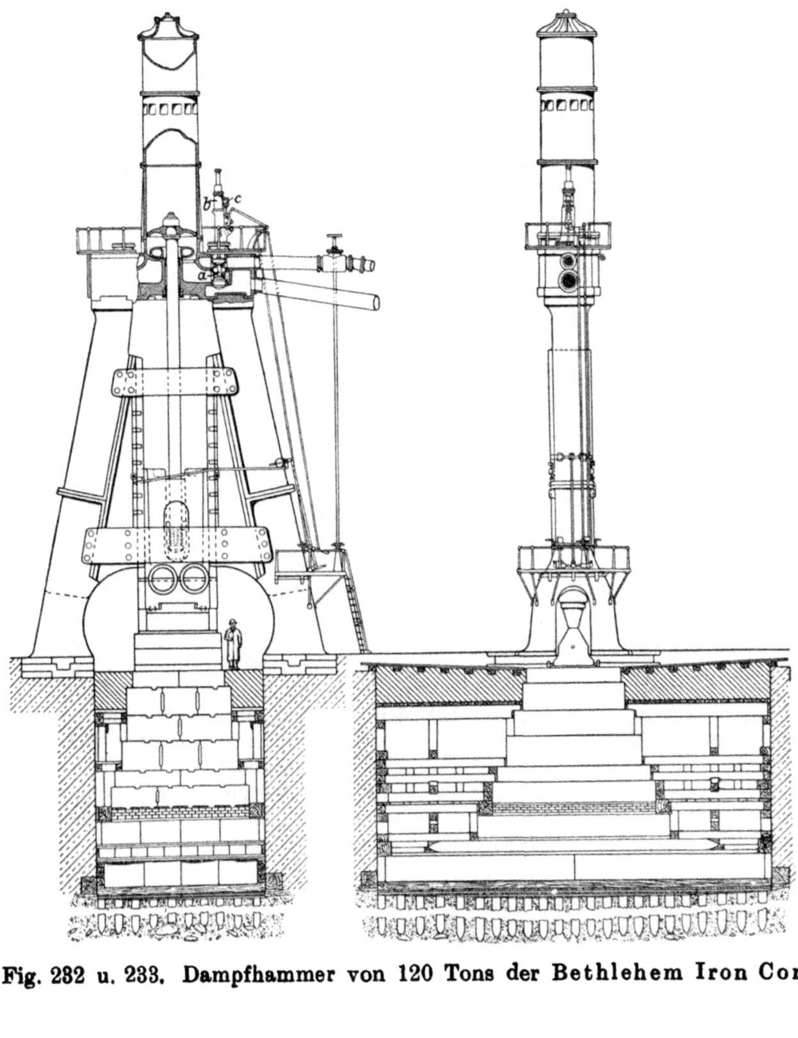

Fig. 232 u. 233. Dampfhammer von 120 Tons der Bethlehem Iron Comp.

Um über die Leistungsfähigkeit eines solchen Hammers einen Begriff zu erhalten, sei bemerkt, daß mit demselben eine hohle Welle für das Schiff „Leparto" geschmiedet wurde, die 3050 mm Durchmesser und eine Bohrung von 1700 mm erhielt.

Auch das Stahlwerk Barrow in England besitzt einen Dampfhammer von 100 Tons.

Dampfhammer von 120 Tons (short ton), d. i. 113,4 t der Bethlehem Iron Company in Sout Bethlehem, Pennsylvania.

Konstruiert auf Grund der Erfahrungen von Schneider in Creusot von Oberingenieur John Fritz im Jahre 1891, abgebrochen 1902.

Abmessungen:	Hub . . . . =	rd. 6000 mm
	Zylinderdurchmesser . . . . =	1930 mm
	Kolbenstangendurchmesser . . . . . . =	432 mm
	Lichte Weite zwischen den Ständern =	6700 mm.

Die Dampfspannung betrug 8,4 at.

Das Bild des Hammers (Fig. 232 und 233) zeigt die große Übereinstimmung mit Fig. 226 bis 231. Der Bär ist in seinem unteren Teile aus Stahl, in seinem oberen aus Gußeisen; die beiden Stücke sind durch 4 Schrumpfringe verbunden. Der Zylinder ist dreiteilig, der Dampf — der Hammer besitzt reine Unterdampfwirkung — tritt bei Überschreitung des Hubes in bekannter Weise durch die Schlitze des mittleren Teiles aus. Der Bär kann in verschiedener Höhenlage verriegelt werden. Es sind besondere Maßnahmen getroffen, um die massigen Steuerungsteile leicht bewegen zu können. Der Führer betätigt bloß einen kleinen Flachschieber *c*, der einen Hilfszylinder *b* steuert, an dessen Kolbenstange das Hauptsteuerorgan *a*, das als entlasteter Kolbenschieber ausgebildet ist, sich befindet. Die Stangen von Haupt- und Hilfsschieber stehen untereinander durch ein Gestänge in Verbindung, um ein zu hohes Ansteigen des Hauptschiebers zu verhindern. Hat sich der Hauptsteuerschieber seiner höchsten Lage genähert, wird durch Knaggen und Hebel der Hilfsschieber umgesteuert. Eine ebenfalls zwischengeschaltete Feder verhindert hierbei plötzliche ruckweise Bewegungen des Hilfsschiebers, die für den Führer unangenehm wären [1]).

V. Drucklufthämmer [2]).

Die Drucklufthämmer unterscheiden sich in ihrer Konstruktion durch nichts von den Dampfhämmern und gilt daher das im vorstehenden über diese Gesagte auch für sie.

Es ist nur auf zwei Punkte hier besonders Rücksicht zu nehmen. Erstens darauf, daß die gespannte Luft bei ihrer Ausdehnung im Zylinder der Umgebung Wärme entzieht, daher die Gefahr eines Einfrierens des Zylinders besteht. Die gespannte Luft muß daher vor ihrem Eintritt in den Zylinder angewärmt werden, was in der Schmiede am einfachsten und wirtschaftlichsten dadurch erfolgt, daß man die Zuleitungsrohre von den Abzugsgasen des Schmiedefeuers bestreichen läßt.

Zweitens ist darauf Rücksicht zu nehmen, daß gespannte Luft „lässiger" ist als Dampf, d. h. leichter durch Undichtigkeiten austritt, daher sind die Abdichtungen besonders sorgfältig zu konstruieren.

---

[1]) Die Einzelheiten dieser Steuerung s. „Stahl und Eisen", 1893, 679 u. f.

[2]) Begriffserklärung s. S. 52.

Als nach Beendigung des Krieges der Wärmewirtschaft ein besonderes Augenmerk zugewendet wurde, beschäftigte sich namentlich die Wärmestelle in Düsseldorf mit der Frage der Umstellung von Dampfhämmern auf Dampfluftbetrieb. Ein Rundschreiben dieser Wärmestelle[1]) sagt folgendes:

Verschiedene Werke stellen zurzeit ihre Hammerwerke auf Druckluftbetrieb um bzw. planen eine solche Umstellung. Es handelt sich hierbei um Dampfhämmer schwerster Ausführung. Die Druckluft soll ohne elektrische Übertragung unmittelbar in Hochofen-Gasgebläsen erzeugt werden.

Nach vorläufigen Berechnungen der Wärmestelle Düsseldorf beträgt die Ersparnis an aufzuwendendem Brennstoff WE:
bei Erzeugung der Druckluft in Hochofengebläsen . . . . rd. 65 vH.,
bei Erzeugung von Druckluft aus Generatorgas in Gasmaschinen . rd. 47 vH.,
bei Erzeugung der Druckluft in Dampf- oder elektrisch angetriebenen Kompressoren und in letzterem Falle bei Erzeugung des Stromes in Turbozentralen . . . . 17 bzw. 14 vH.
In obigen Zahlen ist nur der Wärmeverbrauch für die Luftverdichtung berücksichtigt, dagegen nicht der Verbrauch an Ofenhitze für die Erwärmung der Druckluft; die hierzu nötige Wärme ist vielmehr als kostenlos vorhanden betrachtet. Berücksichtigt man auch den Wärmeverbrauch für die Vorwärmung der Druckluft, so verringern sich obige Zahlen auf 53, 35, 5 und 2 vH. Durch das Erwärmen wird das Volumen und damit das Arbeitsvermögen der Druckluft erheblich vermehrt und die zur Erwärmung der Druckluft aufgewendete Wärmemenge wird mit einem sehr hohen Wirkungsgrad, etwa 30 bis 50 vH., in nutzbare Hammerarbeit umgesetzt.

Ähnliche Ersparnisse ergeben sich beim Druckluftbetrieb von Auspuffmaschinen; insbesondere bei sehr stark aussetzendem Betrieb, vor allem bei Dachwippen, Hubzylindern an Aufzügen, Kant- und Verschiebeapparaten u. dgl. Versuche an kleineren Hämmern bis zu 500 kg Bärgewicht haben gute Ergebnisse gehabt. Kleinere Schmiedeanlagen mit Preßluftbetrieb sind in Deutschland und im Auslande bereits vielfach in Betrieb und weisen gute Erfolge auf.

Die Vorteile des Druckluftbetriebes bestehen

1. in der besseren Ausnutzung des Brennstoffheizwertes in der Gasmaschine bzw. in der Kondensations-Dampfmaschine oder -Dampfturbine gegenüber dem Auspuffbetrieb der Dampfhämmer, insbesondere in dem geringen Energieinhalt der den Hammerzylinder verlassenden Druckluft gegenüber dem großen Wärmeinhalt des Auspuffdampfes der Dampfhämmer,

2. in der Vermeidung der Wärme- bzw. Kondensationsverluste in der Leitung und in den zeitweise arbeitenden Zylindern,

3. in der Verringerung der Abblaseverluste der Leitung, welche, da der größte Teil derselben keine höhere Temperatur als 30 bis 50° annimmt, dauernd dicht gehalten werden kann.

Das Verfahren scheint außerordentlich aussichtsreich; bei der Beurteilung der Wirtschaftlichkeit müssen jedoch von Fall zu Fall die allgemein-wärmewirtschaftlichen Verhältnisse des Werkes sowie gewisse betriebstechnische Einflüsse berücksichtigt werden. Die Wärmestelle behält die Angelegenheit im Auge und wird die Frage in theoretischer und praktischer Richtung noch eingehend prüfen. Vorläufig kann gesagt werden:

1. An sich ist der Druckluftbetrieb bei Verwendung von Hochofen-Gasgebläsen dem unmittelbaren Dampfbetrieb bei weitem überlegen;

2. Druckluftbetrieb unter Verwendung von Dampfgebläsen — bzw. bei elektri-

[1]) Stahl und Eisen 1920, S. 1670.

schem Antrieb der Gebläse und Erzeugung des Stromes in Dampfturbinen — wird nur in seltenen Fällen angebracht sein.

3. Die oben berechneten Ersparnisse verringern sich etwas, wenn der Abdampf des Dampfhammerwerkes in Niederdruckturbinen zur Stromerzeugung ausgenutzt wird.

4. Kann der Abdampf für Heizungen, wo er fast restlos ausgenützt wird, oder für ähnliche Zwecke verwendet werden, so ist der Dampfbetrieb, wenigstens eines Teiles der Hämmer, wirtschaftlicher als der Druckluftbetrieb. Gegebenenfalls können die Hämmer im Winter mit Dampf, im Sommer mit Druckluft betrieben werden.

5. Durch Verbesserung der Dampfzuleitungen zu dem Hammerwerk (angemessene Dampfgeschwindigkeiten, gute Isolierung der Leitungen und der Zylinder, gute Lagerung und Aufnahme der Wärmedehnungen, angemessene Dichthaltung) läßt sich die Wirtschaftlichheit des Dampfbetriebes in vielen Fällen bedeutend erhöhen.

6. Große Verluste treten im Hammerbetrieb durch undichte Kolben, Schieber und Ventile auf, sowie durch falsche Handhabung (vielfach kann beobachtet werden, daß beim Stillstand der Hämmer infolge offenstehender Schieber ebensoviel Dampf durch das Auspuffrohr strömt wie im vollen Betrieb). Da die ausströmende Preßluft nicht sichtbar ist, so erfordert der Preßluftbetrieb eine besonders scharfe Überwachung, gegebenenfalls besondere Meßeinrichtungen (z. B. Druck- oder Geschwindigkeitsmesser im Auspuffrohr), wenn man nicht Gefahr laufen will, daß der Preßluftbetrieb statt eines Vorteils wirtschaftlichen Nachteil bringt.

Eine Art Drucklufthammer wurde bereits auf S. 72 (Graham) besprochen.

Fig. 234. Drucklufthammer von 108 t von Terni in Italien.

Drucklufthammer von 108 t des Stahlwerkes Terni in Umbrien (Italien).

Erbaut 1886 von der Société J. Cockerill in Liège.

Abmessungen: Hub = 4980 mm
Zylinderdurchmesser = 1900 mm
Lichte Weite zwischen den Ständern . . = 7900 mm.

Das Gewicht der Schabotte beträgt 1 000 000 kg.

Der Hammer (s. Fig. 234) ist in gleicher Weise angeordnet und gesteuert wie etwa der Hammer von Creusot (s. S. 131). Der ganze Aufbau macht jedoch einen noch solideren Eindruck, da auch der Zylinder oben in den Ständern gehalten ist. Die Druckluft von $5^1/_2$ at Überdruck wird durch Kompressoren erzeugt, die durch Wasserkraft angetrieben werden. Dem Werke stehen nämlich 150 000 so erzeugte Pferdestärken zur Verfügung, was ausschlaggebend für die Wahl der gepreßten Luft als Antriebsmedium war.

Die Kompressoren haben eine Leistung von 38 cbm/min; da durch sie auch andere Hämmer zu speisen waren, wurde ein gemeinsamer Behälter von 1000 cbm Fassungsraum errichtet; derselbe wurde von zwei gußeisernen Rohrsträngen von je 400 m Länge und 1220 mm Durchmesser gebildet. Die erforderliche gleichbleibende Luftspannung wurde durch einen Flüssigkeitsregler erreicht. Es wurde 55 m über der Sohle des Werkes ein Wasserbehälter errichtet und durch einen Rohrstrang von 600 mm l. W. mit dem Luftbehälter verbunden. Auf diese Weise konnte die Schwankung des Betriebsdruckes in den Grenzen einer halben Atmosphäre gehalten werden.

Einzelheiten über die Schabotte und die Gründung s. S. 143.

VI. Gashämmer.

Es wurde vielfach versucht Hämmer durch Explosionsgase anzutreiben; die Zahl der diesbezüglichen Patente ist bedeutend[1]).

Die Hämmer sind meist so gedacht, daß die Gase von oben auf einen am Bär befindlichen Kolben wirken und ihn niederschlagen. Das Heben soll durch

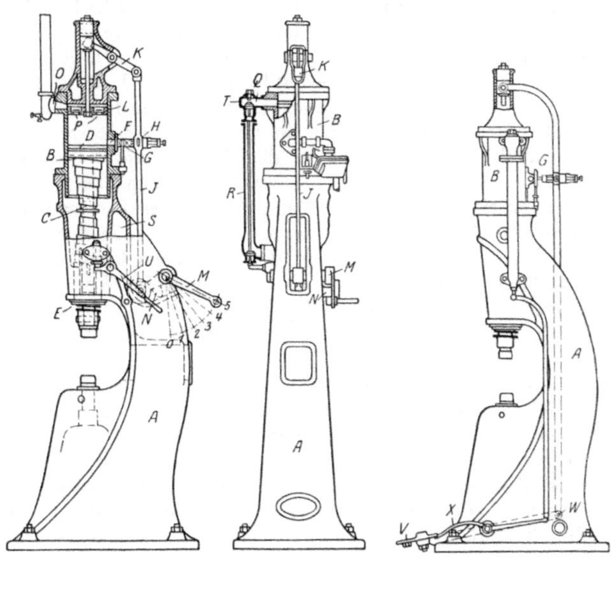

Fig. 235 bis 239. Gashammer von Pusey, Jones & Cie. in Wilmington.

[1]) Ch. W. Pinkney in Smethwork 1889, Donát Banki und Joh. Chonka in Budapest 1891 u. a. m.

Federkraft oder durch Druckluft erfolgen. Die Stärke des Schlages soll etwa dadurch geregelt werden, daß der Zylinderraum durch einen verstellbaren Kolben in seiner Größe abgeändert wird, wodurch die Gasmenge bestimmt ist. Ein anderer Gedanke geht dahin, die Stärke der Explosion durch eine Ausgleichskammer zu regeln, die mit dem Zylinderraum durch ein Drosselventil in Verbindung steht. Ab und zu hört man von gelungenen Ausführungen solcher Gashämmer. So beschreibt Johnen[1]) einen von ihm gebauten Hammer von 40 kg F.-G. und 165 mm Hub. Ehenso baut die Firma Pusey, Jones & Cie. in Wilmington einen Gashammer, der sich vorzüglich bewähren soll. Ein solcher Hammer ist in Fig. 235 bis 239 dargestellt. Auf dem Hammerständer *A* sitzt der Zylinder *B*, in welchem der Kolben *D* spielt, der mit dem Bär durch eine Stange verbunden ist. Zwischen der Bärführung und dem Kolben ist die Doppelspiralfeder *C* eingebaut, die den Kolben samt Bär in die höchste Stellung zu bringen trachtet. Befindet sich der Kolben *D* daselbst, so ist es für Vornahme des Schlages notwendig, ein Gasluftgemisch anzusaugen und zu entzünden. Das Ansaugen erfolgt durch einen über dem Arbeitskolben *D* befindlichen Saugkolben *L*, der hierzu von Hand oder Fuß mittels des Gestänges *K*, *I* und *M* betätigt wird. Während der Aufwärtsbewegung des Saugkolbens *L* tritt durch eine Öffnung *F*, die sich in der Zylinderwand befindet, das Gasluftgemisch, das durch einen mit Rückschlagklappe ausgestatteten Hahn geregelt wird, ein. Wird nun eine hier befindliche Zündflamme, die sonst durch ein Kegelventil *G* verdeckt ist, freigegeben, so erfolgt die Explosion und der Schlag. Geöffnet wird das Kegelventil durch einen Keil *H*, der sich an der Steuerstange befindet. Bewegt man nun den Saugkolben herunter, so gibt er die in den Auspuff führende Öffnung *O* frei, die Verbrennungsgase treten durch die im Saugkolben befindlichen Druckventile in den Auspuff und die Spiralfedern *C* heben den Bär, wobei die Feder *E* den Aufwärtsgang dämpfend begrenzt. Die Regelung der Schlagstärke erfolgt durch Vergrößerung des Verbrennungsraumes, was in der Weise ausgeführt wird, daß durch die oben am Zylinder befindliche Öffnung *Q* Gas durch das Überströmrohr *R* in den im Ständer befindlichen Raum *R* geleitet wird, was durch ein Ventil *T* mittels des Handgriffes *U* erfolgt.

Fig. 237 u. 238 zeigen den Hammer für Fußbetrieb, Fig. 239 gibt ein Indikatordiagramm; die Linie *a* ist bei kalter Maschine, *b* nach 200 Schlägen aufgeschrieben.

Johnen teilt mit, daß sein früher erwähnter Hammer eine kinetische Energie von 45 kgm entwickelt habe, was rund dem siebenfachen der reinen Schwerkraftswirkung entsprechen würde, eine durch keine andere Hammerart erreichte Wirkung. 2500 schwerste und 4000 leichte Schläge sollen bloß 1 cbm Gas verbrauchen.

Gashämmer dürften dort am Platze sein, wo andere Maschinenhämmer keine Anwendung finden können, wo also weder elektrischer oder Transmissionsanschluß, noch Dampf oder Preßluft zu haben sind, hingegen Gas vorhanden ist.

VII. Elektrische Hämmer.

Es wurde wiederholt versucht, die Elektrizität unmittelbar zum Betrieb von Hämmern zu verwenden. So nahmen Anderson und Clarke in St. Louis 1899 ein Patent auf einen Hammer, dessen Bär an einem Eisenkern sitzt, der in zwei Solenoiden geführt wird. Die Drahtenden führen zu Kontakten, die durch eine mittels Handhebel bewegte Platte geschlossen werden. Durch abwechelndes Schließen der Solenoidströme wird der Bär gehoben und niedergeschlagen.

[1]) Zeitschr. f. Werkzeugmasch. u. Werkzeuge, Bd. VII, 335.

Auch selbsttätige Steuerungen wurden patentiert, so eine von **Friedrich Auer** in Salgótarján[1]).

Über befriedigende Ausführungen von elektrischen Hämmern ist dem Verfasser nichts bekannt geworden.

VIII. Die Gründung (Fundierung) der Hämmer.

In Kapitel I B, S. 15, das sich mit der Hammerwirkung befaßt, wurden die Gesichtspunkte für die Ausgestaltung der Hammergründungen erörtert. Es handelt sich nach dem dort Gesagten darum, sicher, massig und möglichst erschütterungsfrei zu gründen

Die Gründung von Hämmern wird auf zweierlei Art durchgeführt. Nach der älteren Ansicht hat die Gründung des Hammers von jener der Schabotte vollkommen getrennt zu werden, um die Übertragung von Erschütterungen zu verhindern.

In die Gründung der Schabotte soll ein elastisches Zwischenglied eingeschaltet sein; als solches kommt in allererster Reihe Eichenholz in Betracht, das zwischen Schabotte und Fundamentsockel gelegt wird. Zur Schalldämpfung wird manchmal auch Eisenfilz u. a. m. zwischengelegt.

Wie bei jeder Gründung muß natürlich auch hier für einen tragfähigen Grund gesorgt werden. Bei den großen Hämmern, die tiefe Gründungen erfordern, geht

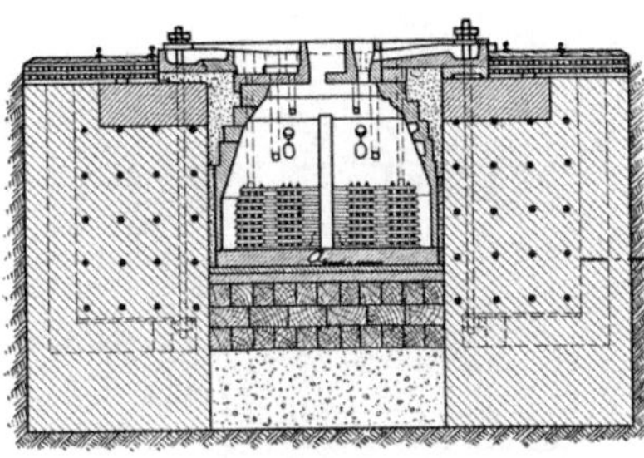

Fig. 240.

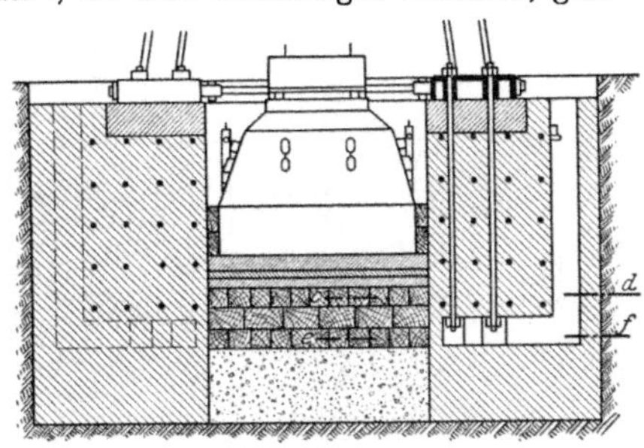

Fig. 242.

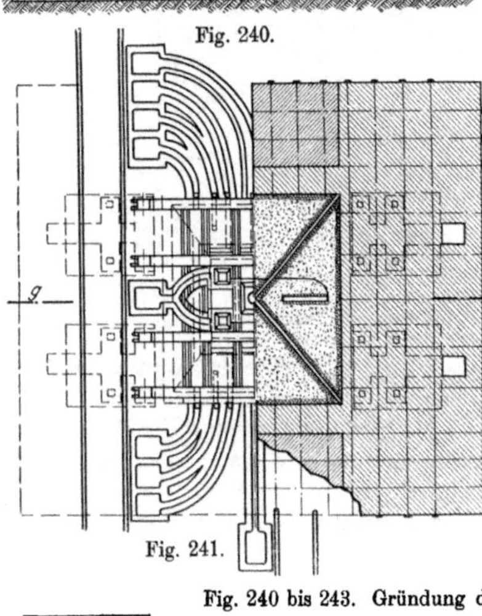

Fig. 241.

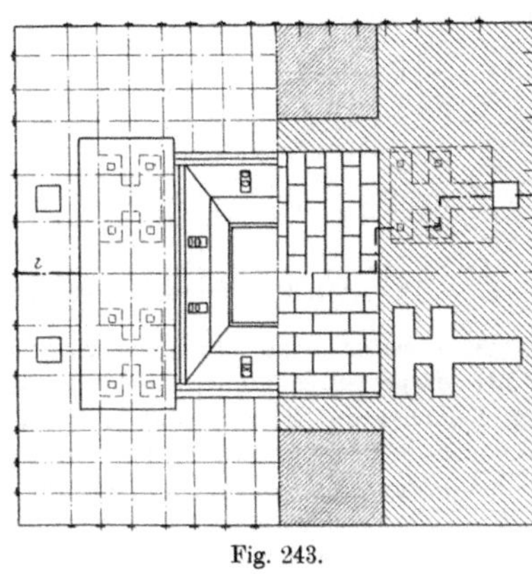

Fig. 243.

Fig. 240 bis 243. Gründung des Drucklufthammers von **Terni**.

[1]) Stahl und Eisen, Bd. VII, 520.

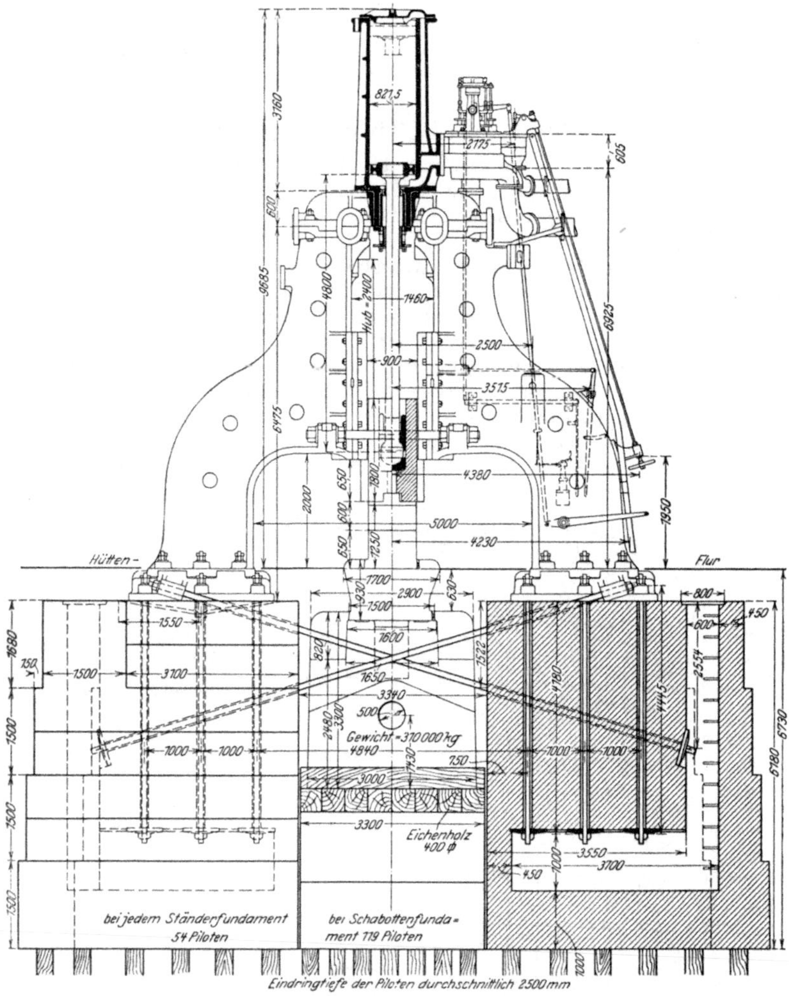

Fig. 244. Gründung eines Dampfhammers von 15 t Fallgewicht.

es daher selten ohne künstliche Sicherung des Bodens ab. Die in Kapitel IV E, S. 131, dargestellten großen Dampfhämmer geben hierfür gute Beispiele ab. Um den Hammer der Bethlehem Iron Co. Raum zu gewähren, mußte der Lehigh-Südkanal abgelenkt werden, der Amboß des Hammers ist auf einen Pfahlrost von 10 bis 12 m langen Pfählen gegründet, die durchschnittlich 0,9 m voneinander entfernt eingerammt sind. Auf diesem Rost liegen Pfosten, die mit Hobelspänen bedeckt sind. Es folgen gußeiserne Blöcke, eine 5 cm starke Beplankung, eine Schicht geschmiedeter Stahlbarren, wieder eine Beplankung, nochmals Gußblöcke, eine starke Korkschicht und endlich ein Aufbau aus gußeisernen Klötzen, auf welchen erst der eigentliche Amboß ruht, der nur 30 t wog. Das ganze Fundament hatte ein Gewicht von rd. 2000 t[1]). Das Fundament des Hammers selbst ist natürlich von jenem des Ambosses unabhängig und einfach in Mauerwerk ausgeführt.

Diese Art des Aufbaues der Amboßgründung ist ungewöhnlich; sonst wird wohl durchwegs eine massive Schabotte hergestellt, die bei den großen Hämmern natürlich an Ort und Stelle gegossen werden muß.

Fig. 240 bis 243 zeigen die Gründung des Drucklufthammers von Terni (s. S. 138).

Im allgemeinen ist es üblich, bei schweren Hämmern, deren Schabotte an Ort und Stelle gegossen wird, den Guß in umgekehrter Lage vorzunehmen, um den Teil, in welchen das Amboßstöckel eingesetzt wird, möglichst dicht zu erhalten. Hier wurde, offenbar wegen der Schwierigkeiten, welche ein späteres Wenden verursacht hätte, nicht so verfahren, sondern der Guß gleich in der für die Schabotte erforderlichen Stellung vorgenommen und durch hohe verlorene Köpfe für einen dichten Oberteil gesorgt. Vorher wurde der Unterbau vorgenommen; zu unterst befindet sich eine 2,5 m Betonschicht, dann ein Aufbau von drei Schichten 0,6 m hoher Sandsteinquadern, 25 cm starke feuerfeste Ziegel, auf welche endlich eine 15 cm starke Metallschicht im Gewicht von 40 t gegossen wurde. Auf diesem Unterbau wurde die Gußform aufgeführt, die unten eine Stärke von 60 cm erhielt. In der Mitte der Form wurde eine Stahlsäule von 350 mm Durchmesser und rd. 4 m Höhe aufgerichtet und am Boden der Form Roheisenbarren aufgestapelt, um die Temperatur des Gusses zu erniedrigen und nicht zu viel geschmolzenes Eisen herbeischaffen zu müssen.

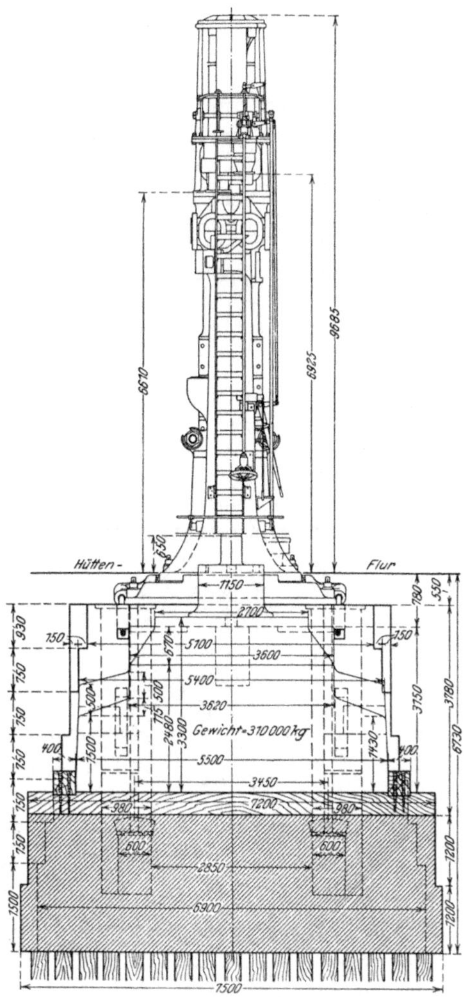

Fig. 245. Gründung eines Dampfhammers von 15 t Fallgewicht.

Die fertiggestellte Form ist in den Fig. 240 u. 241 dargestellt; in letzterer sieht man die Anordnung der 8 Gußtrichter, die auf jeder Seite angebracht wurden.

[1]) Einzelheiten s. Stahl und Eisen, 1893, 680.

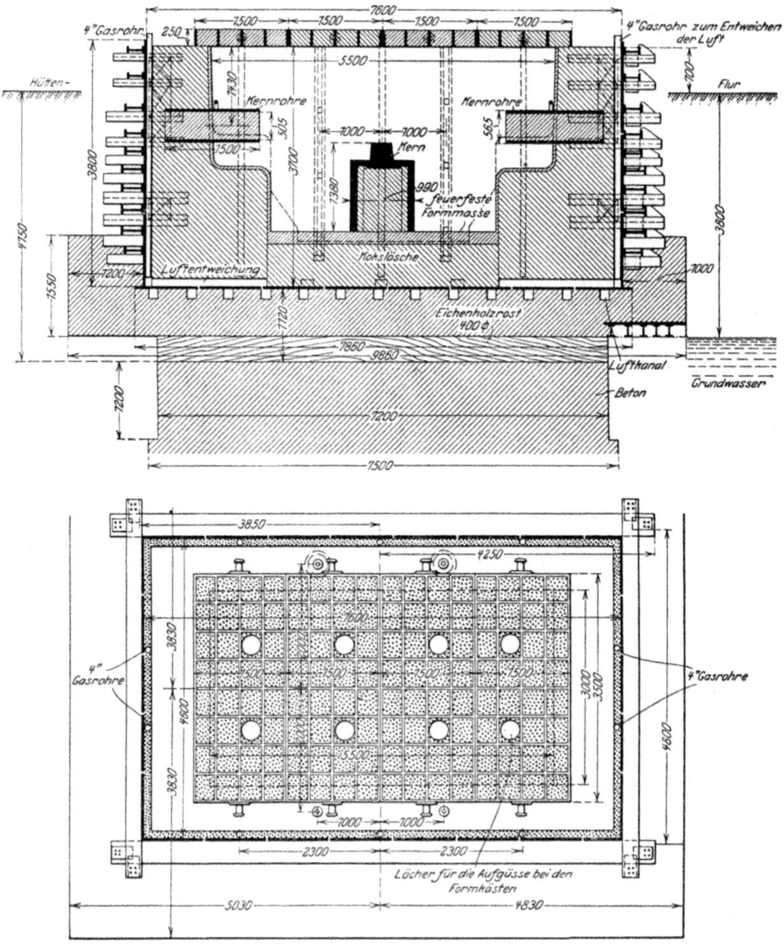

Fig. 246 u. 247. Gußform der Schabotte.

Einen Tag vor Beginn des Gusses wurden einige Tonnen Roheisen eingegossen um die Form zu trocknen und vorzuwärmen. Für den Guß wurden 280 t von den in der Nähe befindlichen Kupolöfen geliefert, während 360 t durch Lokomotiven $2^1/_2$ km weit herbeigeholt werden mußten. Infolge der großen Hitze wurde erst am dritten Tage der Guß beendet. Es dauerte mehrere Monate, bevor die verlorenen Köpfe abgeschnitten werden konnten, und erst im sechsten Monate konnte der Bau des Hammers auf dem rauchenden Boden begonnen werden.

Bei der Gründung des Hammers sind die wagrechten Anker, die das Mauerwerk zusammenhalten, bemerkenswert. Eichenklötze stützen die Schabotte gegen das Mauerwerk ab.

Der Bau eines so großen Hammers wurde in erster Reihe durch die vorzügliche Bodenbeschaffenheit ermöglicht; Terni besitzt den härtesten Sandstein als

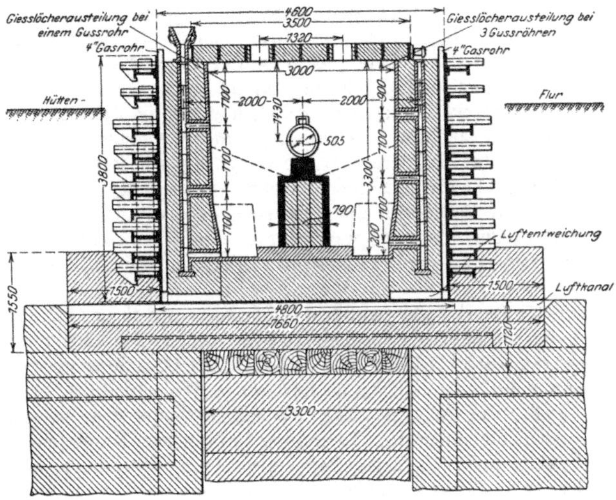

Fig. 248. Gußform der Schabotte.

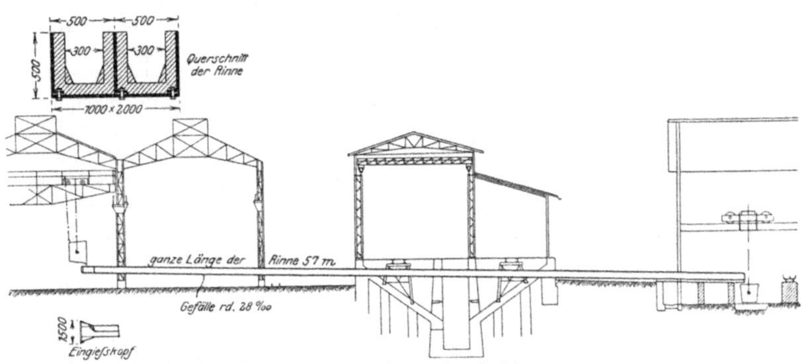

Fig. 249. Anordnung der Gußrinne.

Untergrund, so daß gar keine Erschütterungen auf die Umgebung übertragen werden und die umliegenden Gebäude vor Schaden bewahrt bleiben.

Über den Guß einer Schabotte für einen 15-t-Hammer, die an Ort und Stelle verkehrt eingeformt und dann gewendet wurde, berichtet O. Böhler[1]). Die Schabotte sollte 310 t wiegen. Da der Boden diluviales Konglomerat ist, das Sand- und Schotterschichten enthält, mußte eine Festigung durch Pfahlrost erfolgen (s. Fig. 244 bis 245). Auf den Rost wurde der Fundamentsockel für die Schabotte aufgemauert und dann ein Rost aus Eichenpfosten aufgelegt. Auf diesen kam ein Sockel ausgewöhnlichen Ziegeln, der die Gußform trug, die in eine eiserne Panzerung eingeschlossen wurde. Für das spätere Wenden wurden zwei seitliche Öffnungen vorgesehen, in die Drehzapfen eingesetzt werden sollten (s. Fig. 246—248).

Das Eisen wurde 47 m weit von den Öfen durch eine Rinne, die zur Sicherheit zweiteilig ausgeführt wurde, zugeführt, was aus Fig. 249 ersichtlich ist. Um

[1]) Stahl und Eisen 1911, 1206.

zu verhindern, daß sich zwischen den einzelnen Abstichen Schichten in Guß bildeten, wurde Thermit beigegeben. Der Guß dauerte 47 Stunden, das Nachgießen nach dem Aufsetzen des oberen Kastens drei Tage. Nach 14 Tagen wurde dieser Kasten abgenommen und die Form langsam abgebrochen, wobei man die Kanten am längsten bedeckt hielt; nach 48 Tagen stand die Schabotte frei.

Die Drehzapfen von 500 mm Durchmesser wurden eingesteckt, festgekeilt und mit Eisen vergossen; unter sie wurden Lager gelegt, die auf Betonpfeilern ruhten. Der unter der Schabotte befindliche Mauersockel wurde abgetragen und die in ihrer Schwerachse unterstützte Schabotte mit Hebezeugen gedreht. Nachdem die Wendung um 90° vorgenommen worden war, wurde eine Fräsmaschine in die Baugrube gestellt und der Kopf der Schabotte, der die Hammereinsätze zu tragen hat, bearbeitet.

Nach vollendeter Bearbeitung mußte die Schabotte auf ihren Holzrost gesenkt werden. Man hatte die Schabotte bedeutend höher eingeformt als für die weitere Arbeit nötig gewesen wäre, um aus dem Bereiche des Grundwassers zu kommen, das sonst bis zum vollständigen Erkalten durch eine Wasserhaltung zu beseitigen gewesen wäre. Daher war es jetzt nötig, die Schabotte um 2 m zu senken. Zu diesem Behufe waren die unter den Drehzapfen befindlichen Betonpfeiler während ihres Aufbaues durch zwischengelegte Pappendeckel in 300 mm hohe Schichten unterteilt worden. Das Senken geschah stets um 100 mm abwechselnd auf der einen und der anderen Seite mittels Hebeböcken, die von Anfang an unter die Lager geschoben worden waren, und dreier Schichten 100 mm hoher Gußunterlagen, die nach und nach herausgezogen wurden. War auf solche Weise eine Senkung um 300 mm erfolgt und ruhten die Hebeböcke unmittelbar auf den Betonpfeilern, so wurde die Schabotte unterbaut, beiderseits eine Schicht der Betonpfeiler abgetragen und das Senken fortgesetzt.

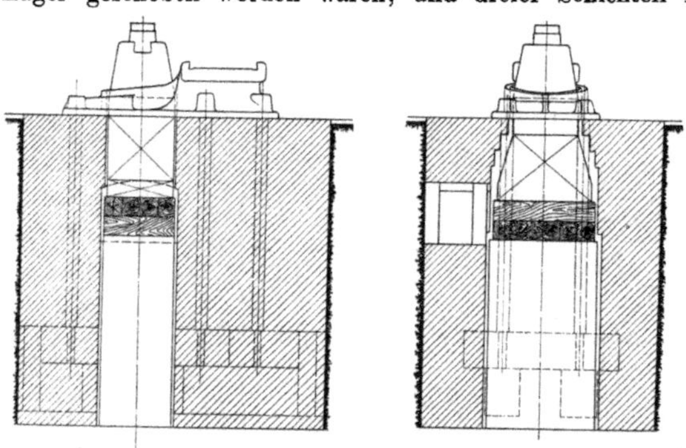

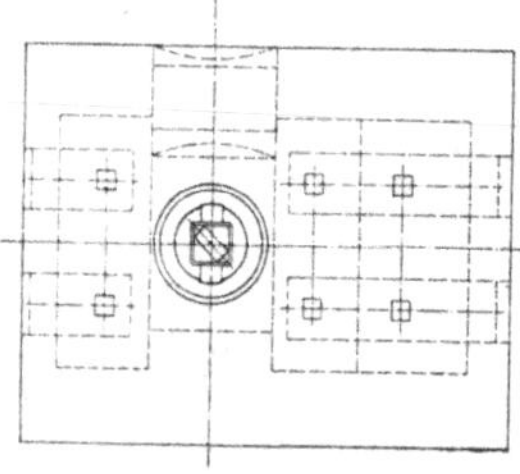

Fig. 250 bis 252. Gründung eines einständigen Dampfhammers von 200 kg Fallgewicht.

Bei der Gründung des Hammers selbst sind die schräg durchlaufenden Anker bemerkenswert, die hier deshalb angeordnet sind, weil bei besonders langen Gesenken die beide Ständer verbindenden Strebestangen weggenommen werden müssen, wobei durch die schräge Verspannung die Standsicherheit gewährleistet wird.

Fig. 250 bis 252 zeigen die Gründung eines einständigen Hammers von 200 kg F.-G. Die Gründung des Hammers erfolgt in Ziegelmauerwerk, über den Ankertellern sind Steine angebracht, auf die jedoch auch verzichtet werden kann. Die Gründung der Schabotte erfolgt gesondert von jener des Hammers durch einen Betonsockel und doppelte Eichenbohlenunterlage, die aus einzelnen miteinander durch Schrauben verbundenen Hölzern besteht. Es muß durch eine Öffnung, die abgeblendet wird, stets dafür gesorgt werden, daß die Gründung der Schabotte zugänglich bleibe, um die Hölzer auswechseln zu können. Eine solche Auswechslung wird ab und zu nötig. Horn berichtet über seine Beobachtungen an der Schabotte eines Dampfhammers von 500 kg F.-G., der zwölf Jahre hindurch im Betriebe war[1]). Die Schabotte hatte bereits seit einigen Jahren die Neigung gezeigt sich schief zu stellen; man half wiederholt nach, doch mußte sie endlich freigelegt und beiseite geschoben werden. Die Gründung bestand aus einem Betonklotz von 2 m Breite, 7 m Länge und 2 m Höhe, der auf festem Kies aufgemauert war, und drei Lagen Eichenbalken, die kreuzweise geschichtet waren. Die Balken hatten einen quadratischen Querschnitt von 300 mm Seitenlänge und waren untereinander verbunden. Die Schabotte wog 51000 kg. Die Schiefstellung war in der Längsrichtung erfolgt. Es zeigte sich, daß die oberste Schicht an der Stelle der tiefsten Senkung fast verschwunden war und fand sich eine braunkohlenartige trockene, teils pulverige, teil stückige und faserige Masse vor, während am anderen Ende die Veränderung weniger stark fortgeschritten war. Auch die anderen zwei Lagen waren braun und stückig, zum Teil kohlig, die unterste war am besten erhalten. Die Hitze war beim Ausbau so groß, daß die Arbeit tagelang unterbrochen und Wasser zur Kühlung aufgegossen werden mußte.

Die fortwährende Belastung durch Druck und Schlag sowie die Wärmebildung, veranlaßt durch die Molekularbewegung, hatten auf dem Wege der trockenen Destillation Braunkohle gebildet.

Eine ähnliche Erscheinung beobachtete der Verfasser im Jahre 1910 in der Waggonfabrik F. Ringhoffer in Smichow, wo beim Ausbau der Schabotte eines Hammers von 500 kg F.-G. die zwischen Schabotte und Balken eingelegt gewesene Filzschicht vollkommen verschwunden war.

Jede Schabotte senkt sich während des Betriebes, meist gleich in der ersten Zeit. Es ist daher erforderlich, auf diese Senkung dadurch Rücksicht zu nehmen, daß die Schabotte höher gegründet wird, da es sonst bei Hämmern, welche Kolben besitzen, vorkommen kann, daß diese an den unteren Zylinderdeckel anschlagen. Die Größe der Senkung vorher zu bestimmen ist natürlich unmöglich, da sie von der Art der Gründung abhängt. Im allgemeinen dürfte sie bei mittleren Hämmern nicht mehr als 50 mm, bei kleineren nicht mehr als 20 mm betragen. Auf stärkere Senkung zu rechnen hat keinen Zweck, da man bei Kolbenhämmern den schädlichen Raum unnütz vergrößert. Im schlimmsten Falle wird nach erfolgter Senkung das Unterstöckel durch ein höheres ersetzt.

In letzter Zeit ist eine völlige Wandlung bezüglich der Ansichten über die Gründung von Hämmern festzustellen. Während früher die Holzroste unter der Schabotte und eine Trennung der Schabottengründung von der Hammergründung etwas Selbstverständliches waren, hat man festgestellt, daß diese Art der Gründung durchaus nicht ideal ist. Die Holzunterlagen werden unter Einwirkung des in die Schabottengrube fließenden Kondenswassers und Öles erweicht und durch schiefe Hammerschläge, die bekanntlich unvermeidlich sind, auf einer Seite mehr zusammengedrückt als auf der anderen. Steht dann die Schabotte schief, so wird die Hammerführung einseitig abgenützt, die Hammerstange bricht und der Zylinder leidet. Hat die Schabottengründung eine zu kleine Auflagerfläche, was oft der Fall ist, wird sie in den Baugrund eingeschlagen. Das verdrängte Erdreich schiebt sich ungleichmäßig unter die Fundamentteile des Hammerkörpers, Einständerhämmer hängen dann meist vornüber, Doppelständerhämmer stellen sich windschief. Steht aber einmal der Hammer schief, ist es bei Gesenkarbeiten nicht mehr möglich, Ober- und Untergesenk miteinander in Einklang zu bringen und die teueren Gesenke brechen. Bei Gesenkhämmern spricht im übrigen noch der Umstand gegen die Holzunterlagen, daß der Schlag hier unbedingt hart sein muß, was bei einer aus-

[1]) Stahl und Eisen 1894, 982.

weichenden Schabotte nicht zu erzielen ist. Der harte Schlag ist nötig, weil sich sonst das weiche Schmiedematerial nicht in alle Vertiefungen des Gesenkes scharf einprägt. Bei Fallhämmern, die doch vielfach für Gesenkarbeiten in Betracht kommen, liegen die Verhältnisse einfach, da dort die Führungen an der Schabotte angebracht sind, also nur eine Grundlage zu schaffen ist, die man leicht in der nötigen Größe halten kann. Schwieriger liegen die Verhältnisse bei allen anderen Typen von Hämmern, namentlich aber bei solchen, die für Gesenkarbeiten bestimmt sind.

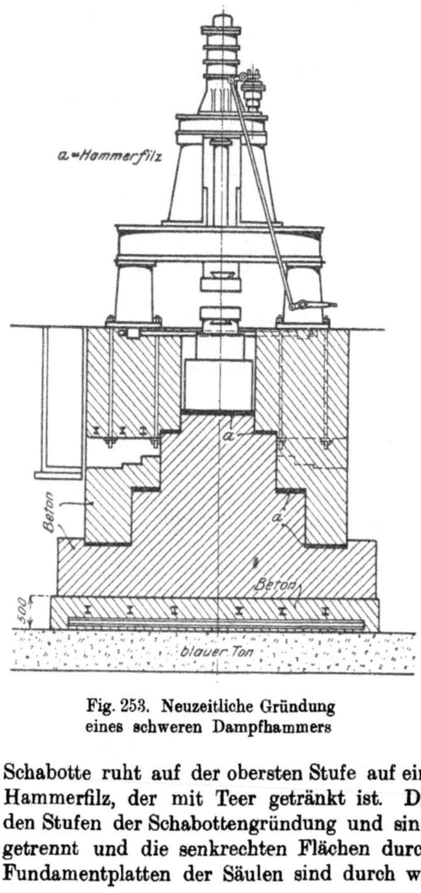

Fig. 253. Neuzeitliche Gründung eines schweren Dampfhammers

Der moderne Gesenkhammer mit elastischer Verbindung der Ständer mit dem Zylinder und der Schabotte (siehe Fig. 213) stellt einen völlig geschlossenen Rahmen dar, der samt seiner Schabotte einfach auf die oben ebene Gründung gestellt wird. Dem Verlangen nach elastischer Gründung wird nur dadurch Rechnung getragen, daß zwischen Beton und Hammer eine 50 mm starke Filzplatte (Eisen- oder Hammerfilz) gelegt wird. Der Filz wird mit einem Betonrand umgeben, damit er nicht ausweichen kann, wie dies vorstehend vom Ringhoffer-Hammer berichtet wurde. Doch auch schwere Brückenhämmer werden nach Schweißguth[1]) laut Fig. 253 mit Vorteil in ähnlicher Weise aufgestellt. Das Werk, in dem die von Schweißguth beschriebene Gründung vorgenommen wurde, stand auf aufgeschüttetem Sand; daher ging man 5 m tief, bis man auf Ton stieß. Es wurde eine 500 mm starke mit Trägern bewährte Betonplatte hergestellt; auf dieser baut sich stufenförmig die Schabottengründung auf. Die 70 000 kg schwere Schabotte ruht auf der obersten Stufe auf einer 50 mm dicken Platte aus gepreßtem Hammerfilz, der mit Teer getränkt ist. Die Gründungen der Säulen ruhen auf den Stufen der Schabottengründung und sind von ihr durch ebensolche Filzstreifen getrennt und die senkrechten Flächen durch Dachpappe isoliert. Die gußeisernen Fundamentplatten der Säulen sind durch wagrechte Bolzen verbunden.

[1]) Zeitschr. d. Ver. deutsch. Ing. 1919, 1107 u. ff.

Namenverzeichnis.

Sachverzeichnis.